KB261962

시턴동물이야기

어니스트 톰프슨 시턴 지음
윤소영 옮김

차례

1

고독한 늑대왕 로보의
비장한 최후

1

미국 뉴멕시코 주 북부의 커럼포 지역은 드넓은 목축 지대이다. 그곳에는 많은 소와 양 떼가 풀을 뜯는 비옥한 목초지를 배경으로, 꼭대기가 평평하고 주위가 급경사를 이룬 메사꼭대기가 평평하고 주위가 급경사를 이룬 탁자 모양의 지형. 메사는 에스파냐 어로 '탁자'라는 뜻 ―옮긴이가 군데군데 솟아 있다. 귀한 물줄기들은 이리저리 흩어져 흐르다가 하나가 되어 커럼포 강을 이룬다. '커럼포'라는 지명은 이 강의 이름에서 따온 것이다. 그리고 그 광활한 지역에서 절대 권력을 휘두르는 왕이 있었으니, 바로 나이 많은 회색 늑대였다.

멕시코 사람들은 그 늙은 늑대를 '늙은 로보' 로보는 멕시코 사람들이 사용하는 에스파냐 어로 '늑대'라는 뜻― 옮긴이라고 불렀다. 늙은 로보는 몸집이 거대해서 어디서나 눈에 띄었다. 커럼포 강 유역에서는 벌써 여러 해 동안 로보 무리가 약탈을 일삼고 있었기 때문에, 그 지역의 양치기와 목장 주인들은 너나없이 녀석을 잘 알고 있었다. 로보가 충성스러운 부하들을 이끌고 나타나는 곳마다 소 떼는 극심한 공포에 휩싸였고, 목장 주인들은 분노와 절망을 맛보아야 했다. 늑대왕 로보는 늑대 중에서도 몸집이 매우 컸으며, 덩치 못지않게 힘이 세고 심지어 교활하기까지 했다. 쩌렁쩌렁 울리는 로보의 목소리는 다른 늑대의 목소리와 쉽게 구별되어서, 한밤중에 녀석이 으르렁거리면 누구라도 금세 로보라는 것을 알 수 있었다. 여느 늑대의 울음소리가 야영지 부근에서 밤새도록 들려와도, 목동들은 잠깐 주의를 기울이다 말았다. 하지만 늑대왕의 쩌렁거리는 소리가 골짜기에 울려 퍼지면, 목동들은 정신을 바짝 차리고 마음의 준비를 단단히 해야 했다. 이튿날 아침이면 간밤에 공격을 당한 소 떼의 처참한 모습이 눈앞에 펼쳐져 있곤 했던 것이다.

로보가 이끄는 늑대는 수가 적었다. 나는 이 점이 언뜻 이해되지 않았다. 로보 같은 힘과 권위를 지닌 늑대라면 보통 수많은 부하를 거느리기 때문이다. 로보 자신이 더 많은 부하를 원하지 않았거나, 녀석의 포악한 성질 때문에 따르는 무리가 더 늘지 않았으리라고 추측할 뿐이다. 어쨌든 늑대왕 로보가 늙어 가던 시기부터는 줄곧 다섯 부하만이 로보 곁을 지켰던 것이 분명하다. 그 다섯 부하도 저마다 유명한 늑대들이었다. 그 녀석들 대부분은 여느 늑대보다 몸집이 컸는데, 특히 로보 다음 서열을 차지한 늑대는 정말 몸집이 컸다. 물론 로보에 비하면 덩치로 보나 능력으로 보나 한참 뒤처진 것이 사실이지만.

이 두 늑대 말고도 눈길을 끄는 녀석들이 있었는데, 그중 하나는 아름다운 흰 늑대였다. 멕시코 사람들은 그 늑대를 블랑카블랑카는 에스파냐어로 하얗다는 뜻 —옮긴이라고 불렀다. 블랑카는 암늑대로 로보의 짝인 것 같았다. 다른 하나는 놀랄 만큼 날렵한 누런 늑대인데, 소문에 따르면 이 늑대는 몇 번이나 영양아메리카 대륙에 사는 영양붙이를 가리킨다. 영양붙이는 가지뿔영양 · 프롱혼이라고도 하는데, 아시아 · 아프리카에 서식하는 영양과는 다른 무리의 동물이다 — 옮긴이을 잡아서 늑대 무리의 배를 채워 주었다고 한다.

로보 무리는 카우보이와 양치기들 사이에서 악명이 높았다. 녀석들은 자주 모습을 드러냈고, 울음소리는 더 자주 들렸다. 늑대와 목동, 다시 말해 가축을 공격하는 자와 지키는 자는 서로 적일 수밖에 없었다. 목동들은 기회만 있으면 늑대들을 없애려 했다. 커럼포 지방의 목장 주인들은 로보 무리 가운데 어떤 늑대든 잡아 오기만 하면 그 머리 가죽 하나에 수송아지 몇 마리는 기꺼이 보상할 준비가 되어 있었다.

그러나 늑대들은 마치 불사신처럼 자신들을 잡아 죽이려는 모든 수단을 물거품으로 만들었고 요리조리 빠져나갔다. 로보 무리는 모든 사냥꾼을 깔보고, 모든 독약을 비웃으면서, 적어도 5년 동안 커럼포의 목장 주인들에게서 강제로 제물을 거두어들였다. 들리는 이야기에 따르면, 날마다 소 한 마리를 바친 셈이라고 했다. 그렇다면 대충 계산해 보아도, 로보 무리는 2천여 마리가 넘는 소를 죽인 것이다. 게다가 녀석들은 언제나 가장 좋은 소를 골라서 죽이는 것으로 유명했다.

늑대는 늘 굶주려 있어서 무엇이든 닥치는 대로 먹는다는 말도 로보 무리에게는 들어맞지 않았다. 약탈자 로보의 무리는 늘 영양 상태가 좋아 털에 윤기가 흘렀으며, 입맛까지 꽤나 까다로웠다. 늙어 죽었거나 병든 동물은 건드리지도 않았으며, 목축업자들이 도살한 가축도 거들떠보지 않았다. 녀석들은 날마다 한 살배기 암소를 새로 잡아서 부드러운 살코기를 먹었다. 늙은 소는 쳐다보지도 않았다.

이따금 아주 어린 송아지나 망아지를 죽이기도 했지만, 송아지나 망아지 고기는 좋아하지 않는 것이 분명했다. 종종 재미 삼아 양을 죽이기는 하지만 양고기를 좋아하지 않는다는 사실도 잘 알려져 있었다. 1893년 11월 어느 날 밤에는 블랑카와 누런 늑대가 250마리나 되는 양을 죽이는 사건이 일어났다. 그렇게 많은 양을 죽이고도 고기 한 점 먹지 않은 것을 보면 확실히 재미로 죽인 모양이었다.

이 일 말고도 약탈자 로보 무리가 저지른 만행에 관한 이야기는 수없이 많다. 사람들은 로보 무리를 잡으려고 해마다 여러 가지 새로운 방법을 시도했다. 하지만 그 모든 노력은 수포로 돌아갔고, 녀석들은 보란 듯이 살아남아 약탈을 일삼았다. 로보의 목에는 큰 현상금이 걸렸다. 로보를 잡으려고 스무 가

지나 되는 교묘한 방법으로 독을 사용해 보기도 했지만, 로보는 매번 독이 있다는 것을 알아냈다.

하지만 그런 로보조차 두려워하는 것이 하나 있었는데, 그것은 바로 총이었다. 커럼포 지역 사람들은 모두 총을 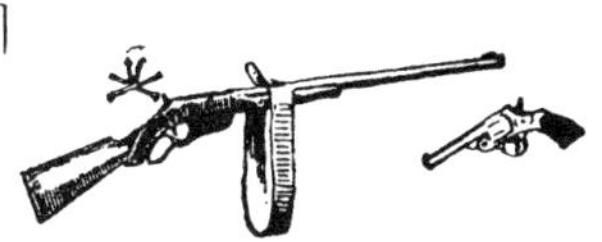 가지고 다녔고 로보는 그 사실을 잘 알고 있었으므로, 사람을 공격하거나 직접 맞서는 일은 한 번도 없었다. 실제로 낮 동안에는, 아무리 먼 거리에 있다 해도 사람 그림자만 보이면 무조건 도망치는 것이 로보 무리의 행동 지침이었다.

또 로보는 부하들에게 직접 죽인 사냥감만 먹게 했는데, 이런 습성 덕분에 녀석들은 몇 번이나 목숨을 구할 수 있었다. 로보는 뛰어난 후각으로 독약이나 사람의 손이 닿은 흔적을 귀신같이 알아냈기 때문에 덫과 독약을 완벽하게 피해 갈 수 있었다.

한번은 이런 일도 있었다. 로보가 제 부하들을 부르는 귀에 익은 울음소리가 들려오자, 어느 목동이 몸을 숨긴 채 소리가 난 곳으로 다가갔다. 골짜기에 모여 있는 커럼포의 늑대 무리가 목동의 눈에 들어왔다. 늑대들은 그곳에서 작은 소 떼를 '에워싸고' 있었다. 로보는 조금 떨어진 언덕 위에 앉아 있었고, 블랑카와 다른 늑대들은 목표로 한 어린 암소를 무리에서 '떼어 내려고' 안간힘을 쓰고 있었다. 소들은 이에 맞서 늑대들 쪽으로 뿔을 향한 채 완벽한 방어진을 치고 있었다. 그러다가 늑대들의 잇단 공격에 놀란 소 몇 마리가 대열 안쪽으로 물러나려고 했다. 늑대들은 그 순간을 놓치지 않고 틈을 파고들어 제물로 선택한 암소에게 상처를 입혔다. 하지만 치명상을 입히지는 못했다.

마침내 부하들의 서툰 짓을 더 이상 보고 있을 수 없다는 듯이 로보가 몸을 일으켰다. 녀석은 무시무시한 소리로 으르렁거리며 소 떼를 향해 덤벼들었다. 겁에 질린 소들이 일시에 대열을 흐트러뜨렸다. 로보는 그 한가운데로 뛰어들었다. 소들은 터진 폭탄에서 흩어지는 파편처럼 사방팔방으로 흩어졌다.

늑대들이 노린 암소도 힘껏 달아났지만 20미터도 못 가서 로보에게 붙잡혔다. 로보는 암소의 목덜미를 꽉 물더니 있는 힘껏 바닥에 내리꽂았다. 머리부터 거꾸로 내동댕이쳐진 암소는 엄청난 충격을 받은 듯했다. 로보도 한 바퀴 공중제비를 돌았지만, 이내 균형을 잡았다. 부하들은 가엾은 암소에게 달려들어 순식간에 숨통을 끊어 놓았다. 로보는 암소를 죽이는 일에 직접 가담하지는 않았다. 녀석은 이렇게 책망하는 것 같았다.

"그래, 이깟 일 하나 후딱 끝내지 못하고 시간을 질질 끌어?"

목동이 고함을 치며 말을 타고 달려 나가자, 늑대들은 늘 하

로보가 다른 늑대들에게
소 죽이는 방법을 가르치고 있다.

던 대로 도망쳤다. 목동은 마침 몸에 지니고 있던 스트리크닌

마전이라는 나무의 씨에 들어 있는 독성 화학 물질로, 신경 마비, 근육 경련 등을 일으킨다──옮긴이을 죽은 암소의 몸 세 군데에 바르고 신속히 자리를 떴다. 목동은 늑대들이 다시 돌아와 자기들이 직접 죽인 암소를 먹어 치울 거라고 생각했다. 하지만 이튿날 아침 그곳을 다시 찾은 목동은 독을 먹고 쓰러진 늑대를 한 마리도 발견할 수 없었다. 로보 무리는 그의 순진한 기대를 비웃기라도 하듯, 독약을 바른 부분만 남겨 두고 암소를 먹어 치운 것이다.

해가 갈수록 목장 주인들 사이에는 이 놀라운 늑대에 대한 두려움이 점점 크게 번져 나갔다. 로보의 목에 걸린 현상금도 계속 올라가더니, 마침내 늑대 보상금으로는 유례가 없는 천 달러의 큰돈이 되었다.

물론 이보다 적은 액수가 걸려 있었을 때도 추적에 나선 사람은 많았다. 어느 날, 큰 보상금을 노리고 텍사스 주의 산림 경비대원 태너리가 말을 타고 커럼포 지역에 나타났다. 그는 훌륭한 늑대 사냥 장비를 갖추고 있었다. 가장 좋은 총과 말들, 덩치 큰 늑대 사냥개 여러 마리까지, 없는 게 없었다. 태너리와 그의 개들은 저 멀리 팬핸들미국 텍사스 주 북부의 26개 카운티를 포함하는 지역으로, 뉴멕시코 주와 오클라호마 주 사이에 손잡이처럼 튀어나와 있다고 해서 이런 이름으로 불린다── 옮긴이 지방의 평원에서 수많은 늑대를 죽인 경험이 있었다. 그는 이제 며칠 안에 로보의 머리 가죽을 벗겨 말안장

에 매달 수 있으리라 믿어 의심치 않았다.

어느 여름날 희부옇게 새벽빛이 밝아 올 무렵, 태너리와 사냥개들은 용감하게 길을 나섰다. 잠시 후 늑대 냄새를 맡은 큰 개들이 반가운 소리로 짖어 대기 시작했다. 그들은 사냥감의 뒤를 쫓았다. 그대로 3킬로미터쯤 달리자 커럼포의 늑대 무리가 눈앞에 나타났다. 더욱 빠르고 맹렬한 추격전이 펼쳐졌다. 이제 사냥개들은 말 탄 사냥꾼이 다가와서 총으로 쏘아 죽일 수 있도록 늑대들을 궁지에 몰아넣기만 하면 되었다.

만약 이곳이 넓게 트인 텍사스 평원이었다면 식은 죽 먹기였을 것이다. 하지만 사냥꾼과 사냥개들은 커럼포 지방의 특이한 지형 때문에 힘들어 하기 시작했다. 로보가 세력권을 얼마나 잘 선택했는지가 여실히 드러나는 순간이었다. 탁 트인 텍사스 평원과 달리 커럼포는 바위투성이 계곡과 물줄기들이 서로 교차하며 이리저리 뻗어 있었다. 늙은 늑대는 즉시 가장 가까운 계곡으로 도망쳐 말 탄 사냥꾼의 추격에서 벗어났디.

늑대 무리가 뿔뿔이 흩어져 달아나자 사냥개들도 흩어져 뒤를 쫓았다. 로보 무리가 조금 멀리 떨어진 곳에서 다시 뭉쳤을 때 개들은 아직 다 모이지 못한 상태였다. 이제 수적으로 불리할 것이 없는 늑대들은 추적자들을 향해 돌아섰다. 결국 모든 사냥개가 죽거나 중상을 입었다. 그날 밤 태너

태너리가 사냥개들을 이끌고 계곡으로 달려가고 있다.

리가 자신의 사냥개를 불러 모았을 때, 살아 돌아온 것은 여섯 마리뿐이었다. 그중 둘은 심한 상처를 입었다.

태너리는 그 뒤에도 두 번 더 늑대왕의 머리 가죽을 벗기려고 나섰지만, 성과는 첫 번째 사냥에도 미치지 못했다. 게다가 마지막 시도에서는 가장 아끼던 말이 떨어져 죽는 일까지 일어났다. 태너리는 진저리를 치며 추격을 포기하고는 텍사스로 돌아갔다. 그때 이후로 로보는 커럼포 지역의 폭군으로서 더욱 기세를 떨치게 되었다.

이듬해에는 두 사냥꾼이 보상금을 노리고 나타났다. 두 사람은 저마다 자신만이 그 악명 높은 늑대를 없앨 수 있다고 큰소리를 떵떵 쳤다. 첫 번째 사냥꾼은 새로 조제한 독약을 이전과 전혀 다른 방식으로 설치할 계획이었다. 프랑스계 캐나다인인 또 한 사람은 독약에 마법의 주문을 걸어서 사용할 계획이었다. 그는 로보가 전설의 '늑대 인간'이기 때문에 보통 늑대를 잡는 방법으로는 절대 죽일 수 없다고 생각했다. 하지만 어떤 마법의 주문도, 특별히 조제한 독약도, 이 잿빛 파괴자 앞에서는 도무지 힘을 발휘하지 못했다.

로보는 늘 그랬듯이 일주일에 한 번씩 자신의 세력권을 둘러보고 날마다 잔치를 벌였다. 그리고 몇 주가 지나기도 전에, 두 사냥꾼 캘런과 라로슈는 좌절감에 빠져 로보를 포기하고 다른 곳으로 사냥을 떠났다.

로보를 잡는 데 실패한 조 캘런은 1893년 봄, 또 다른 굴욕을 당했다. 그 일은 로보가 얼마나 적들을 깔보는지, 또 얼마나 자신감에 넘치는지를 잘 보여 주었다. 조 캘런의 농장은 커럼포 강의 작은 물줄기에 자리 잡고 있었다. 그 물줄기는 그림처럼 아름다운 골짜기를 따라 흘렀다. 그해에 늙은 로보와 로보의 짝 블랑카는 조의 집에서 1킬로미터도 떨어지지 않은 골짜기의 굴에 보금자리를 만들고 새끼들을 길렀다. 로보 부부는 여름 내내 그곳에서 지내며 조의 소와 양, 개를 죽였다. 녀석들은 조가 놓은 모든 독약과 덫을 보란 듯이 비웃으며, 동굴이 많은 절벽 깊숙한 곳에서 편안히 휴식을 취했다.

"지난여름 내내 로보가 바로 저기 살았다네. 그런데 난 조금도 그놈을 어쩌지 못했어. 놈은 날 완전히 바보로 안 거야."

2

나는 로보에 관한 이런 이야기들을 목동들에게서 전해 들었지만 그대로 다 믿을 수는 없었다. 그러나 1893년 가을에는 나도 그 교활한 약탈자가 한 짓을 직접 보았고, 드디어 로보에 관해 어느 누구보다도 잘 알게 되었다. 여러 해 전, 빙고^{시턴이 기르던 개의 이름으로, 이 개를 소재로 한 이야기가 「내가 사랑한 개 빙고」다 — 옮긴이}와 함께 지내던 시절에 나는 늑대 사냥꾼이었다. 그러나 그 뒤 다른 일을 하는 바람에 책상머리를 벗어나지 못한 채 살고 있었다. 나는 간절히 변화를 바랐다.

때마침 커럼포에서 목장을 운영하던 친구 하나가 뉴멕시코 주로 와서 그 포식자들을 처치해 달라는 부탁을 했고, 나는 기꺼이 그 제안을 받아들였다. 한시라도 빨리 늑대왕을 만나 보고 싶었던 나는 즉시 커럼포 지역의 메사가 있는 곳으로 말을 달렸다. 그리고 한동안은 이리저리 말을 타고 다니며 지형을 익혔다. 나를 안내하던 사람은 아직 가죽이 붙어 있는 암소 해골을 가리키며 이렇게 말하곤 했다.

"놈이 한 짓이에요."

나는 이렇게 거친 지형에서는 말과 사냥개로 로보를 추격해 봐야 아무 소용 없다는 확신이 들었다. 그렇다면 독약이나 덫을 사용할 수밖에 없었다. 당장은 늑대를 잡을 만한 큰 덫이 없어서 먼저 독약을 설치하기 시작했다.

내가 그 전설의 '늑대 인간'을 함정에 빠뜨리고자 사용한 수많은 장치를 일일이 설명할 필요는 없을 것이다. 나는 스트리크닌이나 비소의 화합물부터 시안화칼륨^{흔히 청산가리라고 부르는 독성이 강한 화학 물질—옮긴이} 같은 시안화물에 이르기까지 모든 독성 물질을 섞어서 사용해 보았다. 갖가지 살코기도 미끼로 사용했다. 하지만 아침마다 말을 타고 모든 곳을 돌아보면서 나는 모든 노력이 물거품으로 돌아갔음을 깨달았다. 그 늙은 늑대왕은 내가 상대하기에는 너무 머리가 좋았다.

다음 이야기만 보아도 녀석이 얼마나 현명한지 알 수 있을 것이다. 나는 어느 나이 지긋한 덫사냥꾼이 시키는 대로 갓 잡은 어린 암소의 콩팥에 붙어 있던 기름진 고기에 치즈를 섞어서 냄비에 집어넣고 뭉근하게 데웠다. 그것을 식힌 다음에는 쇠붙이 냄새가 나지 않도록 뼈칼을 써서 여러 덩어리로 자르고, 덩어리마다 한쪽으로 구멍을 냈다. 그러고는 다량의 스트리크닌과 시안화칼륨을 집어넣고 냄새가 새지 않도록 처리한 캡슐을 그 구멍 안에 넣은 뒤 다시 치즈 조각으로 틀어막았다. 미끼가 완성된 것이다. 나는 미끼를 만드는 동안 암소의 뜨거운 피에 흠뻑 젖은 장갑을 끼고 일했으며, 행여 미끼에 입김이라도 닿을까 봐 조심했다.

준비를 마친 나는, 소의 피를 바른 생가죽 가방에 고깃덩어리를 집어넣고 밧줄 끝에 암소의 간과 콩팥을 매단 다음 말을 타고 그것을 끌고 갔다. 미끼와 미끼 사이에 냄새 자국을 남기기 위해서였다. 그러고는 500미터마다 미끼를 하나씩 떨어뜨리면서 약 15킬로미터를 빙 돌았다. 그동안 나는 아무 데도 손이 닿지 않도록 조심하고 또 조심했다.

로보는 보통 매주 초에 이쪽 산으로 들어왔다가 주말이면

시에라그란데의 산기슭을 지난다고 했다. 그날은 월요일이었다. 밤이 되어 막 잠자리에 들 무렵, 굵고 깊게 울려 퍼지는 늑대왕의 울음소리가 들렸다. 그 소리가 들려오기가 무섭게 한 청년이 짧게 말했다.

"놈이에요. 두고 봅시다."

이튿날 아침, 나는 한시바삐 결과를 확인하고 싶은 마음에 미끼를 놓아둔 곳으로 내달렸다. 간밤에 새로 생긴 약탈자들의 발자국은 금세 찾을 수 있었다. 선두에는 로보가 있었다. 놈의 발자국은 언제나 쉽게 구별할 수 있었다. 여느 늑대의 앞발 길이는 약 11센티미터이고 큰 늑대는 약 12센티미터이지만, 로보의 경우는 몇 번을 재어 보아도 발톱에서 뒤꿈치까지의 길이가 14센티미터나 되었다. 나중에 안 사실이지만, 로보는 발 길이가 긴 만큼 몸집도 컸다. 네 발을 땅에 딛고 섰을 때의 어깨높이가 90센티미터에 이르렀고 몸무게도 70킬로그램이나 되었다. 따라서 로보의 발자국은 아무리 부하들 발자국과 뒤섞여 있어도 쉽게 찾아낼 수 있었다.

로보와 부하들은 내가 미끼를 끌고 간 흔적을 발견하고 여느 때처럼 그 뒤를 따랐다. 로보가 첫 번째 미끼에 다가와 냄새를 맡고 그것을 물어 갔다는 것을 알 수 있었다.

나는 기쁨을 숨기지 못하고 외쳤다.

“드디어 놈을 잡았어. 이제 1킬로미터만 더 가면 놈이 뻣뻣하게 죽어 있는 모습을 볼 수 있을 거야.”

나는 바닥에 찍힌 커다란 발자국에 타는 듯한 눈길을 던지며 전속력으로 말을 달렸다. 발자국은 두 번째 미끼 쪽으로 나 있었는데, 그것마저 사라지고 없었다. 나는 기쁨에 겨워 펄쩍펄쩍 뛸 지경이었다. 이제는 로보를 잡은 거나 다름없었다. 잘만 하면 놈의 부하까지 함께 잡을 수 있을 것 같았다. 하지만 땅에는 여전히 커다란 발자국이 이어져 있었다.

등자_{말을 타고 앉아 두 발로 디디게 되어 있는 물건 — 옮긴이}에 발을 걸고 일어서서 벌판을 훑어보았지만, 늑대 시체 같은 것은 눈에 띄지 않았다. 다시 발자국을 따라갈 수밖에 없었다. 세 번째 미끼도 사라진 상태였다. 늑대왕의 발자국은 다시 네 번째 미끼가 있는 쪽으로 나 있었다. 그곳에 도착해서야 나는 상황을 파악할 수 있었다.

로보는 미끼를 한 입도 먹지 않고 그저 물어 옮기기만 한 것이었다. 내가 애써서 마련한 것들을 대놓고 비웃기라도 하듯, 세 덩이 미끼를 네 번째 미끼 위에 쌓아 올리고는 그 위에 오줌을 갈겨 놓았다. 그런 다음 내가 미끼를 끌고 다닌 길을 뒤로한 채, 그처럼 알뜰살뜰 보살피는 부하들과 함께 제 갈 길로 가 버린 것이다.

이 일 말고도 수많은 비슷한 경험을 통해서 나는 독으로는 결코 로보를 죽일 수 없다는 사실을 깨달았다. 나는 덫이 도착하기를 기다리면서 계속 독을 사용했다. 독은 코요테 같은 다른 해로운 짐승들을 죽이는 확실한 수단이었기 때문이다.

그 무렵 나는 로보가 악마처럼 교활하다는 것을 보여 주는 사건을 두 눈으로 확인했다. 로보 무리는 그저 재미 삼아 양들을 쫓았다. 녀석들은 양을 뒤쫓다가 죽이기만 할 뿐, 그 고기는 거의 먹지 않았다. 양은 대개 천 마리에서 3천 마리를 함께 기르며, 양치기 한 명 또는 몇 명이 지킨다. 양치기는 밤이 되면 가장 안전한 곳으로 양 떼를 몰아넣고, 양쪽에서 잠을 자면서 양 떼를 지킨다.

양들은 정말 어수룩해서 사소한 일에도 걸핏하면 앞다투어 도망치곤 하는데, 태어날 때부터 뿌리 깊은 약점이 하나 있다. 그것은 무조건 우두머리를 따른다는 것이다. 양치기들은 양의 이런 성질을 이용해서 염소 여섯 마리를 양 떼에 섞어 놓는다. 양들은 그 수염 달린 친척이 더 똑똑하다고 생각하고, 한밤중에 무슨 일이 일어나면 염소 주위로 모여든다. 이렇게 하면 양들이 흩어지는 것을 막고 쉽게 보호할 수 있다. 하지만 언제나 그런 것은 아니었다.

그 전해 11월 어느 날 밤의 일이었다. 페리코 마을의 두 양치기는 늑대의 공격을 받자마자 잠에서 깨어났다. 양 떼는 염소 주위로 모여들었다. 어리석지 않고 겁쟁이도 아닌 염소는 한 발짝도 물러서지 않고 용감하게 저항했다. 하지만 안타깝게도 이번 공격을 이끈 것은 보통 늑대가 아니었다. 늙은 로보, 전설의 늑대 인간은 염소가 양 떼의 정신적 지주라는 것을 양치기만큼이나 잘 알고 있었다. 녀석은 한 덩어리로 뭉쳐 있는 양 떼의 등을 훌쩍 뛰어넘어 곧장 염소에게 달려들었다. 그러고는 몇 분 만에 염소를 모조리 죽여 버렸다. 가엾은 양들은 깜짝 놀라서 즉시 사방팔방으로 달아나기 시작했다. 그 사건이 있은 뒤로 몇 주 동안 나는 거의 날마다 양치기들이 수심 가득한 얼굴로 이렇게 묻는 소리를 들었다.

"혹시 오토OTO 낙인이 찍힌 길 잃은 양을 보지 못했나요?"

나는 사실대로 대답했다.

"다이아몬드 저수지 근처에 대여섯 마리가 죽어 있더군요."

어떤 날은 말파이 산 근처에서 작은 양 떼가 뛰어가는 것을 보았다고 알려 주었다.

"나는 못 봤지만, 이틀 전 후안 메이라가 세드라 산에 스무 마리쯤 되는 양이 죽어 있는 것을 보았답니다."

이렇게 대답해 주기도 했다.

드디어 기다리던 늑대 덫이 도착했다. 나는 두 사람과 함께 꼬박 일주일을 덫 놓는 일에 매달렸다. 우리는 모든 노력을 쏟아부었다. 늑대를 잡는 데 도움이 될 만한 장치는 하나도 빠짐없이 모두 사용했다. 그리고 덫을 설치하고 이틀째 되던 날, 말을 타고 주위를 살피다가 로보가 이 덫 저 덫으로 뛰어다닌 발자국을 발견했다. 그 발자국을 보면 밤사이에 녀석이 어떤 행동을 했는지 훤히 알 수 있었다. 로보는 어두운 밤에도 교묘하게 숨겨 놓은 덫까지 금방 찾아냈다. 녀석은 우선 부하들을 멈추게 한 뒤, 덫 주위의 흙을 조심스럽게 긁어내어 덫과 체인, 통나무를 찾아냈다. 그리고 아직 용수철이 튀지 않은 덫을 그 상태 그대로, 눈에 잘 띄게 내버려 두었다. 녀석은 여남은 개의 덫을 같은 방식으로 찾아냈다.

오래 지나지 않아 나는 로보가 길에서 의심스러운 기미를 발견하면 걸음을 멈추고 옆으로 비켜선다는 것을 알았다. 그러자 놈을 잡을 새로운 계책이 떠올랐다. 나는 당장 H자 모양으로 덫을 설치했다. 길 양쪽 가장자리에 덫을 일렬로 설치하고, H자의 가로획처럼 길 한가운데에 덫을 한 개 더 설치한 것이다.

하지만 나는 다시 한 번 실패의 쓴맛을 보아야 했다. 처음에 로보는 덫이 있다는 사실을 모른 채 길 한복판으로 들어왔다. 하지만 순간 걸음을 멈추었다. 녀석은 어떻게 위험을 눈치챘을까? 야생 동물의 수호천사가 늘 곁에서 녀석을 보살피고 있다고 해야 할지도 모르겠다. 로보는 왼쪽으로도 오른쪽으로

로보가 덫을 드러내 놓고 있다.

도 발길을 돌리지 않았다. 녀석은 천천히 조심스럽게 제가 만든 발자국을 정확히 되짚어 가며 뒷걸음질을 쳐서 위험 지역에서 벗어났다. 그곳을 무사히 빠져나온 로보는 뒷발로 흙덩어리를 차서 모든 덫의 용수철이 튀어 오르게 했다. 다른 경우에도 로보는 똑같은 행동을 했다.

나는 이리저리 방법을 바꾸어도 보고 더 조심스럽게 작업을 하기도 했지만, 녀석은 결코 속아 넘어가지 않았다. 로보의 머리가 둔해지는 일은 절대 일어나지 않을 것 같았다. 다른 늑대 때문에 파멸의 길로 접어들지 않았다면, 로보는 지금도 커럼포의 약탈자로서 위세를 떨치고 있을 것이다. 하지만 로보는 결국 다른 많은 비운의 영웅들이 간 길을 따라야 했다. 혼자라면 무릎 꿇을 리 없으나, 믿었던 동료의 경솔한 행동 탓에 몰락한 영웅의 길을.

3

자주는 아니지만, 나는 커럼포 늑대 무리의 대열이 항상 엄격하게 지켜지는 것은 아니라는 증거를 발견했다. 종종 규칙이 깨진다는 표시를 볼 수 있었던 것이다. 우두머리 로보를 앞질러 달려간 작은 늑대의 발자국이 이런 예였다. 나는 어느 목동의 설명을 듣고 나서야 상황을 이해할 수 있었다.

"오늘 늑대 무리를 봤는데, 대열에서 떨어져 나간 늑대가 있었어. 블랑카였지."

나는 목동의 그 말에 눈앞이 환해지는 느낌이었다.

"그렇다면 블랑카는 암놈이 확실하군. 다른 수컷 늑대가 그렇게 행동했다면 로보가 바로 죽여 버렸을 테니까."

이제 사실을 알았으니 계획을 바꾸어야 했다. 나는 암소를 죽인 다음, 그 사체 주변에다 눈에 잘 띄도록 덫을 설치했다. 그러고는 늑대들이 거들떠보지도 않는 머리 부위를 잘라 냈다. 나는 암소의 머리를 조금 떨어진 곳에 두고 그 주변에 강력한 강철 덫 두 개를 따로 설치했다. 이번에는 강철 덫의 쇠붙이 냄새를 완전히 제거한 뒤 아주 조심스럽게 숨겨 놓았다.

나는 손과 신발, 모든 도구를 갓 잡은 암소의 신선한 피에 적신 채 일을 진행했다. 암소 머리에서 흘러나온 것처럼 보이도록 땅에 피를 뿌리기도 했다. 흙을 파고 덫을 묻은 뒤에는 코요테 털가죽으로 지면을 문지르고 코요테 발자국을 여럿 찍어 놓았다. 암소 머리와 덤불숲 사이에는 좁은 통로만 남겨 두었다. 나는 가장 성능이 좋은 덫 두 개를 암소 머리에 단단히 동여맨 다음 그 좁은 통로에 묻어 두었다.

늑대는 고기 냄새를 맡으면 먹을 생각이 없더라도 무조건

로보와 블랑카

가까이 다가가 살펴보는 습성이 있다. 나는 로보 무리가 이런 습성에 이끌려 내가 일을 꾸며 둔 곳으로 와 주기를 바랐다. 로보는 틀림없이 암소 주변에 덫이 설치되었다는 것을 알아 채고 무리에게 다가가지 못하도록 할 것이다. 내가 희망을 건 곳은 아무렇게나 버려진 것처럼 보이는 암소 머리 쪽이었다.

이튿날 아침, 나는 그곳으로 달려 나가 덫을 살펴보았다. 이 렇게 기쁜 일이! 늑대들 발자국이 찍혀 있었다. 그리고 소머리 에 동여맨 덫이 있던 곳에는 아무것도 없었다. 서둘러 발자국 을 조사해 보니 상황을 알 수 있었다. 로보가 고깃덩어리 가까 이 가지 못하도록 막았는데도, 작은 늑대 한 마리가 저만치 있 는 암소 머리를 살피러 갔다가 덫에 걸린 것이다.

나와 친구는 발자국을 따라 걷기 시작했다. 2킬로미터쯤 갔 을까? 우리는 그 불운한 늑대가 블랑카라는 것을 알 수 있 었다. 블랑카는 25킬로그램이 넘는 소머리에 발길을 잡혔 지만 말을 타지 않은 내 친구보다 훨씬 더 빨리 달렸다. 하 지만 바위가 많은 곳에서 우리는 블랑카를 따라잡을 수 있었다. 바위에 쇠뿔이 걸려 블랑카가 멈출 수밖에 없었 던 것이다. 블랑카는 내가 본 어떤 늑대보다도 아름다웠다. 완벽한 모피는 순백색 에 가까웠다.

블랑카는 돌아서서 싸울 준비를 했

다. 그리고 자신의 동료를 불러 모으려는 듯 길게 울었다. 울음소리가 골짜기에 울려 퍼졌다. 멀리 산 너머에서 낮은 울음소리가 들렸다. 늙은 로보였다. 그러나 블랑카는 더 이상 동료들을 부르지 못했다. 그새 가까이 다가온 우리에게 맞서서 온 힘을 다해 싸워야 했기 때문이다.

그리고 어쩔 수 없는 비극이 뒤를 이었다. 그때 일만 생각하면 내 심장은 오그라드는 것만 같다. 나와 친구는 운이 다한 늑대의 목에 올가미를 던진 다음, 늑대의 입에서 피가 뿜어져 나올 때까지 각자의 말을 반대 방향으로 끌어당겼다. 블랑카의 눈은 이내 초점을 잃고 흐릿해졌다. 네 다리는 뻣뻣해졌다가 결국 축 늘어졌다. 우리는 의기양양해서 죽은 블랑카를 말에 싣고 돌아왔다. 처음으로 로보 무리에게 치명적인 타격을 입힌 것이다.

이 비극이 일어나는 동안에도, 그리고 그 뒤 우리가 말을 타고 숙소로 돌아오는 도중에도, 로보가 멀리 산들을 이리저리 헤매며 울부짖는 소리가 들려왔다. 그곳에서 블랑카를 찾는 모양이었다. 녀석은 블랑카를 버릴 수 없었지만, 블랑카를 구해 줄 수 없다는 것도 알고 있었다. 우리가 다가오는 것을 보았을 때 총에 대한 뿌리 깊은 두려움을 이겨 낼 수 없었던 것이다. 로보가 블랑카를 찾아다니며 울부짖는 소리는 그날 하루 종일 들려왔다. 나는 친구에게 말했다.

"과연 그랬군. 블랑카는 정말로 녀석의 짝이었던 거야."

저녁 어스름이 깔리자 로보는 골짜기의 보금자리로 돌아온 것 같았다. 녀석의 울음소리는 점점 더 가까워졌다. 그 소리는 깊은 슬픔으로 가득 차 있었다. 도발하는 듯한 우렁찬 울부짖음은 사라지고, 길고 구슬픈 울음소리만 남았다. "블랑카! 블랑카!" 하고 애타게 부르는 듯한 소리였다.

밤이 깊은 뒤, 블랑카가 잡힌 곳 가까이에서 로보의 울음소리가 들려왔다. 녀석이 마침내 블랑카의 발자국을 발견한 모양이었다. 그 뒤 블랑카가 죽은 장소에 도착한 로보는 애끓는 소리로 울기 시작했다. 어찌나 애처로운지 가만히 듣고 있기가 힘들었다. 예상했던 것보다 훨씬 더 구슬픈 소리였다. 무덤덤한 목동들조차 "늑대가 저렇게 슬프게 우는 건 처음 보았다."고 할 정도였다. 로보는 거기에서 무슨 일이 벌어졌는지 정확히 알고 있는 것 같았다. 그곳에 블랑카의 핏자국이 선명하게 남아 있었던 것이다.

그 뒤 로보는 말 발자국을 따라 목장 주인의 집을 찾아왔다. 그곳에서 블랑카를 찾을 수 있으리라는 희망을 품은 것일까? 아니면 복수를 위해서였을까? 녀석은 그곳에서 원수를 발견했다. 운 나쁜 사냥개 한 마리가 마침 집 밖으로 나왔던 것이다. 로보는 현관에서 채 50미터도 떨어지지 않은 곳에서 사냥개를 갈기갈기 찢어 죽였다.

이튿날 발견된 발자국으로 미루어 보아 로보 혼자 그 모든 일을 벌인 게 분명했다. 로보는 조심성 없이 마구 돌아다녔는데, 평소라면 절대 하지 않을 행동이었다. 이런 상황을 예상한 나는 목장 곳곳에 많은 덫을 따로 설치해 두었다. 실제로 로보는 그런 덫에 걸려들기도 했다. 하지만 어마어마한 힘을 발휘하여 덫에서 풀려나 그것을 내동댕이친 흔적이 남아 있었다.

로보는 블랑카의 사체라도 찾아내지 못한다면 결코 그곳을 뜨지 않을 것 같았다. 우리는 녀석이 이곳을 떠나기 전에, 그리고 마음을 다쳐 분별력을 잃었을 때, 어떻게든 놈을 잡아야겠다고 마음먹었다. 나는 블랑카를 죽인 것이 얼마나 큰 실수였는지를 문득 깨달았다. 블랑카를 사로잡아 미끼로 썼다면 바로 이튿날 밤에 로보를 잡을 수 있었을 텐데…….

나는 덫이란 덫은 다 끌어모았다. 그러다 보니 늑대용 강철 덫이 모두 130개나 되었다. 나는 그 덫을 골짜기로 통하는 모든 길목에 네 개씩 설치했다. 덫마다 통나무를 연결한 다음, 그것들을 땅에 묻었다. 그때마다 땅을 판 흔적이 남지 않도록 담요 위에 풀과 흙을 펼쳐서 조심스레 옮겨 놓았다가 다시 제자리에 두었다. 모든 일을 마무리하고 나자, 언뜻

봐서는 사람의 흔적은 찾을 수 없었다. 덫을 다 묻은 다음, 나는 가엾은 블랑카의 사체를 덫이 설치된 곳마다 끌고 다녔다. 그리고 목장 둘레를 한 바퀴 더 돌면서 냄새를 남겼다. 마지막으로 블랑카의 앞발을 잘라 덫이 묻힌 곳에 발자국을 찍기까지 했다. 나는 밤이 깊을 때까지 생각해 낼 수 있는 모든 조치를 취한 뒤, 숙소로 돌아가 결과를 기다렸다.

그날 밤 늙은 로보의 울음소리가 한 차례 들려온 것 같았지만 확실하지는 않았다. 이튿날 나는 말을 타고 덫 놓은 곳을 둘러보았는데, 북쪽 골짜기를 다 돌아보기도 전에 주위가 어두워졌다. 그때까지 별다른 점을 발견하지 못한 나는 발길을 돌렸다. 그런데 저녁 식탁에서 목동 하나가 이렇게 말하는 것이었다.

"오늘 아침 북쪽 골짜기에서 소 떼가 한바탕 소동을 벌였어요. 아무래도 덫에 뭐가 걸린 것 같아요."

나는 이튿날 오후에야 목동이 말한 장소에 도착할 수 있었다. 현장에 다가가자 커다란 잿빛 형상이 몸을 일으키더니 도망치려 하는 것이 보였다. 내 눈앞에 커럼포의 왕, 로보가 서 있었다. 녀석은 덫에 단단히 걸려 있었다. 가엾은 그 영웅은 쉬지 않고 제 짝을 찾아다니다가 블랑카의 냄새를 맡고 무작정 그 흔적을 쫓아온 모양이었다. 그리고 아가리를 벌린 채 기다리던 덫에 걸린 것이다. 녀석은 강철 덫 네 개에 걸려 힘없이 쓰러져 있었다.

　녀석 주위로 어지럽게 나 있는 수많은 발자국은 소 떼가 권좌에서 떨어진 폭군 주위에 몰려들어 얼마나 업신여기며 조롱했는지를 똑똑히 보여 주었다. 그래도 소들은 로보 바로 옆으로 다가갈 엄두를 내지는 못한 듯했다. 로보는 이틀 동안 꼼짝없이 붙들려 격렬히 몸부림친 탓에 진이 다 빠져 있었다. 하지만 내가 다가가자 털을 세우고 몸을 일으키며 목청을 돋웠다. 굵고 낮게 으르렁거리는 소리가 온 골짜기에 울려 퍼졌다. 도움을 청하는 소리, 마지막으로 부하들을 부르는 소리였다. 그러나 아무 대답도 들려오지 않았다.

　로보는 홀로 막다른 곳에 몰려 죽을힘을 다해 몸을 틀더니 나를 공격했다. 그러나 모두 부질없는 일이었다. 무게 150킬로그램이 넘는 덫은 꿈쩍도 하지 않았고, 로보의 네 발 모두 강철 이빨에 물려 있었으니까. 게다가 무거운 통나무와 사슬이 뒤엉켜 있어 녀석은 꼼짝달싹할 수 없었다. 녀석의 커다란 상아색 송곳니는 무심한 쇠사슬을 얼마나 갈아 댔을까? 총 끝으로 건드리자 녀석은 바로 총신에 흠집을 냈다. 그 흠집은 지금도 그대로 남아 있다. 녀석의 눈은 미움과 분노로 시퍼렇게 타올랐다. 녀석은 나와 두려움에 떠는 내 말을 향해 입을 벌리고 덤벼들었지만 아무것도 물 수 없었다. 굶주림과 몸부림, 과도한 출혈로 지쳐 버린 녀석은 땅바닥으로 풀썩 무너져 내렸다.

나는 많은 사람이 로보에게 당한 그대로 놈에게 되돌려 주
고 싶었다. 하지만 그 순간 양심의 가책 같은 것이 밀려왔다.

"늙은 무법자, 포악한 영웅이여! 이제 몇 분이면 너도 커다
란 고깃덩이 신세가 되겠지. 어쩌랴, 그게 네 운명인걸."

나는 올가미를 휘둘러 로보의 머리 위로 날렸다. 올가미는
그렇게 빠르지 않았고, 녀석도 아직 굴복한 것이 아니었다.
올가미가 목에 닿기 전, 녀석은 고리 부분을 물어뜯었다. 그
러자 단단하고 굵은 밧줄이 툭 끊어지면서 두 동강이 나서 녀
석의 발치에 떨어졌다.

물론 내게는 총이라는 마지막 수단이 있었다.
하지만 로보의 훌륭한 모피에 총구멍을 내고 싶지는
않았다. 나는 숙소로 말을 달려 목동 한 명과 함께 새
올가미를 가지고 돌아왔다. 우리는 먼저 로보에게 나뭇
가지를 던져 물게 했다. 로보가 그 나뭇가지를 입에서 내
려놓기 전에, 올가미가 휙 하고 공중을 날아 녀석의 목을 단단
히 죄었다.

로보의 사나운 눈에서 생명의 빛이 사라지려는 찰나, 내가
소리쳤다.

"잠깐! 녀석을 죽이지 말고 사로잡아 숙소로 데려가자."

기진맥진한 로보는 쉽게 다룰 수 있었다. 우리는 녀석의 송

곳니 뒤쪽으로 재갈을 물린 다음, 굵은 밧줄로 턱을 동여매서 재갈로 물린 막대에 고정했다. 막대와 밧줄이 서로 단단히 얽혀 있어서, 로보는 이제 아무것도 물 수 없었다. 턱이 묶인 것을 안 로보는 더 이상 아무런 저항도 하지 않았다. 소리 없이 우리를 지켜보는 로보의 눈빛은 이렇게 말하는 듯했다.

"네놈이 드디어 나를 잡았구나. 어디 마음대로 해 보아라."

그 뒤로 녀석은 우리를 철저히 무시했다.

우리가 발을 꽁꽁 묶을 때도 신음조차 내지 않았다. 으르렁거리지도, 고개를 돌리지도 않았다. 우리 두 사람은 끙끙대며 녀석을 말에 실었다. 로보는 잠잘 때처럼 고른 숨을 쉬면서 맑고 고요한 눈빛을 되찾았지만, 우리를 쳐다보지는 않았다. 로보의 눈길은 저 멀리 보이는 거대한 산들에 붙박여 있었다. 지금은 뿔뿔이 흩어졌지만 바로 얼마 전까지만 해도 동료들과 함께 노닐던 그곳, 한때 자신의 왕국이었던 그곳에. 말이 골짜기를 향해 내려가는 동안 녀석은 잠시도 그곳에서 눈을 떼지 못했다. 녀석을 실은 말이 골짜기로 들어서면서 산들은 바위에 가려 더 이상 보이지 않았다.

우리는 천천히 말을 몰아 무사히 목장에 도착했다. 그리고 로보에게 튼튼한 목걸이와 쇠사슬을 채우고 목초지 말뚝에 붙들어 맨 다음 재갈을 풀어 주었다. 나는 그제야 녀석을 자세히 살펴볼 수 있었다. 그리고 이 살아 있는 영웅에 관해서 항

늑대왕 로보

간에 떠도는 소문이 얼마나 터무니없는지를 알았다. 로보의 목에 달려 있다는 황금 목걸이도 없었고, 악마에 씌었다는 표지라는 어깨 위의 뒤집힌 십자가도 없었다. 하지만 한쪽 엉덩이에는 큰 흉터가 하나 있었다. 소문에 따르면 태너리의 우두머리 사냥개 주노의 송곳니에 물린 자국이라고 했다. 그 암사냥개가 골짜기의 모래밭에서 죽기 직전 로보를 문 것이다.

로보는 내가 가져다준 물과 고깃덩이를 쳐다보지도 않았다. 녀석은 가만히 엎드린 채 흔들림 없는 눈길로 내 뒤쪽 골짜기 너머로 펼쳐진 초원을 응시하고 있었다. 녀석이 살던 곳이었다. 로보는 내가 몸에 손을 대도 꼼짝하지 않았다. 해가 진 뒤에도 녀석은 여전히 초원 너머만 뚫어져라 바라보았다. 나는 밤이 되면 로보가 부하들을 불러 모을 것이라 예상하고 대비를 해 두었다. 하지만 녀석은 붙잡히기 전 마지막으로 한 차례 울부짖은 뒤로는 두 번 다시 울음소리를 내지 않았다.

우두머리 자리에서 밀려난 사자, 자유를 빼앗긴 독수리, 짝 잃은 비둘기는 모두 절망감에 못 이겨 죽음을 맞는다고 한다. 무법자 로보라면 그 세 가지 충격을 모두 이겨 낼 수도 있지 않을까?

이튿날 아침 나는 보았다. 로보가 그대로 조용히 엎드려 있는 것을. 하지만 영혼은 이미 떠난 뒤였다. 커럼포의 늑대왕 로보는 그렇게 숨을 거두었다.

나는 로보의 목에 걸린 사슬을 풀었다. 그리고 목동의 도움을 받아 로보의 몸을 블랑카가 누워 있는 헛간으로 옮겼다. 블랑카 옆에 누운 로보를 보고 목동이 말했다.

"그렇게 블랑카 곁으로 오려고 하더니……. 이제야 다시 짝을 찾았구나."

2

코요테의 정신적 지주
티토

1

빗방울 하나가 벼락을
비끼게 할 수도, 한 오
라기 머리카락이 제국을 멸망시킬 수도 있다. 일
찍이 거미집 하나가 스코틀랜드의 역사를 바꿔 놓
았듯이 14세기 초, 잉글랜드에 맞서 독립 전쟁을 이끌던 스코틀랜드의 로버트
1세는 거미가 집짓기에 여섯 번 실패하고 일곱 번째 도전해 성공한 것을 보고 용기를 내어 스코
틀랜드의 독립을 이끌어 냈다 ─옮긴이. 그리고 어떤 작은 조약돌 하나가
없었다면, 티토의 이 이야기도 없었을지 모른다.

그 조약돌은 사우스다코타 주 배들랜즈 '나쁜 땅'이라는 뜻 ─옮긴이
지방의 어느 오솔길에 놓여 있었다. 어느 덥고 캄캄한 밤, 그
조약돌이 거나하게 취한 목동이 탄 말의 발에 박혔다. 목동은
늘 하던 대로 말에서 내려 말이 다리를 저는 까닭을 알아보려
고 했다. 그러나 목동은 말고삐를 땅에 내려놓는 대신 말의 목
에 걸쳐 두었고, 말은 이때다 하고 어둠 속을 달려 사라져 버
렸다. 이제 두 발로 걷는 수밖에 없다는 것을 깨달은 목동은

덤불숲 아래 구덩이에 누워 쿨쿨 깊은 잠에 빠져들었다.

초여름 아침의 황금빛 태양이 아름다운 배들랜즈 뷰트건조 지대의 고원에서 벙어리장갑 모양으로 우뚝 솟은 지형을 뷰트라고 한다. 뷰트보다 규모가 큰 것을 메사라고 하는데, 메사가 조금씩 무너져 내려 작아지면 뷰트가 된다 ―옮긴이의 봉우리들을 건너뛰며 비추었다. 여러분이 그때 그곳에 있었다면 어미코요테 한 마리가 식구들의 아침거리로 토끼 한 마리를 입에 문 채 가너 천 물가의 오솔길을 따라 종종걸음 치며 집으로 돌아가는 모습을 볼 수 있었을 것이다.

빌링스 카운티미국의 지방 행정 단위. 우리나라의 군에 해당한다 ―옮긴이의 목장 주인들은 코요테 종족과 오랫동안 치열한 싸움을 벌여 오고 있었다. 그 결과 이제는 덫이며 총, 독약, 사냥개 따위가 코요테의 씨를 말릴 지경이었다. 살아남은 소수의 코요테는 한 걸음 한 걸음 발을 뗄 때마다 조심 또 조심해야 한다는 쓰라린 교훈을 얻었다. 그러나 인간의 파괴력은 커져만 갔고, 코요테의 수는 계속 줄어만 갔다.

어미코요테는 재빨리 그 길에서 벗어났다. 인간이 만든 것치고 도움이 되는 것은 하나도 없었기 때문이다. 코요테는 낮은 산등성이를 따라가다가 덤불숲이 우거진 작은 구덩이를 건넜다. 어디선가 풍겨 오는 퀴퀴한 사람 냄새에 조심스럽게 코를 킁킁거리고는, 근처의 다른 산등성이를 가로질렀다. 그곳 양지바른 곳에 코요테의 보금자리가 있었다. 어미코요테는 다시 한 번 조심스럽게 주변을 돌면서 사방을 살피고 냄새를 맡았다. 이상한 낌새는 없었다. 어미는 보금자리 입구로 내려가서 나직하게 "우프- 우프" 하는 소리를 냈다. 그러자 산쑥 덤불 옆에 있는 굴에서 새끼코요테들이 앞다투어 쏟아져 나왔다. 새끼들은 작은 소리로 아르렁거리면서 어미가 가져온 맛있는 먹이에 달려들어 조금이라도 많이 먹으려고 자리를 다투었다. 어미는 신이 나서 먹고 있는 새끼들의 모습을 흐뭇한 눈으로 지켜보았다.

목동 제이크가 싸늘한 잠자리에서 눈을 뜬 것은 해가 뜰 무렵이었다. 그때 코요테 한 마리가 산등성이를 넘는 모습이 언뜻 눈에 들어왔다. 제이크는 코요테의 모습이 사라지자마자 벌떡 일어나 산마루에 올랐다. 바로 몇 미터 앞에, 아무것도 알아차리지 못한 코요테 가족이 아침을 먹고 뛰어노는 흥미로운 광경이 펼쳐져 있었다.

그러나 그 순간 제이크의 머릿속에 떠오른 것은 이 코요테 한 마리 한 마리에 걸린 현상금 액수뿐이었다. 제이크는 커다란 45구경 연발 권총을 꺼내 들고 비틀거리는 몸을 가누면서 가까스로 어미코요테를 조준했다. 어미는 이제 막 아침 식사를 끝낸 새끼 한 마리를 쓰다듬고 있었다. 그때 총소리와 함께 어미가 쓰러졌다.

겁에 질린 새끼들은 재빨리 굴속으로 달아났다. 새끼들을 쏘아 죽이는 데 실패한 제이크는 앞으로 뛰어나와 굴 입구를 돌로 막았다. 꼼짝없이 캄캄한 굴속에 갇힌 새끼코요테들은 맨 안쪽 구석에서 벌벌 떨고 있었다. 제이크는 일곱 마리 새끼 코요테를 내버려 둔 채, 자기를 버리고 달아난 말에게 욕설을 퍼부으며 가장 가까운 목장으로 걸어갔다.

그날 오후, 제이크는 동료 한 명과 굴을 팔 장비를 챙겨 가지고 돌아왔다. 새끼들은 하루 종일 캄캄한 굴 속에서 몸을 웅크리고 있었다. 왜 어미가 먹을 것을 가져 오지 않는지, 굴속은 왜 이렇게 캄캄한지, 밖에서 무 슨 일이 일어난 것인지 궁금했다. 오후 늦게야 입구에 서 무슨 소리가 들려왔다. 잠시 후, 한 줄기 빛이 굴속 을 파고들었다. 어미인 줄 안 조심성 없는 새끼 몇 마리가 입구로 달려 나갔다. 하지만 어미는 거기 없었다. 몸집이 크고 난폭한 두 야수가 굴을 파헤치고 있을 뿐이었다.

둘이서 한 시간 남짓 굴을 파내자 거의 굴 끄트머리에 다다 를 수 있었다. 털이 복슬복슬하고 눈망울이 초롱초롱한 새끼 들이 맨 안쪽에 옹기종기 모여 있었다. 거대한 적들은 새끼들 의 천진난만한 얼굴과 몸짓에서 아무것도 느끼지 못했다. 그 들은 새끼를 한 마리씩 들어 올렸다가 세게 내리쳤다. 새끼들이 부르르 몸을 떨다가 축 늘어지면 자루 안으로 던져 넣었다. 이 자루를 가장 가까운 곳의 지역 행정관에게 가져가면 두둑한 보상금을 탈 수 있었다.

새끼코요테들은 아직 어리지만 저마다 뚜렷한 개성이 있었다. 밖으로 끌려 나가 죽음을 맞을 때 비명을 지르는 놈이 있는가 하면 으르렁거리는 놈도 있었다. 한두 마리는 물려고 덤비기까지 했다. 가장 늦게 위험을 알아차린 새끼코요테는 가장 늦게 도망치면서 한데 몰린 새끼들 맨 위에 있었고, 그래서 가장 먼저 죽임을 당했다. 가장 빨리 위험을 알아챈 새끼코요테는 먼저 도망쳐서 맨 밑에 몸을 웅크리고 있었다.

새끼들은 한 마리 한 마리 잔인하게 죽임을 당했다. 마침내 가장 조심성 많은 새끼 한 마리만 남았다. 마지막 새끼코요테는 꼼짝도 하지 않고 엎드려 있었다. 몸을 건드려도 본능이 시키는 대로 눈을 반쯤 감고 죽은 척했다. 한 사람이 새끼코요테를 들어 올렸다. 새끼는 비명을 지르지도 반항하지도 않았다. 그때 목장 주인과 잘 지내는 편이 좋겠다는 생각이 든 제이크가 말했다.

"잠깐! 요놈은 아이들에게 갖다 주자."

그래서 가족 가운데 마지막까지 살아남은 새끼코요테는 산 채로 죽은 형제들이 들어 있는 자루 속에 던져졌다. 겁이 나고 여기저기 부딪쳐 상처가 생겼지만 죽은 듯 가만히 있었다. 무슨 일이 벌어졌는지 알 수가 없었다. 새끼코요테가 아는 것이라고는 한참 동안 시끄러운 소리와 덜컹대는 움직임이 이어지다가 반쯤 목이 졸린 채 자루 밖으로 꺼내졌다는 것뿐이었다. 그곳에는 굴을 파던 야수와 비슷한 생물들이 많았다.

그 생물들은 침니폿 목장 사람들이었다. 침니폿 목장의 표지는 굵은 화살촉 모양이었다. 이 목장에는 아이들도 있었다. 새끼코요테 선물을 받을 아이들이었다. 목장 주인은 새끼코요테에 해당하는 보상금을 제이크에게 주었고, 선물은 곧장 아이들에게 전달되었다.

아이들이 물었다.

"이게 뭐예요?"

그러자 옆에 있던 멕시코인 목동이 코요티토라고 말해 주었다. '새끼코요테'라는 뜻이었다. 그 뒤 코요티토를 줄인 '티토'가 그 포로의 이름이 되었다.

2

티토는 몸집이 아주 작았다. 몸에는 복슬복슬 털이 나 있고 얼굴은 강아지처럼 생겼으며 귀와 귀 사이가 넓은 편이었다.

포로가 된 코요테

하지만 티토는 아이들을 위한 애완동물로는 적당하지 않았다. 암컷으로 밝혀진 그 새끼코요테가 사람들을 따르려 하지 않았기 때문이다. 먹이도 잘 먹고 건강해 보였지만, 아무리 다정하게 대해 주어도 전혀 반응을 보이지 않았다. 아이들이 불러도 개집 밖으로 나올 줄 몰랐다. 나이 어린 아이들은 티토에게 상냥하게 대해 주었지만, 남자 어른들과 소년들이 난폭하게 굴어서 마음에 상처를 받았기 때문일 것이다.

소년들은 새끼코요테를 보고 싶을 때마다 조금도 망설이지 않고 쇠줄을 잡아당겨 티토를 끌어냈다. 그때마다 티토는 조용히 죽은 척하곤 했다. 그게 가장 좋은 처신이라는 것을 알고 있는 듯했다. 그러다가 아이들이 쇠줄을 놓으면 개집 안에서 가장 어두운 구석으로 지체 없이 파고들었다. 그리고 자기를 괴롭히는 자들을 지켜보았다. 어쩌다 방향이 맞으면 그 눈에서 순간적으로 강렬하게 번쩍이는 초록빛을 볼 수도 있었다.

침니폿 목장에는 열세 살 난 남자아이가 살고 있었다. 언젠가는 이 아이도 아버지처럼 친절하고 강하고 사려 깊은 어른으로 자라겠지만, 아직은 또래의 다른 아이들처럼 부끄러움을 모르는 악동이었다.

그 지역의 다른 남자아이들처럼 그 아이도 목동이 될 생각에 올가미 던지기 연습을 하고 있었다. 그런데 말뚝이나 나무 그루터기에 대고 올가미를 던져 봐야 별 재미가 없었다. 어린 동생들을 괴롭히면 어른들에게 혼쭐이 났다. 아이가 손에 밧줄을 들고 나타나기만 하면 개들은 꽁무니를 빼고 멀리 달아났다. 그러니 연습 상대라고는 가엾은 새끼코요테밖에 없었다.

오래 지나지 않아 티토는 평화를 얻기 위해서는 개집에 숨어 있거나, 밖에 있는 동안 밧줄이 날아오면 땅바닥에 납작 엎드려 밧줄을 피하는 수밖에 없다는 것을 배웠다. 그 소년 링컨은 결국 자기도 모르는 사이에 새끼코요테에게 밧줄의 위험과 한계를 가르쳐 준 셈이었다. 그러니까 소년은 티토에게 불행, 그것도 더할 수 없는 불행 속에서 행운을 선사한 것이었다.

코요테가 올가미 피하는 요령을 완벽하게 터득하자, 그 악동은 새로운 놀이를 생각해 냈다. 소년은 '여우용'이라는 커다란 덫을 구해 왔다. 그러고는 제이크가 늑대 덫을 놓을 때 했던 것처럼 개집 근처에 덫을 파묻었다. 그리고 그 위에 고기 몇 점을 흩뜨려 놓았다. 역시 늑대 덫을 놓을 때와 같은 방식이었다.

잠시 뒤 고기 냄새를 맡고 나온 티토가 군침을 흘리며 고기 쪽으로 다가가는 순간, 한쪽 발이 덫에 걸렸다. 가까운 곳에 몸을 숨기고 있던 악동은 인디언처럼 우우 함성을 지르며 달려 나왔다. 그리고 티토가 도망쳐 들어간 개집에서 티토를 끄집어냈다. 소년은 짜릿한 흥분을 느끼며 좀 더 실랑이를 벌인 끝에 티토의 몸에 밧줄을 걸 수 있었다. 그리고 자기를 가장 잘 따르는 남동생의 도움을 받아 어른들이 눈치채기 전에 코요테를 덫에서 풀어 놓는 데 성공했다.

이런 일을 한두 번 더 겪으면서 티토는 덫이 얼마나 끔찍한 물건인지 알게 되었다. 쇠붙이에서 어떤 냄새가 나는지도 알았다. 그리고 링컨이 남동생을 시켜서 옷으로 개집 입구를 가리고 밖을 내다보지 못하게 한 채 아무리 감쪽같이 덫을 묻어도, 금세 그것을 알아차리고 피할 수 있게 되었다.

하루는 웬일인지 쇠줄이 말뚝에 매여 있지 않았다. 티토는 쇠사슬을 질질 끌면서 어슬렁어슬렁 집 밖으로 나섰다. 그런데 누가 그 모습을 보고 티토에게 새 사냥용 산탄총을 쏘았다. 갑자기 타는 듯한 아픔이 몸을 찔렀다. 티토는 깜짝 놀라 자기가 알고 있는 유일한 은신처인 개집으로 도망쳤다. 쇠줄은 다시 말뚝에 매어졌고, 티토는 무시무시한 총과 화약 냄새를 머릿속에 새겼다. 그리고 그것들을 피하려면 '납작 엎드려야' 한다는 것도 기억했다.

포로가 된 코요테를 기다리는 험한 일은 그것뿐이 아니었다.

목장에서는 날마다 독약으로 늑대 잡는 일에 관한 이야기가 오갔다. 그러니 링컨이 어른들 몰래 코요티토에게 독약을 먹여 봐야겠다고 생각한 것도 놀랄 일은 아니었다. 맹독성 스트리크닌은 엄격하게 통제했기 때문에 손에 넣을 수가 없었다. 그 대신 링컨은 쥐약을 고기에 발라 포로에게 던져 주었다. 그러고는 새로운 화학 물질을 시험하는 교수라도 된 듯 무심하고 태평한 마음으로 옆에 앉아 무슨 일이 일어나는지 지켜보았다.

티토는 고기 냄새를 맡았다. 고기 조각에서 풍기는 모든 냄새가 코를 통과했다. 티토의 코가 무언가 미심쩍다는 신호를 보냈다. 맛있는 고기 냄새, 익숙하지만 역겨운 사람의 손 냄새, 거기에 어떤 낯선 냄새가 섞여 있었다. 하지만 덫의 냄새는 아니었다. 그래서 티토는 고기를 물어 삼켰다.

몇 분이 지나자 뱃속에서 끔찍한 고통이 느껴지더니 경련이 일어나기 시작했다. 늑대 종족은 몸에 해로운 것은 무엇이든 본능적으로 토해 내는 습성이 있다. 티토도 잠시 고통을 겪고는 그 방법으로 고통을 없앴다. 그리고 고통을 더 확실히 없애기 위해 풀잎을 뜯어 먹었다. 그러자 한 시간도 안 되어 몸이 다시 정상으로 돌아왔다.

링컨이 사용한 쥐약은 코요테 열 마리를 죽일 수 있을 만큼 많은 양이었다. 그보다 더 적은 양을 넣었다면, 티토가 고통을 늦게 느끼기 시작해서 고통을 깨달았을 때는 이미 늦을 수도 있었다. 하지만 티토는 건강을 회복했고, 끔찍한 고통을 안겨 준 그 특이한 냄새를 결코 잊지 않았다. 뿐만 아니라, 그때부터 티토는 언제든 대자연이 마련해 둔 약초를 먹으러 달려 나갈 준비가 되어 있었다.

이런 본능은 한 번 알게 되면 빠르게 발달하는 법이다. 처음에는 몇 분 동안 고통을 겪은 뒤에야 복통을 없애 주는 약초를 향해 달려갈 수 있었다. 하지만 경험으로 배운 다음부터는 고통이 시작되자마자 약초부터 떠올렸다. 그 작은 악당은 다시 한 번 티토가 소량의 독이 든 미끼를 삼키게 하는 데 성공했지만, 이제 티토는 어떻게 해야 할지 알고 있어서 거의 고통을 겪지도 않았다.

그러던 어느 날, 링컨의 친척이 불테리어개의 품종 가운데 하나. 불도그와 테리어를 교배한 품종으로, 털이 짧고 용맹하며 영리하다. 근육질의 다부진 체격을 자랑한다 ─ 옮긴이 한 마리를 보냈다. 소년에게 이 새로운 짝패는 아주 흥미로운 활력소가 되었지만, 코요테에게는 새로운 고난이 시작되었다는 것을 뜻했다.

온갖 시련을 겪으면서 코요테는 '납작 엎드리기'가 얼마나 중요한가를 새삼 깨달았다. 눈앞에 위험이 닥치면 가만히 조심스럽게 숨는 것이 최선이었다. 결국은 집안 어른들이 나서서 코요테를 괴롭히지 못하게 하면서, 티토가 묶여 있는 작은 마당에서 불테리어의 모습은 사라지게 되었다.

이 모든 상황에서 티토가 고분고분 순진한 희생자였다고 생각하면 오산이다. 티토는 물어뜯는 법을 배웠다. 잠든 척하고 있다가, 쇠줄이 닿는 범위 안으로 들어와 먹이를 찾는 닭을 물어 죽인 것도 여러 번이었다. 천성적으로 아침과 저녁을 찬양하는 노래를 부르고 싶어 해서 여러 차례 얻어맞기도 했다. 티토는 노래의 첫 소절을 부르자마자 창문이나 현관문이 덜컹거리는 소리가 나면 입을 다물어야 한다는 것도 배웠다. 이런 소리가 난 다음에는 종종 새 사냥용 산탄총이 '탕' 하고 발사되곤 했기 때문이다. 새 사냥총을 맞아도 큰 부상을 입지는 않았지만, 털가죽이 심하게 따끔거렸다. 이런 여러 가지 일을 겪으면서 티토는 총과 그것을 든 사람들을 더욱 두려워하게 되었다. 티토가 이렇게 노래를 하는 목적은 확실하지 않았다. 티토는 보통 새벽이나 해가 질 무렵에 노래를 불렀지만, 때로는 한낮에도 커다란 소음이 들리면 노래를 시작했다. 티토의 노래는 짧게 연달아 짖는 소리와 구슬픈 울부짖음으로 이루어졌는데, 그 소리가 들리기만 하면 개들이 시끄럽게 짖어 대는 바람에 한바탕 소란이 일었다. 한두 번은 먼 산에서 야생 코요테가 응답을 하기도 했다.

티토에게 작은 버릇이 하나 생겼는데, 그건 순전히 본능에 따른 것이었다. 다시 말해 유전적인 습성인 것이다. 티토는 자기 집 뒤쪽에 작은 굴을 파고 뼈를 묻어 두기 시작했다. 쇠 줄이 닿는 범위 안에 고약한 냄새가 나는 고깃덩이를 묻어 두 고 그곳을 정확히 기억했다. 굶주릴 때를 대비한 것이지만, 티토가 배를 곯은 적은 한 번도 없었다. 누가 그 보물을 숨겨 둔 곳으로 다가가면, 티토는 걱정스러운 눈빛으로 지켜볼 뿐 아무 행동도 취하지 않았다. 그러다가 보물을 숨긴 위치가 발 각되었다 싶으면 바삐 다른 곳으로 옮겼다.

이렇게 1년이 지나면서 티토는 몸집이 커진 만큼 많은 것을 알게 되었다. 야생의 친척들이라면 목숨을 걸어야만 배울 수 있는 것들이었다. 티 토는 덫에 관해 잘 알고 두려워했다. 독이 든 미 끼를 피하는 법도 배웠으며, 실수로 그것을 먹었을 때 는 즉시 어떤 행동을 취해야 하는지도 알았다. 총이 어떤 것인 지도 알게 되었다. 아침과 저녁 노래를 짧게 끊어 부르는 법도 배웠다. 모든 개를 증오하고 믿지 않을 정도로 개에 관해서도 잘 알게 되었다.

하지만 가장 중요한 것은 따로 있었다. 위험이 다가올 때는 땅에 납작 엎드려서 아무 소리도 내지 않고 주의를 끌 만한 행동을 하지 않는 게 최선이라는 것이었다. 변해 가는 노란 눈망울을 통해 밖을 내다보는 티토의 작은 뇌에는 인간에 관한 다른 많은 지식이 쌓였을 테지만, 그게 겉으로 드러나지는 않았다.

티토는 그렇게 다 자란 코요테가 되었다. 그 무렵 목장 주인은 놀라울 만큼 발이 빠른 순종 그레이하운드 한 쌍을 사들였다. 아직도 살아남아 이따금씩 목장의 양과 소를 공격하는 코요테들을 완전히 없앨 수 있을지 알아보고, 동시에 사냥의 재미도 느끼려는 속셈이었다.

목장 주인은 마당에 묶여 있는 코요테에 싫증이 난 참이었다. 그래서 티토를 이용해 개들을 훈련시키기로 하고, 자루에 티토를 던져 넣은 다음 400미터쯤 떨어진 곳으로 끌고 가 풀어 주었다. 동시에 그레이하운드의 목줄을 풀어 주고 코요테의 뒤를 쫓게 했다. 그레이하운드들은 다른 네발짐승들이 도저히 따라갈 수 없는 놀라운 속도로 달리기 시작했다. 코요테도 사람들의 고함 소리에 놀라고 자기가 자유의 몸이 되었다는 사실에 놀라 달아나기 시작했다. 처음에 400미터였던 간격이 어느새 100미터로 좁혀졌다가 다시 50미터로 좁혀졌다. 개들은 나는 듯이 달렸다. 코요테가 이길 가능성은 없어 보였다. 사냥개들은 점점 더 가까이 다가왔다. 이대로 1분만 더 달린다면 티토는 사냥개들에게 잡혀 죽을 것이다. 의심의 여지가 없었다. 바로 그 순간, 티토는 발을 멈추고 몸을 돌리더니 꼬리를 귀 높이까지 쫑긋 세운 채 살랑살랑 흔들며 개들을 향해 걸어갔다.

그레이하운드는 특이한 사냥개다. 달아나는 것은 무엇이든 쫓아가 잡아 죽이려고 하지만, 어떤 동물이 자신들을 조용히 마주 보고 있으면 그것이 무엇이든 순식간에 싸울 의지가 사라지는 것이다. 그레이하운드들은 맹렬한 속도를 이기지 못하고 코요테를 뛰어넘어 지나쳤다가 되돌아왔다. 당황한 기색이 역력했다. 꼬리를 흔들며 서 있는 티토를 보고 마당에서 살던 코요테라는 사실이 떠오른 것 같았다. 목동들도 당황스럽기는 마찬가지였다. 다들 뒤통수를 맞은 기분이었고 낭패감을 맛보았다. 진정한 승자는 대담한 어린 코요테라는 것을 인정할 수밖에 없었다.

그레이하운드는 달아나지도 않고 꼬리까지 흔드는 동물을 공격하지 않는다. 사람들은 코요테를 그대로 놓아두면 잡을 수 없을 만큼 멀리 달려갈 수 있다는 것을 깨닫고 서둘러 올가미를 던졌다. 티토는 다시 포로가 되었다.

이튿날 사람들은 다시 한 번 시험해 보기로 했다. 이번에는 하얀 불테리어까지 추격에 나서게 했다. 코요테는 전날처럼 행동했다. 그레이하운드는 그 온순하고 다정한 동물을 공격하려 들지 않았다. 그러나 3분 뒤 숨을 헐떡이며 현장에 나타난 불테리어는 주저함이 없었다. 코요테보다 키는 그리 크지 않지만 몸무게가 더 많이 나가는 불테리어가 털이 북슬북슬한 티토의 목을 물고 흔들었다. 그러자 놀랄 만큼 짧은 시간에 티토의 몸이 축 늘어졌다. 모든 사람이 그 모습을 보고 기뻐하며 불테리어를 칭찬했다. 그레이하운드들은 어쩔 줄 몰라 주위를 어슬렁거렸다.

거기 모인 사람들 중에는 이 지역에 온 지 얼마 안 되는 영국인이 끼어 있었다. 그는 코요테의 꼬리를 가져도 되겠느냐고 물었다. 그러고는 마음대로 하라는 대답을 듣자마자 코요테 꼬리를 들어 올리고 서툰 솜씨로 칼을 휘둘러 꼬리를 중간쯤에서 잘라 냈다. 그러자 쓰러져 있던 코요테가 고통에 못 이겨 비명을 질렀다. 티토는 죽은 게 아니라 죽은 척한 것이었다. 자리에서 벌떡 일어난 티토는 근처에 있던 선인장과 산쑥 덤불 속으로 사라졌다.

달리는 동물은 그레이하운드에게 경주의 출발을 알리는 총소리와 같다. 다리가 긴 그레이하운드 두 마리와 가슴이 넓은 하얀 개 한 마리가 코요테의 뒤를 쫓기 시작했다. 하지만 운이 좋았는지, 바로 맞은편에서 갈색 줄무늬에 붙어 있는 새하얀 분첩 같은 것이 보였다. 눈에 잘 띄지만 금세 사라지는 솜꼬리토끼의 표지였다. 이제 개들의 시야에서 코요테의 모습은 사라지고, 토끼의 모습만 남았다. 그레이하운드들은 전속력으로 솜꼬리토끼를 쫓았다. 하지만 솜꼬리토끼는 프레리도그가 사는 굴을 이용해 어머니 대지의 품에 안겼고, 코요테도 달아

나는 데 성공했다.

티토는 불테리어의 거친 공격에 큰 충격을 받은 상태였다. 끝이 잘려 나간 꼬리도 몹시 아팠다. 하지만 다행히 다른 곳은 말짱했다. 티토는 구덩이에 몸을 숨기면서 날쌔게 움직여, 배들랜즈의 아름다운 뷰트 사이로 도망쳤다. 그리고 훗날 리틀 미주리 지방의 코요테 사이에 새 삶을 퍼뜨리는 시조가 되었다.

성경을 보면 모세는 이집트인의 보살핌을 받아 위험한 시기를 넘겼으며, 그들의 지혜를 배워 자신의 백성을 이집트에서 구해 낼 수 있었다. 마찬가지로 꼬리 잘린 코요테도 인간의 손에 목숨을 건지고 위험한 어린 시절을 무사히 넘길 수 있었다. 뿐만 아니라, 사람들이 오래전부터 코요테 종족을 몰살시키려고 사용해 온 덫과 독약, 올가미, 총, 개를 피하는 방법을 자기도 모르는 사이에 바로 사람들에게서 배울 수 있었다.

3

그렇게 인간의 세상을 벗어난 티토는 난생처음으로 생존의 문제에 맞닥뜨려야 했다. 이제 스스로 삶을 꾸려 나가야 했던 것이다.

야생 동물에게는 세 가지 지혜의 원천이 있다.

첫 번째는 조상들의 경험이다. 그것은 본능이라는 모습을 띤 것으로 선택과 고난의 세월이 그 종족을 단련시켜 만들어 낸, 하늘이 내린 지식이다. 처음에는 이것이 가장 중요하다. 태어난 그 순간부터 야생 동물을 지켜 주는 것이기 때문이다.

두 번째는 부모와 동료들의 경험이다. 본보기를 통해 배우는 것이다. 새끼들이 달릴 수 있을 만큼 자라면 이것이 가장 중요해진다.

세 번째는 그 동물 자신의 개인적인 경험이다. 이것은 동물이 나이를 먹으면서 점점 더 중요해진다.

첫 번째의 약점은 불변성에 있다. 빠르게 변화하는 상황에 맞추어 변할 수 없다는 것이다. 두 번째의 약점은 동물이 언어를 써서 생각을 자유롭게 교환할 수 없다는 데에 있다. 세 번째의 약점은 그것을 얻으려면 위험이 따른다는 것이다. 하지만 그 세 가지가 한데 모이면, 각 부분이 서로를 지탱하는 아치처럼 튼튼한 구조를 이룬다.

그런데 티토는 완전히 새로운 경우였다. 티토는 세 번째 지혜는 놀랄 만큼 많이 갖추었지만 두 번째 지혜는 전혀 없고, 첫 번째 지혜는 잠재되어 있기만 했다. 이런 코요테가 야생의 삶에 정면으로 맞선 적은 아마 한 번도 없었을 것이다.

티토는 신속하게 움직여 목동들에게서 멀리 도망쳤다. 사람들 눈을 피해 이동했고, 상처 난 꼬리를 핥을 때만 한 번씩 자리에 앉았다.

그러다가 티토는 프레리도그 마을로 들어서게 되었다. 많은 프레리도그가 밖에 나와 있다가 낯선 침입자를 향해 짖어 댔지만, 티토가 다가가자 재빨리 굴속으로 몸을 숨겼다. 본능은 티토에게 프레리도그를 잡으라고 했다. 하지만 티토는 한동안 이리저리 뛰어다니다가 허탕을 치고 포기했다. 강가에 길게 자란 풀 사이에서 생쥐 한 쌍을 발견하지 못했다면, 그날 밤은 배를 곯아야 했을 것이다. 티토는 어미에게서 사냥하는 법을 배우지는 못했지만, 본능을 통해 알고 있었다. 그리고 비상한 머리 덕분에 신속하게 경험을 활용할 수 있었다.

그 뒤 며칠 동안, 티토는 빠른 속도로 어떻게 먹고살아야 하는지를 배웠다. 그 지역에는 쥐, 들다람쥐, 프레리도그, 토끼, 도마뱀 따위가 많아서 몸을 숨기지 않고도 먹잇감을 쫓아가 붙잡을 수 있었다. 처음에는 대놓고 쫓아가거나 몸을 숨기고 최대한 가까이 다가간 다음 뒤를 쫓는 방법을 썼지만, 나중에는 자연스럽게 살금살금 다가가 막판에 덮치는 방법을 쓸 정도가 되었다. 그리고 채 한 달이 지나기도 전에 티토는 안락한 생활을 할 수 있게 되었다.

한두 번은 사람들이 그레이하운드를 데리고 자기 뒤를 밟는 것을 보기도 했다. 다른 코요테였다면 허세를 부려 짖거나, 적을 살펴보려고 높은 곳으로 올라갔을 것이다. 하지만 티토는 그런 어리석은 짓을 하지 않았다. 그때 만일 티토가 도망을 쳤다면 그 움직임이 개의 눈에 띄었을 테고, 그 무엇도 티토의 목숨을 구할 수 없었을 것이다. 그러나 티토는 그 자리에서 몸을 낮추고 위험이 지나갈 때까지 납작 엎드려 있었다. 목장에서 지내던 시절에 훈련한 납작 엎드리기가 큰 도움이 되었다. 약점이 강점으로 바뀌는 상황이었다.

코요테 종족은 긴 세월 동안 빨리 달리는 것으로 유명했다. 오래전부터 자신의 빠른 발을 믿으라고 배워 왔기에, 자신을 따라잡을 수 있는 동물이 있으리라고는 꿈에도 생각하지 못했다. 코요테들은 추격자들을 놀리면서 달아나기를 좋아했으므로 그레이하운드가 달려와도 달아날 생각을 하지 않았다. 그러다 보면 이미 때가 늦곤 했다. 하지만 어린 시절부터 쇠줄에 묶여 자란 티토는 빨리 달릴 수가 없었다. 그러니까 제 다리를 믿을 이유가 없었던 것이다. 티토는 그 대신 기지를 믿었고, 그 덕분에 살아남을 수 있었다.

그해 여름, 티토는 리틀 미주리에 머무르면서 젖니를 갈기 전에 진작 배웠어야 하는 작은 동물 사냥 기술을 익혔다. 그리고 점점 더 강해지고 점점 더 빨라졌다. 목장 근처에는 얼씬도 하지 않았고, 사람이나 낯선 짐승이 나타나면 항상 몸을 숨기고 지켜보았다. 그렇게 여름을 홀로 지냈다. 낮에는 외롭지 않았지만, 해가 떨어지면 야성의 노래를 부르고 싶은 충동이 솟구쳐 오르곤 했다. 코요테들에게는 너무나도 소중한 서부의 노래를.

그 노래는 어느 한 코요테가 창작한 것도, 최근에 만들어 낸 것도 아니다. 그것은 먼 옛날부터 오늘에 이르기까지 모든 코요테의 감성을 담아 서서히 생성된 것이었다. 그것은 코요테의 본성과 그 본성을 만들어 낸 평원을 노래한다. 어느 하나가 노래를 시작하면, 다른 코요테들도 그 노래에 마음을 빼앗긴다. 군악대의 나팔소리와 북소리가 병사들의 마음을 사로잡듯이, 승리를 기원하는 노래가 인디언 전사들의 마음을 사로잡듯이. 유리그릇이 다른 소리에는 반응하지 않다가 어떤 일정한 음에만 깨지는 것처럼, 코요테들은 그 노랫소리에 반응한다. 따라서 코요테라면 어떤 어린 시절을 보냈든지 평원에서 들려오는 밤의 노래에 마음이 떨리게 마련이다. 그 노래가 코요테들 내면의 무언가를 건드리기 때문이다.

코요테는 해가 진 뒤에 밤의 노래를 부른다. 그때 그 노래는 동족을 부르는 함성이자 다정하게 이웃을 부르는 소리다. 숲에 들어간 소년이 친구를 향해 외치는 '야호!' 소리에 '여긴 별일 없어. 나는 여기 있는데 너는 어디 있니?' 라는 뜻을 담아 보내

듯이, 코요테는 노래를 부른다. 코요테는 떠오르는 달을 향해 노래를 부르기도 한다. 사냥을 시작하기에 마침맞은 시간이기 때문이다. 새로 지핀 모닥불을 보았을 때도 노래를 부른다. 개가 낯선 사람을 보고 짖는 것과 같은 까닭에서다. 새벽에 야영지를 몰래 빠져나오기 전에는 또 다른 종류의 기이한 노래를 부른다. 거칠고 기묘한 후렴구를 되풀이하는 것이다.

와우 와우 와우 와우 와우 와아우

이 소리는 계속 반복된다. 목동이 내뱉는 욕설을 코요테가 일일이 구별할 수 없듯이, 그 노래도 사람이 알아들을 수 없는 이야기를 담고 있을 것이다.

티토는 본능적으로 적당한 시간에 노래를 불렀다. 하지만 어린 시절의 비참한 경험 때문에 낮은 소리로 짧게 끊어서 노래할 수밖에 없었다. 한두 번은 멀리서 동족이 응답한 적도 있었다. 그 소리를 들은 티토는 겁을 집어먹고 재빨리 노래를 멈추어서 연락을 끊었다.

어느 날 티토는 가너 천 상류에서 고깃덩이를 끌고 지나간 자국을 발견했다. 거기에서는 유난히 군침이 도는 냄새가 풍겼다. 호기심이 생긴 티토는 그 흔적을 쫓기 시작했다. 그리고 금세 고깃덩이가 있는 곳에 도착했다. 티토는 배가 고팠다. 사실 티토는 요즘 늘 배가 고팠다. 고깃덩이는 먹음직스러웠다. 조금 이상한 냄새가 났지만 그것을 삼켰다. 그리고 몇 분 뒤 무시무시한 고통이 티토를 덮쳤다. 순간, 독이 든 고기를 먹었던 기억이 생생히 되살아났다. 몸이 덜덜 떨리면서 입에서 거품이 흘러나왔다. 풀잎을 뜯어 먹었더니 위에서 고기가 튀어나왔다. 하지만 티토는 경련을 일으키며 바닥에 쓰러졌다.

고기를 끌고 간 자국과 독이 든 미끼는 그 전날 울버 제이크가 준비해 둔 것이었다. 이튿날 아침 제이크는 말을 타고 고기를 끌고 간 길을 따라 움직였다. 물이 말라붙은 골짜기 위로 올라오는 순간 저 앞에 코요테 한 마리가 몸부림치는 것이 보였다. 제이크는 코요테가 독을 먹었다는 것을 알고 말을 재촉했다. 그런데 제이크가 가까이 다가가는 동안 코요테가 경련을 멈추었다. 말발굽 소리를 들은 코요테는 필사적으로 앞발을 세우고 몸을 일으켰다. 제이크가 권총을 꺼내어 쏘았지만, 오히려 위험을 확실히 알려 주는 역할만 했을 뿐이다. 코요테는 달아나려고 했다. 하지만 마비된 뒷다리가 말을 듣지 않았다. 티토는 죽을힘을 다해 뒷다리를 끌면서 달렸다. 이제는 위에 독이 남아 있지 않았으므로 정신력이 큰 힘을 발휘할 수 있었다. 티토가 그대로 계속 누워 있었다면 5분 안에 죽음을 맞았을 것이다. 그러나 사람이 다가오는 소리, 그 뒤를 이어

들려온 총소리에 놀란 티토는 필사적으로 몸을 움직였다. 티토는 뒷다리를 움직이려고 미친 듯이 몸부림을 쳤다. 절박한 마음으로 있는 힘을 다했다.

놀라운 속도로 몸을 끌고 산을 내려가는 동안, 티토의 꽉 막힌 신경을 통해 갑자기 10배나 되는 힘으로 신경 물질이 밀려드는 것 같았다. 신경은 결국 의지란 말인가? 증폭되어 폭발적으로 뚫고 들어오는 새로운 힘에 다리의 죽은 신경이 뜨거워졌다. 다리는 그 뜨거운 의지를 그대로 따를 수밖에 없었다.

티토는 다시 생명의 전율을 느꼈다. 발사된 총알이 빗나갈 때마다 티토의 몸에서는 힘이 솟구쳤다. 다시 한 번 격렬히 몸을 움직이자, 한쪽 뒷다리가 부름에 따라 움직였다. 몇 걸음 더 뛰었더니 다른 다리에도 감각이 돌아왔다. 그 뒤 티토는 무너져 내리는 뷰트 사이를 가볍게 내달렸다. 뱃속에서 여전히 계속되는 통증을 무시한 채.

그때 제이크가 쫓아오지 않았다면 티토는 그곳에 드러누워 죽음을 맞았을지도 모른다. 하지만 제이크는 티토를 쫓으면서 계속 총을 쏘아 댔다. 그렇게 2킬로미터를 도망치면서 티토는 어느새 고통을 던져 버릴 수 있었다. 적이 티토를 살려 준 셈이었다. 제이크는 치유를 위해 꼭 해야 할 일을 티토에게 강요한 셈이었고, 티토는 그렇게 달아났다.

　그날 티토가 얻은 교훈은 이런 것이었다. 고기에서 나는 이상한 냄새는 죽음에 이르는 고통을 불러온다. 절대 건드리지 말라! 티토는 그 사실을 잊지 않았다. 이제 티토도 스트리크닌에 관해 알게 된 것이다.

　다행히 코요테 사냥에 개와 덫과 스트리크닌이 같이 동원되는 일은 없었다. 코요테뿐 아니라 사냥개까지 덫에 걸리거나 독약을 먹을 위험이 크기 때문이다. 그때 개가 한 마리라도 있었다면 티토의 역사는 그날로 끝이 났을 것이다.

4

가을이 끝나 가면서 날씨가 제법 쌀쌀해졌다. 이제 티토는 부족했던 어린 시절의 훈련 내용을 거의 다 채워 넣었다. 여느 코요테와 똑같은 습성을 지니게 되었고, 해 질 무렵 노래도 더 잘 부르게 되었다.

　어느 날 밤, 제 노래에 응답하는 소리가 들려오자 티토는 충동을 이기지 못하고 다시 소리를 지르고 말았다. 잠시 후 몸집이 커다랗고 털이 거무스름한 코요테 한 마리가 나타났다. 그곳에 살아남아 살고 있다는 사실만으로도 뛰어난 수컷이라는 것을 뜻했다. 모든 코요테가 목동들과 치열한 전투를 벌이고 있었기 때문이다.

수컷은 조심스럽게 다가왔다. 자신의 종족을 본 티토는 복잡한 감정에 휩싸여 온몸의 털을 곤두세웠다. 티토는 땅에 납작 웅크린 채 기다렸다. 수컷은 바람 냄새를 맡으며 걸어와 바람을 안고 티토 옆으로 다가왔다. 수컷은 티토가 냄새를 맡을 수 있도록 어슬렁거리다가 꼬리를 들어 올리고 살랑살랑 흔들었다. 첫 번째 행동은 싸울 의도가 없다는 뜻을, 뒤에 한 행동은 친해지고 싶다는 뜻을 분명히 한 것이었다. 수컷이 다가오자 티토는 자리에서 벌떡 일어났다. 그리고 가능한 한 몸을 꼿꼿이 세워 제 몸의 냄새를 맡게 했다. 그러고는 끝이 잘린 꼬리를 흔들었다. 이제 둘은 서로 친해졌다고 느꼈다.

수컷은 몸집이 아주 컸다. 키가 티토의 한 배 반이나 되었고, 어깨에 있는 무늬는 아주 크고 검었다. 그래서 이 수컷을 아는 목동들은 녀석을 '등에 안장 모양의 무늬가 있다'는 뜻에서 '새들백'이라고 불렀다. 그 순간부터 두 코요테는 거의 함께 다니기 시작했다. 그렇다고 늘 붙어 있는 것은 아니어서, 낮에는 몇 킬로미터 떨어져 있는 적도 많았다. 하지만 밤이 되면 어느 한쪽이 높고 탁 트인 곳으로 올라가 큰 소리로 노래를 불렀다.

들은 서로 친해졌다고 느꼈다.

컹, 컹, 컹, 요오 와우 와우 와우 와우

티토와 새들백은 그렇게 서로를 만나 먹이를 찾아다녔다.

몸집은 새들백이 더 컸지만, 더 영리한 쪽은 티토였다. 그래서 티토가 지도자가 되었다. 한 달도 채 못 되어 세 번째 코요테가 나타나, 이 느슨하게 결합된 집단의 일원이 되었다. 그 뒤 두 마리 코요테가 다시 무리에 합류했다.

하나의 성공은 또 다른 성공을 불러오는 법이다. 꼬리 잘린 작은 코요테에게는 흔치 않은 장점이 있었다. 다른 코요테들이 받지 못한 훈련을 받았다는 것이다. 티토는 사람들이 사용하는 도구를 잘 알았다. 그것들에 관해 말로 알려 줄 수는 없었지만, 이런저런 표현과 수많은 사례를 이용해서 정보를 줄 수는 있었다. 오래 지나지 않아 코요테들은 티토처럼 하면 쉽게 사냥할 수 있다는 것을 알았다. 반면 티토 없이 사냥에 나서면 운이 나쁠 때가 많았다.

바스엘더 목장의 주인은 양 스무 마리를 치고 있었다. 이 목장은 소 방목장이었기 때문에 그곳 카운티의 규정에 따라 더 많은 양을 기를 수는 없었다. 크고 사나운 콜리종 목양견^{목장에서 양을 지키고, 밤이 되면 집으로 몰아가도록 훈련받은 개 — 옮긴이}이 그 양들을 지켰다. 어느 겨울날 코요테 두 마리가 그 양 떼를 급습했는데, 오히려 콜리에게 상처만 입고 물러났다.

며칠 뒤 해가 기울 무렵, 코요테 무리가 다시 나타났다. 티토가 어떻게 그 일을 주도했는지는 알 수 없었다. 티토가 어떤 식으로 각 코요테에게 임무를 맡겼는지도 추측만 할 뿐이었다. 하지만 티토가 일을 주도한 것만큼은 확실했다.

코요테들은 버드나무 사이에 몸을 숨겼다. 그런 다음, 용감하고 민첩한 새들백이 나서서 양 떼 쪽으로 다가가며 큰 소리로 짖었다. 콜리는 갈기 같은 털을 세우고 사납게 으르렁거리며 펄쩍 뛰어올랐다. 적을 발견한 콜리는 바로 달려들었다. 이제 새들백이 믿을 것은 굳은 용기와 믿음직스러운 네 다리뿐이었다. 새들백은 개가 자기를 거의 덮칠 때까지 기다렸다 도망치고 또 도망치기를 반복하면서 멀리 숲으로 유인했다. 그사이 티토가 이끄는 다른 코요테들은 스무 마리 양이 뿔뿔이 도망치게 했다. 코요테들은 가장 멀리 도망친 양들을 쫓아가서 몇 마리를 죽인 다음 눈밭에 내버려 두었다.

개와 주인은 짙어지는 어둠 속을 돌아다니면서 그때까지 살아남아 "매애 매애" 우는 양들을 모아들였다. 이튿날 아침 사람들은 네 마리 양이 멀리 쫓겨 가서 죽임을 당했으며, 코요테들이 진수성찬으로 흥청망청 잔치를 벌였다는 사실을 알게 되었다.

양치기는 죽은 양의 몸에 독약을 발라 그대로 놓아두었다.
밤이 되자 코요테 무리가 다시 돌아왔다. 티토는 얼어붙은 고
기에 코를 가져가 냄새를 맡았다. 독이 있었다. 티토는 다른
코요테들에게 경고를 한 다음, 아무도 건드리지 못하도록 고
기 위에 오물을 뿌렸다. 그런데 민첩하지만 어리석은 코요테
한 마리가 티토의 경고를 듣고도 끝까지 고집을 부려 고기를
먹었다. 코요테 무리가 자리를 떴을 때, 그 코요테는 독
약에 중독되어 눈 속에서 죽음을 맞았다.

5

제이크는 사방에서 코요테들이 점점 더 심하게 날뛴다는 소식
을 들었다. 제이크는 가너 천에서 코요테의 씨를 말리겠다고
작정하고 여기저기에 수많은 덫과 독약을 놓았다. 그리고 시
간이 날 때마다 사냥개들을 끌고 침니폿 목장의 남쪽과 동쪽
에 걸쳐 있는 리틀 미주리 지역을 돌아다녔다. 덫과 독약을 놓
은 곳에는 개를 풀어 놓을 수 없었기 때문이다. 제이크는 겨우
내 그렇게 특이한 방식으로 일했고, 어느 정도 성과도 거두었
다. 늑대 한 쌍을 죽인 것이다. 그 늑대들은 그 지역에 살아남
아 있던 마지막 늑대였다고 한다. 코요테도 몇 마리 잡았는데,

그중 몇몇은 꼬리 잘린 코요테 무리에 있던 것이 분명했다. 그 무리에서 지혜가 부족한 녀석들이 목숨을 잃은 것이다.

그런데도 그해 겨울에는 코요테의 약탈이 끊이지 않았다. 눈 위에 난 발자국이나 목격자들의 증언에 비추어 볼 때, 그 모든 일의 중심에는 대개 꼬리 잘린 작은 코요테가 있었다.

이런 사건 가운데 하나는 특히 많은 사람들의 입에 오르내렸다. 어느 날 해가 저문 뒤, 침니폿 목장 가까운 곳에서 코요테가 짖어 대며 싸움을 걸어 왔다. 열 마리가 넘는 개들이 늘 하던 대로 큰 소리로 짖으며 응대했다. 그러나 코요테 울음소리가 들린 곳으로 달려간 것은 불테리어 한 마리뿐이었다. 그 녀석만 목줄이 풀려 있었기 때문이다. 불테리어의 추격은 아무 성과 없이 끝났고, 녀석은 으르렁거리며 금세 다시 돌아왔다.

20분쯤 지나자, 이번에는 코요테가 아주 가까운 곳에서 울기 시작했다. 불테리어는 아까처럼 달려 나갔다. 녀석이 흥분해서 짖는 소리가 들려왔다. 그 소리로 미루어 보아 사냥감을 발견해서 전속력으로 쫓고 있다는 것을 알 수 있었다. 녀석은 사납게 짖으며 달려갔다. 그러다가 그 소리는 점점 멀어졌고, 그 뒤로는 두 번 다시 들리지 않았다.

이튿날 아침, 사람들은 눈 위에 남은 발자국 등 여러 기록들을 보고 전날 밤 무슨 일이 일어났는지 알게 되었다. 코요테들이 처음에 싸움을 건 것은 개들이 매여 있는지 확인하려는 것이었다. 그렇게 해서 한 마리를 제외한 모든 개가 묶여 있다는 것을 확인한 코요테들은 다시 계략을 꾸몄다. 다섯 마리 코요테는 길옆에 몸을 숨기고 한 마리가 앞으로 나와 짖어서 경솔한 불테리어를 불러낸 다음, 다섯 코요테가 숨어 있는 곳으로 유인하기로 한 것이다. 불테리어 한 마리가 무슨 수로 코요테 여섯 마리와 싸워 이긴단 말인가? 코요테들은 불테리어의 사지를 찢어서 먹어 치웠다.

사건의 현장은 예전에 그 불테리어가 코요티토를 괴롭힌 바로 그곳이었다. 이튿날 아침 그곳에 모인 사람들은 여러 정황을 종합해 볼 때 이 모든 일이 계획적으로 이루어졌으며 이 계획을 성공으로 이끈 교활한 놈이 바로 꼬리 잘린 코요테라는 결론을 얻었다.

사람들은 화를 냈고, 링컨은 펄펄 뛸 정도로 격분했다. 그러나 제이크는 이렇게 말할 뿐이었다.

"꼬리 잘린 코요테가 돌아와서 불테리어에게 복수를 한 거야."

6

봄이 다가오면서 해마다 코요테들을 찾아오는 사랑의 계절이 돌아왔다. 새들백과 티토는 겨우내 단순한 동료로 함께 지냈지만, 이제 둘 사이에 새로운 감정이 움트기 시작했다. 복잡한 구애 과정은 생략되었다. 새들백이 유력한 경쟁자들에게 하얀 이빨을 드러내 보였을 뿐이다. 특별한 의식도 없었다. 티토와 새들백은 몇 달 동안 친구로 지냈고, 이제 새롭게 피어난 감정 속에서 서로를 자연스럽게 받아들여 짝이 되었다. 코요테는 사람처럼 상대방 이름을 부르는 대신 으르렁거리며 짧게 짖는 소리를 낸다. '짝'이나 '남편', '아내'로 해석할 수 있는 소리이다. 코요테들은 그 소리로 서로를 부르는데, 음색을 통해 누가 내는 소리인지 알 수 있다.

느슨하게 결합되었던 코요테 무리는 이제 뿔뿔이 흩어졌다. 다른 코요테들도 각자 자기 짝을 찾았다. 날이 따뜻해지면서 프레리도그 같은 작은 사냥감들이 밖으로 나왔으므로, 굳이 여럿이 사냥을 다닐 필요도 없었다.

보통 코요테는 굴 같은 일정한 장소에서 잠을 자지 않는다. 시원한 밤에는 밤새도록 돌아다니고, 낮에는 사방을 둘러볼 수 있는 조용한 산허리에 자리를 잡고 햇볕을 쬐며 몇 시간씩 잠을 잔다. 하지만 짝짓기 철에는 행동이 달라진다.

날씨가 좀 더 따뜻해지자 티토와 새들백은 앞으로 태어날 새끼들을 위한 굴을 준비했다. 늙은 오소리가 살던 따뜻하고 작은 굴을 깨끗이 청소하고, 더 넓고 더 깊게 파 들어갔다. 굴

해 질 녘의 노래

속에는 나뭇잎과 풀잎을 깔아서 안락한 보금자리를 만들었다. 그 보금자리는 리틀 미주리에서 서쪽으로 약 800미터 떨어진 산과 산 사이에 위치했다. 습기 차지 않고 볕이 잘 드는 외진 곳이어서 마음에 들었다. 굴에서 30미터쯤 떨어진 산등성이에서는 비탈져 내린 풀밭과 강변의 미루나무 숲을 훤히 내려다볼 수 있었다. 사람들이라면 전망이 아주 좋다고 말했을 것이다. 하지만 코요테가 그런 면에 신경을 썼을 리는 만무했다.

티토는 이제 곧 태어날 새끼들의 어미로서 해야 할 일에 집중하기 시작했다. 티토는 얌전히 굴 가까운 곳에 머무르면서 새들백이 물어다 주는 먹이나 자기가 쉽게 잡을 수 있는 먹이, 미리 묻어 둔 먹이만 먹고 지냈다. 티토는 그 근처에서 쥐와 토끼가 가장 잘 잡히는 곳이 어디인지는 물론, 모든 프레리도그 마을의 위치도 알고 있었다.

티토가 자유를 찾고 꼬리를 잃어버리던 그날 처음 방문했던 프레리도그 마을도 굴에서 그리 멀지 않은 곳에 있었다. 티토가 지난날을 회상할 수 있었다면, '그때는 내가 정말 바보였지.' 하고 생각하며 혼자 웃었을 것이다. 이제 티토는 놀라운 기량을 갖춘 사냥꾼이 되어 있었다.

친구들에게서 멀찍이 떨어진 곳에 자기 마음에 꼭 드는 굴을 만든 프레리도그 한 마리가 있었다. 티토의 날카로운 눈이 그 프레리도그를 찾아냈을 때, 녀석은 굴 입구에서 10미터쯤 떨어진 곳에서 풀을 뜯어 먹고 있었다. 친구들에게서 멀리 떨어져 있는 프레리도그는 마을 한가운데에 있는 것보다 잡아먹기가 쉽다. 주위를 살필 눈이 녀석의 두 눈뿐이기 때문이다.

티토는 녀석을 향해 슬그머니 다가가기 시작했다. 몸을 숨길 것이라고는 짧게 자란 풀밖에 없는 곳에서 어떻게 해야 들키지 않고 다가갈 수 있을까? 북극곰은 광활한 얼음판 위에서 바다표범에게 다가가는 법을 알고, 인디언은 풀을 뜯어 먹는 사슴에게 놀랄 만큼 가까이 다가가는 법을 알고 있다. 티토도 이런 재주를 부릴 수 있었다. 프레리도그 마을의 주민인 올빼미 한 마리가 하늘을 날면서 경고음을 냈지만 티토는 계획대로 일을 진행했다.

프레리도그는 뒷발로 서서 몸을 일으키지 않는 한, 제대로 주위를 살펴볼 수가 없다. 그리고 풀밭에 코를 박고 있는 동안 프레리도그의 눈은 거의 쓸모가 없다. 티토는 그 사실을 잘 알고 있었다. 게다가 누르스름한 잿빛 풍경 속에 들어 있는 누르스름한 잿빛 동물은, 움직이지 않는 한 눈에 띄지 않는 법이다. 티토는 그것도 잘 알았다.

티토는 기거나 몸을 숨기지 않고 바람을 안은 채 프레리도그를 향해 천천히 걸어갔다. 바람을 안고 움직인 것은 프레리도그가 제 냄새를 맡지 못하게 하려는 게 아니라 자기가 프레

좋은 먹잇감

리도그의 냄새를 맡기 위해서였지만, 결과는 같았다. 프레리도그가 앞발에 먹이를 들고 몸을 일으키면 티토는 조각상이라도 된 듯 꼼짝도 하지 않았다. 프레리도그가 다시 풀밭에 코를 박으면 조금 더 가까이 다가갔다. 티토는 먹잇감의 움직임을 빈틈없이 관찰했다. 그래서 프레리도그가 멀리 있는 친구들의 움직임을 보고 뭔가 이상한 낌새는 없는지 확인하기 위해 몸을 일으킬 때마다 제자리에서 꼼짝달싹도 하지 않았다. 프레리도그는 친구들의 울음소리를 듣고 잠시 경계하는 눈치였지만, 아무것도 발견하지 못하고 다시 먹이를 먹기 시작했다.

티토는 먹잇감과의 거리를 50미터에서 10미터로, 10미터에서 다시 5미터로 줄여 나갔다. 하지만 상대방은 여전히 눈치채지 못하고 있었다. 마침내 프레리도그가 조금 더 먹으려고 다시 몸을 숙이는 순간, 티토가 재빨리 달려들어 버둥거리며 비명을 지르는 프레리도그를 차지했다. 가지치기 칼을 든 천사는 사회생활의 장점을 활용하는 데에 무관심하고 부주의한 동물들을 이런 식으로 쳐내는 것이다.

7

티토가 늘 훌륭한 성과를 거두기만 한 것은 아니었다. 한번은 다 잡은 새끼영양을 놓친 적도 있다. 갑자기 어미영양이 나타나는 바람에 일을 망친 것이다. 어미영양은 티토의 옆머리에한 방 날렸고, 충격을 받은 티토는 그날 하루 사냥을 쉬어야했다. 티토는 두 번 다시 같은 실수를 되풀이하지 않았다. 그만한 판단력이 있었기 때문이다.

몇 번은 방울뱀의 공격에 움찔해서 달아나기도 했다. 사냥꾼들이 쏜 장거리용 총의 총탄 세례를 받은 적도 여러 번 있었다. 무시무시한 늑대들을 조심해야 할 때도 많았다. 늑대는코요테보다 덩치도 훨씬 크고 힘도 세다. 하지만 코요테는 워낙 발이 빨라서 너른 평원에서는 얼마든지 늑대를 피해 달아날 수 있다. 그렇지만 막다른 곳에 몰리지 않도록 늘 조심해야한다. 소리를 길게 끄는 늑대 울음소리가 들리면 코요테들은조용히 다른 곳으로 몸을 피하는 것이 보통이다.

티토는 흥미를 끌기는 하지만 먹고 싶지는 않은 것들을 입에 물고 몇 킬로미터씩 돌아다니기를 즐겼다. 늑대와 코요테들이 이따금씩 보여 주는 행동이었다. 땅에 굴러다니던 들소뿔이나 신발 한 짝을 물고 몇 킬로미터를 걸어갔다가 다른 흥미로운 게 눈에 띄면 입에 물었던 것을 내려놓은 적도 여러 번이었다. 이런 행동을 확인한 목동들은 저마다 기발한 해석을내놓았다. 그중 하나는 운동하는 사람이 역기를 들듯이 턱을늘이고 힘을 강화하기 위해 그런 행동을 한다는 것이었다.

개와 늑대들처럼 코요테도 길을 가다가 일정한 장소에 들러서 방문 기록을 남기는 습성이 있다. 이런 알림판은 바위나 나무, 말뚝 같은 것일 수도 있고 들소 해골일 수도 있다. 알림판에 들른 코요테는 최근 방문자의 냄새와 발자국을 보고 누가, 언제 그곳을 찾아와서 어느 방향으로 갔는지를 알아낸다. 이런 알림판은 모든 지역에 널리 흩어져 있다.

코요테는 말라비틀어진 뼈나 다른 쓸모없는 물건을 입에 물고 어슬렁거리다가 이런 알림판을 발견하면, 새 소식을 얻어듣기 위해 가까이 다가가서 입에 물었던 것을 내려놓는다. 그러고는 종종 그것을 잊어버리고 그냥 가 버리곤 한다. 그래서 알림판 주변에는 이런저런 신기한 물건들이 쌓여만 간다.

그런데 그런 특이한 습성이 침니폿의 사냥개들에게 재앙을 불러오면서, 코요테들이 사냥개들과의 전쟁에서 유리한 위치를 차지하게 되는 일이 벌어졌다. 사건은 제이크가 서쪽 절벽 위에 독이 든 미끼를 한 줄로 늘어놓은 데서 시작되었다. 티토는 미끼의 정체를 알고 있었으므로 평소처럼 거들떠보지도 않았다. 그러나 그 뒤에 더 많은 미끼를 발견한 티토는 미끼 몇 개를 모아서 리틀 미주리를 가로질러 목장으로 가져갔다. 티토는 안전한 거리에서 목장 근처를 맴돌았다. 그러다가 뭔가를 발견한 개들이 갑자기 짖어 대기 시작하자 미끼를 내려놓고 돌아갔다.

이튿날, 운동을 위해 풀려난 개들은 그 고깃덩어리를 발견하고 게걸스레 먹어 치웠다. 10분 뒤, 합친 몸값이 400달러나 되는 그레이하운드들이 쓰러져 죽었다. 이 일이 있은 뒤로 그 지역에서는 독이 든 미끼의 사용이 금지되었다. 코요테들에게는 커다란 은총이 아닐 수 없었다.

티토는 다른 종류의 사냥감을 어떤 다른 방법으로 사냥해야 하는지를 금세 깨달았다. 하지만 같은 종류의 사냥감도 어떤 놈인가에 따라 사냥 방법이 다를 수 있었다.

마을 바깥쪽 굴에 살던 프레리도그는 정말 쉬운 먹잇감이었다. 그러나 그 프레리도그가 사라져 버린 지금, 프레리도그 마을의 집들은 모두 다닥다닥 붙어 있었다. 그 마을의 가운데쯤에는 건강하고 크고 뚱뚱한, 완벽한 시의원감인 프레리도그가 살았다. 티토가 몇 번이나 잡으려고 했지만 번번이 실패한 놈이었다. 한번은 뛰면 닿을 수 있는 거리까지 다가간 적도 있었다. 그런데 하필이면 그때 바로 앞에서 독이 오른 방울뱀이 "쯔르르 쯔르르륵" 하는 소리로 티토를 위협한 것이다. 방울뱀은 프레리도그를 보호하려고 한 것이 아니라 자신의 영역을 지키려 했을 뿐이지만, 본능적으로 뱀을 두려워하는 티토는 사냥을 포기할 수밖에 없었다.

몸을 숨기지 않고 몰래 다가가는 방법도 시의원 나리를 잡는 데는 아무 소용이 없었다. 시의원 나리의 굴은 마을 한가운데 있어서 모든 프레리도그가 시의원 나리의 보초병이라고 할 수 있었기 때문이다. 그렇지만 시의원 프레리도그를 포기한다는 건 너무 아까운 일이었다. 그래서 티토는 새로운 계획이 떠오를 때까지 기다리기로 했다.

코요테는 높은 곳에 올라가 길을 지나가는 것들을 지켜보는 습성이 있다. 그것들이 다 지나가면 밑으로 내려와 발자국을 조사한다. 티토에게도 이런 습성이 있었다. 자기 모습이 눈에 띄지 않도록 늘 조심한다는 점은 남달랐지만.

어느 날 마차 한 대가 마을을 출발해서 남쪽으로 가는 모습이 보였다. 티토는 납작 엎드려서 마차를 지켜보았다. 그때 뭐가 또르르 길 위로 떨어졌다. 마차가 사라진 것을 확인한 티토는 살그머니 밑으로 내려가 늘 하던 대로 냄새를 맡은 다음, 떨어져 있는 것을 살펴보았다.

그것은 시과였다. 하지만 티토에게는 흥미로울 게 없는 초록색의 동그란 물체에 지나지 않았다. 가시 없는 선인장 잎처럼 생긴 그 물건에서는 특이한 냄새가 났다. 티토는 그 냄새를 한 번 맡아 보고 그냥 지나치려고 했다. 그런데 그것이 햇빛에 반짝반짝 빛나면서 발로 슬쩍 건드리기만 해도 떼구루루 굴러다녔다. 그 모습을 본 티토는 거의 자동적으로 사과를 집어 물고 언덕을 넘었다. 발길이 닿은 곳은 프레리도그 마을이었다. 바로 그때 커다란 매 두 마리가 평원 위를 해적처럼 이리저리 돌아다니며 날기 시작했다. 매가 나타나자마자 프레리도그들은 일제히 꼬리를 홱홱 흔들며 짖어 대면서 굴속으로 숨어들었다.

프레리도그가 전부 모습을 감추자, 티토는 늘 탐을 내던 크고 뚱뚱한 놈의 굴 쪽으로 걸어갔다. 그러고는 분화구처럼 생긴 굴 입구에서 60센티미터쯤 떨어진 곳에 사과를 내려놓은 뒤, 입구에 코를 들이대고 냄새를 맡았다. 살찐 프레리도그의 냄새가 풍겼다. 놈의 굴에서는 다른 굴에서보다 더 맛있는 냄새가 났다. 티토는 20미터쯤 떨어진 낮은 지대에 무성하게 자란 그리스우드 북아메리카에서 자라는 사르코바투스속의 딸기나무. 예전에는 명아줏과 식물로 분류했으나, 지금은 사르코바투스과로 따로 분류한다 ── 옮긴이 덤불 뒤로 가서 납작 엎드렸다.

몇 초 뒤, 대담한 프레리도그 한 마리가 밖을 내다보았다. 그리고 아무것도 눈에 띄지 않자 이상 없다고 짖었다. 프레리도그들이 한 마리 두 마리 굴 밖으로 나왔다. 20분쯤 지나자 마을은 다시 활기를 띠었다. 뚱뚱한 시의원 나리는 맨 마지막에 밖으로 나왔다. 시의원 나리는 언제나 자신의 소중한 몸을 아꼈다. 몇 번이고 조심스럽게 밖을 살핀 녀석은 전망대 위로 올라갔다.

프레리도그의 굴은 깔때기처럼 생겨서 안으로 곧게 들어갈수록 점점 좁아진다. 굴 입구에는 흙으로 높은 둔덕을 쌓아 사방을 살펴보는 전망대로 사용한다. 그래서 서두르다가 미끄러진 프레리도그도 깔때기 속으로 떨어지게 되어 있다. 땅이 가장 훌륭한 보호 시설인 것이다. 깔때기 바깥쪽으로는 완만한 비탈이 이어져 있다.

시의원은 자기 집 앞에 이상한 둥근 물체가 놓여 있는 것을 보고 덜컥 겁을 집어먹었다. 그러나 다시 찬찬히 살펴보고는 그 물체가 위험한 것이 아니라 흥미로운 것이라는 생각이 들었다. 녀석은 사과 쪽으로 조심조심 다가갔다. 그리고 냄새를 맡고 한 입 베어 물려고 했다. 그러자 사과가 또르르 굴러갔다. 땅은 비탈져 있었고, 사과는 둥글어서 굴러 내릴 수밖에 없었던 것이다. 시의원은 그 뒤를 쫓아가서 한 입 깨물어 보고, 그 흥미로운 물체가 맛도 좋다는 사실을 알게 되었다. 그런데 한 번 두 번 깨물 때마다 사과는 점점 더 멀리 굴러갔다. 이상한 낌새는 전혀 없었고, 다른 프레리도그들도 모두 굴 밖에 나와 있었다. 뚱뚱한 시의원은 아무 거리낌 없이 자꾸 방향을 바꾸며 달아나는 사과를 쫓아다녔다.

사과가 요리조리 구를 때마다 시의원은 뒤를 쫓았다. 사과는 결국 그리스우드 덤불이 무성한 낮은 지대로 굴러 내려갔다. 시의원은 조금씩 맛본 사과의 맛에 감질이 났다. 시의원은 점점 더 욕심이 났다. 그래서 한 발한 발 보금자리를 벗어나 눈에 익은 덤불로 향했다. 머릿속은 온통 맛있는 사과 생각뿐이었다. 티토는 몸을 웅크리고 발의 근육을 팽팽히 긴장시킨 채 시의원과의 거리를 어림잡았다. 이제 세 번만 뛰면 붙잡을 수 있을 만큼 거리가 가까워졌다. 순간 티토는 쏜살같이 뛰어나가 드디어 놈을 손에 넣었다.

티토가 사과를 그곳에 놓은 것이 단순한 우연이었는지 계획적인 행동이었는지는 알 수 없다. 그러나 사과가 중요한 역할을 한 것은 사실이었다. 영리한 코요테가 이런 일이 일어나는 것을 몇 번 보게 된다면, 그것을 새로운 사냥 기술로 발전시킬 수도 있을 것이다.

티토는 푸짐한 식사를 즐기고 남은 고기를 서늘한 곳에 묻었다. 버린 것이 아니라 나중에 먹으려고 숨겨 둔 것이다. 얼마 뒤 티토의 몸이 너무 무거워져서 사냥을 많이 못하게 되었을 때는, 이렇게 저장해 둔 먹이가 큰 도움이 되었다. 사실 저장한 고기는 심하게 상해 있었다. 그러나 티토가 큰 병이 든 게 아니었기 때문인지 아니면 미생물에 대해 알지도 못하고 두려워하지도 않았기 때문인지, 탈이 나지는 않았다.

시의원과 사과

8

아름다운 하이어워사*북아메리카 인디언 오논다가족의 전설적인 영웅으로, 롱펠로의 시 「하이어워사의 노래」로 유명하다. 하이어워사는 인디언 말로 '그가 강을 만든다'라는 뜻이다 — 옮긴이*의 봄이 배들랜즈의 만물에 봄기운을 불어넣고 있었다. 왜 이곳에 배들랜즈라는 이름이 붙었을까? 대자연은 창조의 여드렛날 유유히 자리를 잡고 앉아 "일이 다 끝났구나. 이제는 놀아 보자. 세련되고 멋지고 아름다운 모든 것이 어우러진 곳, 사람과 새와 짐승을 위한 낙원을 만들어 보자."라고 하면서, 이 야성미 넘치는 환상적인 산들을 만들어 낸 것 같았다.

생명력 넘치는 이곳에서는 화려한 꽃들이 앞다투어 피어나 자태를 뽐내고, 수목이 우거진 숲들이 이어지고, 넓은 초원이 반짝반짝 빛나고, 호수와 시내에는 맑은 물이 넘쳐흘렀다. 바로 앞에 있는 산과 가까운 산, 멀리 솟은 산들은 한 걸음 한 걸음 내디딜 때마다 다른 풍경을 펼쳐 보이고, 머리 위의 다채로운 하늘 아래로 그림처럼 아름다운 대지가 펼쳐져 있었다. 또 귀한 암석과 광석으로 빚어져 조각된 뷰트들이 영원히 존재할 것 같은 아름다운 저녁노을에 물들어 저 멀리 우뚝 솟아 있었다.

이런 풍경을 보고 있노라면, 대자연이 다른 지역에서는 아

끼고 아껴 두었던 것
들을 여기에다 전부
풀어 놓았다는 생각이 들

었다. 하지만 아무리 멋지고 황홀한 경치가 펼쳐져 있다 해
도, 그것을 볼 줄 모르는 자에게는 기껏해야 '험한 길'에 지나
지 않을 것이다.

침니 뷰트 서쪽의 작은 골짜기에도 새로 풀이 돋아났다. 잎
이 칼처럼 생겨서 위험해 보이는 두꺼운잎유카는 겨우
내 모진 싸움을 치렀지만, 이제 냉정한 과학자들조차
글로리오사 두꺼운잎유카의 학명 '유카 글로리오사*Yucca gloriosa*'에서
글로리오사는 '영광스러운, 찬란한'이라는 뜻이다 ─옮긴이 라는 이름을
붙일 정도로 찬란한 꽃을 피워 내고 평화로운 봄을
맞이했다. 모든 풀 가운데 가장 심술궂고 독살스러운 선
인장조차, 마치 진주를 낳는 진주조개처럼 자신과는 딴판인
화려한 꽃을 피워 세상을 놀라게 했다. 산쑥과 그리스우드는
들판에 황금빛을 더했고, 아네모네는 배들랜즈의 동산들을
푸른빛을 띤 새하얀 꽃으로 수놓았다. 하늘과 들판과 동산,
눈길이 닿는 모든 곳에서 봄의 풍요가 느껴졌다.

이제 겨울 동안의 굶주림은 끝나고 여름 축제가 시작되고
있었다. 만물의 어머니가 새끼코요테들에게 처음으로 세상의
빛을 보도록 허락한 계절이 바로 이때였다.

어미는 겨우 꼼지락꼼지락 움직이는 새끼들을 사랑하는 법을 따로 배울 필요가 없다. 새끼들은 그 존재만으로도 사랑을 불러온다. 넘치지도 부족하지도 않은, 측정할 수 없지만 완전한 사랑을. 티토는 어슴푸레한 빛이 스며드는 따스한 보금자리에서, 가슴 깊은 곳에서 우러난 애정을 담아 새끼들을 귀여워하고 핥고 껴안아 주었다. 새끼들이 새 삶을 얻은 것처럼, 티토도 새 삶을 살게 된 것이다.

새끼들을 사랑하는 즐거움이 클수록 새끼들의 안전에 대한 염려도 커졌다. 지난 세월, 티토의 관심은 주로 자기 자신에 관한 것이었다. 남들과 다른 어린 시절을 보내면서 배운 것과 그 뒤에 터득한 것이 모두 자기 생명을 지키는 일과 관련이 있었다.

이제 티토는 자기 자신을 향한 애정을 거두어 아낌없이 새끼들에게 쏟아부었다. 티토의 주된 관심사는 보금자리를 눈에 띄지 않게 하는 것이었다. 처음에는 그리 어려울 게 없었다. 자기한테 꼭 필요한 게 있을 때만 새끼들 곁을 떠나면 되었기 때문이다.

티토는 굴을 드나들 때마다 조심 또 조심했다. 귀한 새끼들이 숨어 있는 장소를 행여 누가 볼세라 주변을 꼼꼼히 살펴본 뒤에만 드나들었다.

새끼코요테들이 보는 티토와 목동들이 보는 티토를 나란히

티토와 새끼들

비교하면 어떨까? 둘 다 나름대로 타당한 시각이기는 하지만 둘 사이에 공통점은 하나도 없을 것이다. 목동들에게 티토는 비열하고 교활하며, 잔인한 이빨과 지치지 않는 다리로 가는 곳마다 파괴를 일삼는 코요테였다. 새끼들에게 티토는 부드럽고 애정이 넘치며, 무엇이든지 다 해 주는 보호자였다. 어미코요테의 가슴은 부드럽고 따스하며 한없이 포근했다. 티토는 새끼들을 먹이고 따뜻하게 지켜 주었다. 티토는 현명하고 조심성 많은 보호자였다. 티토는 새끼들의 배를 채울 먹이, 교활한 적을 막아 낼 지혜, 언제든 새끼들을 보호할 용기를 지니고 늘 새끼들 곁을 지켰다.

아직 앞도 보지 못하고 꼼지락거리기만 하는 못난이 새끼코요테는 어미를 뺀 다른 이들에게는 볼품없는 작은 살덩이일 뿐이다. 하지만 눈을 뜨고 네발로 서서 햇살을 받으며 같이 뛰놀고, 어미가 먹이를 물고 와 조용히 부르는 소리에 달려오는 법을 배운 다음부터는 더없이 귀엽고 사랑스러운 개구쟁이가 된다. 이때부터 티토의 아홉 마리 새끼는 굳이 모성이라는 힘을 빌리지 않고도 한없이 소중한 존재가 되었다.

여름이 되었다. 새끼들은 살코기를 먹기 시작했고, 티토는 새들백의 도움을 받아 온 가족이 먹을 먹이를 물어 나르느라 정신없이 바빴다. 어떤 때는 새끼들에게 프레리도그를 물어

다 주었고, 또 어떤 때는 흙파는쥐와 생쥐 여러 마
리를 한꺼번에 물어 왔다. 한두 번은 커다란 산토
끼를 교대로 쫓은 끝에 붙잡아 새끼들에게 갖다 주
기도 했다.

배불리 먹은 새끼들은 잠시 따뜻한 햇볕을 쬐며
누워 있곤 했다. 그때마다 티토는 위험한 적이 자신들
의 행복한 골짜기를 찾아내는 건 아닐까 싶어, 높은 곳에 올라
놋쇠 빛깔의 날카로운 눈으로 하늘과 땅을 샅샅이 살폈다.

신이 난 새끼들은 술래잡기를 하고, 나비를 쫓아다니고, 서
로 필사적으로 싸우는 흉내를 내고, 굴 입구에서 굴러다니는
뼈나 깃털을 잡아 뜯거나 물어 흔들었다. 몸집이 가장 작은 새
끼는 어미 옆에 붙어서 등 위에 올라타거나 꼬리를 잡아당겼
다. 더없이 사랑스러운 풍경이었다. 첫눈에는 가운데서 뒤엉
켜 씨름하는 새끼들이 이 풍경의 중심으로 보일 것이다. 하지
만 좀 더 찬찬히 살펴보면 조용히 경계를 늦추지 않고 있는,
걱정이 없는 것은 아니지만 그것을 뛰어넘는 사랑이 듬뿍 담
긴 얼굴을 한 어미가 보일 것이다.

티토는 몹시 가슴 뿌듯하고 행복했다. 집으로 들어갈 시간
이 될 때까지, 아니면 멀리서 이상한 낌새가 보일 때까지 새끼
들을 바라보며 말없이 껴안고 쓰다듬어 주곤 했다. 때가 되면
티토는 나직하게 으르렁거려 신호를 보냈다. 그러면 새끼들은

순간적으로 몸을 숨겼다. 그러고 나서 티토는 위험에 맞서서
그 방향을 돌리려고 출발하거나, 다시 사냥에 나서곤 했다.

9

울버 제이크는 몇 번이나 큰 재산을 모을 계획을 세웠지만, 그
러려면 일을 해야 한다는 것을 깨닫고는 번번이 포기하곤 했
다. 이런 유형의 사람들은 언젠가 한 번은 가금류 사육장을 차
려서 큰돈을 벌 생각을 하게 마련이다. 집에서 날짐승을 기르
면 어떻게든 모든 일이 잘될 거라는 막연한 환상을 품는 것이
다. 제이크도 구체적인 내용은 생각도 하지 않고 얼마 전 문득
떠오른 계획에 따라, 갑자기 손에 들어온 돈으로 칠면조 열두
마리를 사들였다. 제이크는 칠면조를 잘 키우려고 오두막집
한 귀퉁이를 칠면조들에게 내주었다. 처음 이틀 동안 제이크
는 칠면조에게 지대한 관심을 기울이며 각별히 보살폈다. 사
실 너무 지나치다고 할 정도였다. 그러나 결국 제이크의 열정
은 사흘을 넘기지 못하고 사그라지기 시작했다.

때마침 메도라에서 해마다 열리는 긴 축제가 시작되었다.
제이크는 평소처럼 햇빛이 부서지는 뷰트 꼭대기에 누워 빈
둥거리며 시간을 보내다가, 며칠 동안 멀리 떨어진 목장들을

돌아다니며 환대받는 일에 빠져 지냈다. 그러면서 칠면조 사육장에 신경을 쓰는 척하던 것마저 그만두게 되었다. 제이크는 칠면조의 존재를 머리에서 지워 버렸다. 칠면조들은 스스로 먹이를 찾아야 할 신세가 되었다. 제이크가 며칠 동안 밖으로 나돌다가 내키지 않는 걸음으로 오두막 집에 돌아와 보면, 그때마다 칠면조의 수가 조금씩 줄어 있었다. 그리고 마침내 늙은 수컷 한 마리만 남고 모두 사라져 버렸다.

제이크는 사라진 칠면조에는 별로 신경 쓰지 않으면서도, 도둑에 대해서는 분노를 느꼈다.

제이크는 이제 늑대 사냥꾼이 되어 굵은 화살촉 표시가 있는 복장을 하고 있었다. 이것은 독약과 덫과 말을 제공받고, 늑대 보상금을 받을 자격을 모두 얻었다는 뜻이다. 목장 주인들은 인심이 후해서 믿을 만한 사람에게는 보수를 더 얹어 주곤 했지만, 제이크는 그 정도로 신뢰 있는 사람이 아니었다.

물론, 모든 늑대 사냥꾼은 일정한 기간 동안에만 작업을 할 수 있다는 사실을 알고 있다.

늦겨울에서 초봄까지 사랑의 계절이 오면, 사냥개들은 암늑대를 사냥하지 않는다. 그 시기의 사냥개들은 수늑대에게는 아무 관심도 없고 오직 암늑대의 꽁무니만 따라다닌다. 암컷

을 따라잡은 뒤에도, 감정이 시키는 대로 암컷을 편안히 놓아준다.

8월부터 9월까지는 새끼코요테와 새끼늑대들이 독립을 시작하는 때이다. 이 시기에 덫과 독을 사용하면 쉽게 잡을 수 있다. 약 한 달 뒤까지 살아남은 새끼들은 제 앞가림을 할 수 있게 된다. 하지만 초여름에는 이 산 저 산의 굴속에 새끼들이 옹기종기 모여 있다는 것을 늑대 사냥꾼들은 잘 알고 있다. 굴 하나에만 다섯 마리에서 열다섯 마리의 새끼들이 들어차 있다. 문제는 그 보금자리의 위치를 알아내는 것이다.

코요테 굴을 찾는 한 가지 방법은 높은 뷰트에 올라가서 먹이를 물고 새끼들에게 가는 코요테가 있는지 지켜보는 것이다. 이런 식으로 사냥을 하려면 하루 종일 꼼짝도 않고 엎드려 있어야 하는데 그것은 제이크에게 딱 맞는 일이었다. 제이크는 굵은 화살촉 표시가 있는 말과 성능 좋은 쌍안경을 갖추고 몇 주일 동안이나 굴 찾기에 몰두했다. 사실을 말하자면, 웬만큼 사방이 잘 보이는 곳에 누워 자다가, 좀이 쑤셔서 가만히 누워 있기가 힘들어지면 한 번씩 사방을 둘러보는 게 고작이었지만.

코요테들은 넓게 트인 곳은 피해야 한다고 배웠다. 녀석들은 보통 몸을 가릴 게 있는 움푹 파인 구덩이를 따라 보금자리로 돌아갔다. 그렇지만 항상 그럴 수 있는 것은 아니었다.

그날도 제이크는 침니 뷰트 서쪽 지역에서 끈덕지게 자기 일을 하고 있었다. 쌍안경을 통과한 제이크의 시선이 우연히 나무로 가려지지 않은 산허리를 따라 움직이는 짙은 얼룩으로 쏠렸다.

그 회색 얼룩은 이런 모습이었다. 제이크는 그것이 코요테라는 것을 알았다. 늑대라면 이렇게 꼬리를 높이 들고 있을 것이다. 여우라면 이렇게 커다란 귀와 꼬리, 그리고 노란색이 보여야 했다. 사슴이라면 이런 형태였을 것이다. 코요테 앞에 매달린 검은 그림자는 입에 뭔가를 물고 있다는 뜻이었고, 뭔가를 물고 간다는 것은 새끼들이 있는 굴로 간다는 것을 뜻했다.

제이크는 그곳을 주의 깊게 살폈다. 그리고 이튿날 다시 그곳을 찾아가, 코요테가 먹이를 나르던 곳 근처의 높은 뷰트로 올라갔다. 하루해가 다 가도록 아무것도 눈에 띄지 않았다. 하지만 그 이튿날에는, 멀리서 검은 코요테 새들백이 커다란 새를 입에 물고 가는 모습이 보였다. 쌍안경으로 보니 칠면조였다. 순간 제이크는 이제 자기 집 마당이 텅 비었으리라는 것을 깨달았고, 다른 칠면조들이 어디로 사라졌는지도 알게 되었다. 제이크는 굴을 찾아내기만 하면 무시무시한 복수를 하리라고 다짐했다. 제이크는 두 눈으로 가능한 한 멀리 새들백의 뒤를 쫓았다. 그것은 썩 좋은 방법이 아니었다. 제이크는 새들백을 더 멀리 추적할 수 있을지 알아보려고 새들백이 사라진 곳으로 가 보았다. 그러나 길잡이가 되어 줄 흔적은 하나도 없었다. 결국 제이크는 새끼코요테들의 놀이터인 작은 구덩이를 발견하지 못했다.

그동안 새들백은 작은 구덩이에 도착해서 나지막한 소리로 새끼들을 불러냈다. 아홉 마리 새끼코요테는 이번에도 시끄럽게 옹알거리며 앞다투어 몰려나왔다. 새끼들은 칠면조에게 달려들어 고기를 잡아당기고, 찢어질 때까지 물고 흔들었다. 고기 한 점씩을 얻은 새끼들은 이리저리 흩어져서 소리 없이 먹기 시작했다. 다른 새끼가 가까이 다가오면 제 몫을 꽉 물었다. 그리고 밤색을 띤 눈알을 굴려 훼방꾼을 감시하면서 작은 소리로 아르렁거렸다.

연한 살점이 많은 부분을 차지한 새끼들은 이제 배가 빵빵해졌다. 하지만 그러지 못한 세 마리는 서로 칠면조 뼈대를 차지하겠다고 있는 힘을 다해서 싸움을 벌였다. 녀석들은 그것을 두고 싸우면서 이리저리 잡아당기다가 고기 한 점씩을 뜯어내기도 했지만, 실제로는 서로 먹는 것을 방해할 뿐이었다.

결국 티토가 끼어들어서 칠면조를 몇 토막으로 나누었다. 새끼들은 전리품을 하나씩 챙겨서 흩어졌다. 한 녀석은 그것을 깔고 앉아서 씹다가 입맛을 다시더니, 머리를 비스듬히 밑으로 쑤셔 박고 안쪽 이빨로 잡아 뜯으려고 했다. 또 다른 녀석은 자기 몫을 가지고 굴로 뛰어들었는데, 그것은 수컷 칠면조의 기괴한 머리와 목이었다.

10

제이크는 자기 칠면조를 훔쳐 간 코요테 때문에 너무 큰 손해를 입었으며, 심지어 파산했다고까지 느꼈다. 제이크는 새끼 코요테들을 발견하면 산 채로 가죽을 벗기겠다고 다짐했다. 그리고 어떻게 가죽을 벗길까 상상하며 즐거워했다.

새들백을 미행하려는 시도는 실패로 끝났다. 사방에서 굴을 찾아보았지만 아무 소용도 없었다. 하지만 비상시에 대비하여 준비해 온 것이 있었다. 굴을 발견할 경우에 대비해서는 곡괭이와 삽을, 굴을 발견하지 못할 경우에 대비해서는 살아 있는 하얀 암탉을 가져온 것이다.

제이크는 마지막으로 새들백을 보았던 곳에서 가까운 빈터로 암탉을 데려갔다. 그리고 암탉이 끌고 다닐 수 없을 만큼 묵직한 통나무에 암탉을 매어 놓았다. 제이크는 근처의 높은 지대에 편안히 자리 잡은 다음 꼼짝 않고 엎드려서 지켜보았다. 암탉은 후다닥 달아나다가 끈이 팽팽해지자 바보처럼 날개를 퍼덕거리며 바닥에 주저앉았다. 잠시 후 팽팽했던 끈이 조금 느슨해지자, 암탉은 또 아무 생각 없이 다른 방향으로 달려가다가 잠시 멈춰 서서 주위를 둘러보곤 했다.

그날은 시간이 천천히 흘렀다. 제이크는 감시대에 담요를 깔고 누워 길게 몸을 뻗었다. 해 질 무렵, 티토가 사냥에 나섰다가 그곳을 지나가게 되었다. 굴에서 800미터밖에 안 떨어진 곳이니 놀랄 일도 아니었다.

티토에게는 이런 규칙이 있었다.

'절대로 지평선에 모습을 드러내지 말라.'

예전에 코요테들은 양쪽을 다 살펴보려고 산등성이를 따라 걷곤 했다. 그러나 티토는 사람들과 총에서 배운 교훈이 있었다. 그런 식으로 걸어가면 반드시 눈에 띈다는 것이다. 그래서 티토는 언제나 산등성이 조금 아래쪽에서 산등성이를 따라 나란히 움직이다가, 한 번씩 건너편을 넘겨다보곤 했다.

티토는 그날도 새끼들의 저녁거리 사냥에 나서서 이런 식으로 걷고 있었다. 한순간 티토의 날카로운 시선이 하얀 암탉에 꽂혔다. 암탉은 넋 놓고 돌아다니다가, 자기를 해칠 리 없는 쇠콘도르_{쇠콘도르과에 속하는 사나운 새. 날개와 꼬리가 길며, 아메리카 대륙에 분포한다 —옮긴이}가 흰 구름을 등지고 모습을 나타낼 때마다 눈을 치뜨고 하늘을 올려다보았다.

티토는 당황스러웠다. 여기서 이런 날짐승을 만난 것은 처음이었다. 사냥감 같았지만 무작정 덤벼드는 건 꺼림칙했다. 티토는 모습을 드러내지 않고 주변을 빙빙 돌았다. 그러다가 그것이 무엇이든 그냥 놓아두는 편이 낫겠다고 마음을 굳혔다.

티토가 그곳을 지나치는 동안 희미하게 연기 냄새가 풍겨왔다. 티토는 조심스럽게 그 냄새를 따라갔다. 암탉이 있는 곳에서 꽤 멀리 떨어진 뷰트 밑에 제이크의 야영지가 있었다. 침낭도 있었고, 말도 매어 있었다. 그리고 꺼진 모닥불 위의 주전자에서는 사람들의 숙소에서 나는 냄새가 풍겼다. 티토가 잘 아는 냄새, 바로 커피 향이었다. 자기 집에서 이렇게 가까운 곳에 사람이 머무른다는 사실에 티토는 불안한 생각이 들었다. 하지만 눈에 띄지 않도록 조심하면서 조용히 사냥에 나섰다. 제이크는 티토가 왔다 간 것을 눈치채지 못했다.

해가 지고 올빼미들이 많아지자, 제이크는 미끼로 쓸 암탉을 거두어서 야영지로 돌아갔다.

11

이튿날에도 제이크는 암탉을 내놓았다. 그날 오후 늦게 새들백이 종종걸음으로 그곳을 지나갔다. 하얀 암탉이 눈에 띄자 새들백은 급히 걸음을 멈추고 머리를 갸웃한 채 그쪽을 바라보았다. 새들백은 바람을 안고 움직이기 위해 주위를 돈 다음, 조금 어리둥절한 기분으로 아주 조심스럽게 다가갔다. 칠면조들을 찾아낸 곳에서 풍기던 것과 같은 냄새가 났다. 암탉은 깜짝 놀라 달아나려고 했지만, 바로 그 순간 새들백이 달려들어 암탉을 세게 물면서 끈까지 끊었다. 새들백은 집이 있는 골짜기를 향해 내달렸다.

제이크는 설핏 잠이 들었다가 꼬꼬댁거리는 암탉 울음소리를 듣고 잠에서 깨어났다. 자리에서 일어나는 순간 새들백이 암탉을 물고 사라지는 모습이 보였다.

제이크는 즉시 땅에 떨어진 암탉의 하얀 깃털을 따라가기 시작했다. 처음에는 암탉이 몸부림을 치면서 깃털이 많이 떨어져 있어서 추격하기가 쉬웠다. 하지만 암탉이 죽은 뒤로는 덤불숲을 통과하면서 떨어진 것 말고는 남기고 간 것이 거의 없었다. 그러나 제이크는 확신을 갖고 조용히 추격을 계속했다. 새들백이 비밀을 폭로할 위험한 전리품을 입에 문 채, 새끼들이 기다리는 집을 향해서 거의 일직선으로 움직이고 있었기 때문이다. 한두 번은 새들백이 방향을 바꾸거나 탁 트인 곳을 지나간 곳에서 잠시 머뭇거리기도 했다. 그러나 하얀 깃털 하나만 떨어져 있어도 적어도 50미터는 추격할 수 있었다. 해가 뉘엿뉘엿 넘어갈 무렵, 제이크는 코요테 굴이 있는 골짜기에서 200미터도 떨어지지 않은 곳에 도착했다.

같은 시간, 골짜기에서는 아홉 마리 새끼코요테가 암탉을 먹으며 즐거운 한때를 보내고 있었다. 암탉을 잡아당겨 찢고, 배불리 먹고, 아르렁거리고, 코 밑에 붙은 하얀 깃털 때문에 재채기를 하고, 목에 걸린 깃털을 뱉어 내는, 그 모든 일이 즐거웠다.

그때 새끼들이 있는 곳에서 제이크 쪽으로 한 줄기 바람이 불었다면 하얀 솜털이 바람에 실려 갔을지도 모른다. 아니면 신 나게 잔치를 벌이는 새끼들의 목소리가 전해졌을 수도 있다. 그랬다면 굴은 즉시 들통 났을 것이다. 하지만 다행히 그 날 저녁에는 바람 한 점 없었고, 멀리서 떠드는 새끼들의 목소리는 제이크가 깃털을 찾아 덤불을 헤치면서 부스럭대는 소리에 묻혔다.

그즈음 티토도 까치 한 마리를 물고 집으로 돌아오고 있었다. 까치가 죽은 말의 갈비뼈 사이로 들어가 살을 파먹을 때까지 지켜보다가 붙잡은 것이었다. 한순간 티토의 눈에 제이크의 발자국이 보였다. 여기에서 두 발로 걷는 인간은 언제나 경계의 대상이다. 티토는 제이크가 어디로 갔는지 알아보려고 잠시 발자국을 뒤쫓았다. 냄새를 통해 제이크가 가는 방향을 바로 알 수 있었다. 어떻게 냄새로 그것을 알아내는지 설명할 수는 없지만, 사냥꾼이라면 누구나 그냥 그렇다는 것을 안다.

티토는 제이크의 발자국이 곧장 자기 집을 향하고 있다는 것을 알아챘다. 새로운 공포감에 휩싸인 티토는 물고 가던 새를 숨겨 두고 발자국을 뒤따랐다.

몇 분 뒤, 티토는 제이크가 덤불 속에서 내는 소리를 들었다. 끔찍한 위험이 닥쳐오고 있었다. 티토는 소리를 죽인 채 재빨리 멀리 돌아서 굴이 있는 골짜기로 갔다. 그리고 아무 걱정 없이 뛰노는 새끼들이 자기 소리에 놀라지 않도록 신호를 보낸 뒤 새끼들에게 다가갔다. 티토는 골짜기와 굴의 상태를 보고 충격을 받았다. 사방에 눈처럼 하얀 깃털들이 흩뿌려져 있어서 당장이라도 발각될 것만 같았다. 티토는 위험 신호를 보내서 새끼들을 모두 굴속으로 들여보냈다. 빈터는 금방 조용해졌다.

티토는 언제나 코에만 의지해서 길을 찾아왔으므로, 하얀 깃털을 보고서도 그것이 비밀을 누설했다는 것을 알아차리지 못할 수도 있었다. 하지만 현명하고 영리한 티토는 하얀 깃털을 보고 알 수 있었다. 오래전부터 알았던 그 간악한 사내가, 자신에게 불행만을 안겨 준 냄새의 주인공이, 자신이 겪은 모든 시련에 관련되어 있고 거의 모든 위기의 원인이 되었던 그 사내가 사랑스러운 새끼들 가까이 와 있으며, 자기들을 뒤쫓고 있다는 사실을. 이제 몇 분만 있으면 새끼들이 그 사내의 무자비한 손아귀에 들어갈 것만 같았다.

아, 그런 일이 일어날지 모른다는 생각만으로도 어미의 마음은 찢어지는 듯했다. 하지만 따사로운 모성애는 어미의 지혜에 활력을 불어넣었다. 티토는 새끼들을 숨겨 두고 새들백에게 경고 신호를 보낸 다음 서둘러 사내가 있는 곳으로 돌아갔다. 티토는 그 사내가 분명히 발자국을 따라올 테니까, 자기가 지금 더 뚜렷한 발자국을 남기면 그쪽으로 따라올 거라고 생각하면서 사내를 앞질러 갔다. 하지만 해가 저물면 상황이 달라질 수 있다는 것은 미처 깨닫지 못했다. 티토는 한쪽으로 총총히 걸어가서 사내가 자기 뒤를 확실히 따라오도록 최대한 사납게 울부짖었다. 개들의 추격을 유도하면서 몇 번이나 사용한 방식이었다.

크르르르 와우 와우 와아아아아

그러고는 가만히 서 있다가 좀 더 가까이 가서 다시 한 번 울부짖었다. 그리고 다시 훨씬 더 가까이 다가가 울부짖기를 반복했다. 어떻게든 늑대 사냥꾼이 자기를 따라오게 해야 한다는 생각뿐이었다.

늑대 사냥꾼은 울부짖는 코요테의 모습을 볼 수 없었다. 어둠이 깔리고 있었기 때문이다. 제이크는 사냥을 포기할 수밖에 없었다. 제이크의 생각은 어미코요테의 생각과 상당한 차이가 있었지만, 결국은 같은 내용이었다. 제이크는 코요테 울음소리를 듣자마자 어미코요테가 걱정이 되어 자기를 다른 곳으로 유인하려 한다는 것을 알았다. 그래서 새끼들이 아주 가까이 있다는 것을 확신했다. 이제 할 일은 아침에 돌아와 추격을 마무리 짓는 것뿐이었다. 그래서 제이크는 야영지로 돌아갔다.

12

새들백은 자신들이 이겼다고 생각했다. 위험은 사라진 것 같았다. 새들백은 제이크가 발자국 냄새를 따라왔을 거라고 생각했는데, 냄새 흔적은 아침이 되면 별 쓸모가 없기 때문이다. 그러나 티토는 그렇게 안전하다는 느낌이 들지 않았다. 두 발 달린 그 야수는 자기 집과 새끼들 코앞에 있었고, 다른 방향으로 유인되지도 않았으며, 다시 돌아올 수도 있었다.

늑대 사냥꾼은 말에게 물을 먹이고 다시 매어 둔 다음, 불을 지펴 커피를 끓이고 저녁을 먹었다. 그리고 잠자리에 들기 전 잠시 담배를 피워 물고 내일 아침에 모아들일 털 달린 작은 머리 가죽들을 머릿

속에 그려 보았다.

막 담요를 덮으려는데 저 멀리 어둠 속에서 코요테의 저녁 울음소리가 들려왔다. 한 마리가 아니었다. 제이크는 악마의 미소를 지으며 말했다.

"그래, 거기 있군. 좀 더 짖어라. 아침에 내가 갈 테니."

그 소리는 흔히 들을 수 있는 코요테의 점호와 같은 것이었다. 울음소리가 한 번 더 들리더니, 사방이 고요해졌다. 제이크는 곧 모든 생각을 내려놓고 깊은 잠에 빠졌다.

울음소리를 낸 것은 티토와 새들백이었다. 허세를 부리려고 소리를 낸 것은 아니었다. 둘에게는 뚜렷한 목적이 있었다. 제이크가 개를 데려왔는지 알아보려고 한 것이다. 대거리를 하며 짖는 소리가 들리지 않는 것으로 보아 개가 없다는 것이 확실했다.

티토는 깜박거리는 모닥불이 완전히 꺼질 때까지 한 시간을 더 기다렸다. 야영지 주변에서 생명체가 내는 소리는 묶인 말이 풀을 뜯는 소리뿐이었다. 티토는 살금살금 야영지로 다가 갔다. 어찌나 조용히 움직였던지, 거리가 6미터로 좁혀질 때까지도 말은 아무것도 알아차리지 못했다. 그러다가 깜짝 놀라 말뚝에 매인 밧줄을 팽팽하게 위로 당기면서 가볍게 콧김을 내뿜었다. 티토는 조용히 다가가서 입을 크게 벌린 다음, 귀 밑의 커다란 가위처럼 생긴 어금니 사이에 밧줄을 밀어 넣고 몇 초 동안 잘근잘근 씹었다. 밧줄은 금세 올이 풀리기 시작했고, 흥분한 말이 계속 팽팽하게 잡아당기는 바람에 얼마 안 되어 마지막 가닥까지 끊어져 나갔다. 그리고 말은 자유를 얻었다. 말은 크게 놀라지 않았다. 코요테 냄새를 이미 알고 있었던 것이다. 말은 세 번 뛰어오르고 여섯 걸음 걸어간 뒤 멈춰 섰다.

제이크는 땅을 박차는 말발굽 소리에 잠에서 깨어났다. 그쪽을 쳐다봤지만, 말은 제자리에 그대로 서 있었다. 제이크는 별일 아니라고 생각하고 다시 조용히 잠들었다.

티토는 슬그머니 자리를 떴다가 그림자처럼 되돌아왔다. 그리고 제이크 가까이 가지 않고 빙 돌아와서 의심스럽다는 듯 커피 냄새를 맡고는 주석 깡통 앞에서 골똘히 생각에 잠겼다. 한편 새들백은 야영지의 필수품인 먹을거리로 가득한 프라이팬을 들여다보고 핫케이크와 그릇에 오물을 뿌렸다. 키 작은 떨기나무에 말굴레가 걸려 있었다. 코요테들은 그게 무엇인지도 몰랐는데, 운이 좋았는지 그것을 여러 조각으로 잘랐다. 그러고는 베이컨과 밀가루가 들어 있는 제이크의 가방을 멀리 끌어가서 모래 속에 파묻었다.

티토와 새들백은 온갖 장난을 친 다음 몇 킬로미터 거리의 수풀 우거진 계곡으로 떠났다. 그곳에는 굴이 하나 있었다. 맨 처음에는 들다람쥐의 한 종류인 줄무늬다람쥐의 집이었는데, 나중에 다른 동물들이 살면서 점점 더 넓어져 있었다. 그 굴속에 사는 동물들을 잡으려고 땅을 판 여우도 조금쯤은 그 굴을 넓혀 놓았으리라. 티토는 여기저기 둘러본 다음 그 굴을 보금자리로 정했다. 그리고 땅을 파기 시작했다.

새들백은 모든 상황을 이해하지는 못했지만 티토를 따라와서 티토의 행동을 지켜보았다. 지친 티토가 밖으로 나오면, 새들백이 구멍 속으로 들어가 쿵쿵 냄새를 맡은 뒤 뒷다리 사이로 흙을 퍼내면서 땅을 팠다. 뒤쪽에 흙이 수북이 쌓이면 밖에 나와서 흙더미를 멀리 밀어내곤 했다.

티토와 새들백은 몇 시간 동안 계속 땅을 팠다. 말은 할 수 없었지만 이심전심으로 이런 일을 해야 하는 까닭을 공감할 수 있었다. 아침이 밝아 올 무렵에는, 풀이 우거진 골짜기의 굴에 견줄 수는 없어도, 꼭 이사를 해야 한다면 새 보금자리로 삼아도 될 만큼 큰 굴이 완성되었다.

13

늑대 사냥꾼 제이크는 동틀 무렵에야 잠에서 깨어났다. 평원의 사내답게 제이크는 일어나 자마자 말부터 찾았다. 그러나 말은 이미 사

라진 뒤였다. 뱃사람에게 배가, 새에게 날개가, 상인에게 밑천이 필요하듯이, 평원의 사내에게는 말이 있어야 한다. 그곳에서 말을 잃는다는 것은 배가 바다에서 난파하고, 새의 날개가 부러지고, 장사가 망한 것과 같은 뜻이다. 말없이 평원을 걸어간다는 것은 이 세상의 고통을 모두 짊어지는 일이다. 제이크도 그 사실을 알고 있었다.

잠에서 덜 깬 흐릿한 정신으로 제대로 충격을 느끼기도 전에, 저 멀리 벌판에서 풀을 뜯으며 멀어지는 말의 모습이 눈에 들어왔다. 다시 한 번 자세히 살펴보니 말은 밧줄을 질질 끌며 가고 있었다. 말에서 밧줄이 떨어져 나갔다면, 말을 붙잡으려고 해 봐야 아무 소용도 없다는 것을 알았을 것이다. 그랬다면 바로 굴을 찾아가서 새끼코요테들을 찾아낼 수도 있었을 것이다. 하지만 밧줄이 길게 늘어져 있으니 얼마든지 말을 붙잡을 수 있을 것 같았다. 제이크는 말을 향해 출발했다.

자기 말이 잡힐 듯 잡힐 듯하면서 잡히지 않는 것만큼 사람을 미치게 하는 일도 없을 것이다. 제이크는 무진 애를 썼지만 그 짧은 밧줄을 붙잡을 수 있을 만큼 가까이 다가갈 수가 없었다. 제이크는 계속 말을 따라가다가, 마침내 집으로 가는 길에 들어섰다.

이제 제이크는 아무 생각 없이 걷고 있었다. 딱히 좋은 계획이 떠오르는 것도 아니어서, 그냥 말을 따라 목장으로 돌아가기로 한 것이다.

그런데 10킬로미터쯤 가서 제이크는 드디어 말을 붙잡을 수 있었다. 제이크는 밧줄로 대충 굴레를 만든 다음 안장도 없이 말 등에 올라타고 15분 동안 말을 몰아서 5킬로미터 거리에 있는 양 목장을 향했다. 그곳으로 가는 동안 제이크는 말에게 쉬지 않고 심한 욕설을 퍼부으며 화풀이를 했다. 그것은 물론 아무 도움도 되지 않았고 제이크도 그 사실을 잘 알고 있었다. 하지만 그렇게라도 하지 않으면 분이 풀리지 않을 것 같았다.

제이크는 양 목장에서 음식을 먹고, 코요테 발자국을 추적할 수 있는 잡종 사냥개 한 마리와 안장을 빌렸다. 그리고 오후 늦게야 사냥을 마무리하기 위해 야영지로 돌아갔다. 제이크가 굴의 위치를 알고 있었다면, 잡종 사냥개의 도움 없이도 지금쯤 굴을 발견했을 것이다. 굴은 지난밤 야영한 곳에서 아주 가까운 곳에 있었기 때문이다.

제이크는 100미터도 못 가서 작은 산마루에 올랐다. 그리고 바로 그 산 너머에서 엎어지면 코 닿을 거리에 있는 코요테와 마주쳤다. 코요테는 커다란 토끼를 물고 있었다. 제이크의 권총이 발사되는 순간 코요테가 달리기 시작했다. 사냥개가 사납게 짖으면서 재빨리 그 뒤를 쫓았다. 제이크는 연달아 총을 쏘았지만 총알은 모두 빗나갔다. 제이크는 사납게 짖는 개한테 쫓겨 목숨을 걸고 도망치는 코요테가 왜 계속 토끼를 물고 있는지 의아했다. 제이크는 가능한 한 먼 곳까지 코요테를 쫓으면서 기회가 있을 때마다 총을 쏘았지만, 한 발도 맞히지 못했다.

코요테와 사냥개가 뷰트 사이로 사라지자, 제이크는 개가 계속 쫓아가든 돌아오든 알아서 하라고 내버려 두기로 했다. 그리고 자신은 굴로 돌아갔다. 물론 이번에는 쉽게 굴을 찾을 수 있었다. 제이크는 새끼코요테들이 아직 거기 있다고 믿었다. 새끼들 주려고 토끼를 물고 가는 어미를 보지 않았던가?

제이크는 그날 하루 종일 곡괭이와 삽으로 굴을 파냈다. 그 굴에 누가 살고 있다고 말해 주는 증거는 여기저기 널려 있었다. 제이크는 힘이 불끈 솟아오르는 것을 느끼며 계속 파 들어갔다. 그렇게 힘들게 일한 것은 난생처음이었다. 몇 시간이 지난 뒤 제이크는 굴의 끝까지 파 내려갈 수 있었다. 하지만 그 안에는 아무것도 없었다. 제이크는 끔찍한 충격에 사로잡혀 불운을 탓하고는, 튼튼한 가죽 장갑을 끼고 굴속을 더듬었다. 무언가 단단한 것이 손에 잡혔다. 꺼내 보니 그것은 마지막 수컷 칠면조의 머리와 목이었다. 그날 하루 종일 고생한 끝에 얻은 것은 그게 전부였다.

14

제이크가 말의 꽁무니를 쫓아다니는 동안 티토는 티토대로 바삐 움직였다. 티토는 새들백과 달리, 다 잘될 거라는 헛된 기대만 품고 있을 수가 없었다. 새 굴을 완성하고 나서 티토는 하얀 깃털이 흩어져 있는 작은 골짜기로 급히 돌아왔다. 굴 입구에서 첫 번째로 어미를 맞은 새끼는 어미를 닮아 머리가 넓은 녀석이었다. 티토는 녀석의 목을 물고 3킬로미터나 떨어져 있는 새 집을 향했다. 새 집으로 가는 동안 몇 번이나 새끼가 숨을 쉴 수 있도록 바닥에 내려놓고 쉬어야 했다. 그래서 빨리 움직일 수 없었기 때문에 하루 종일 새끼들을 실어 날라야 했다. 새들백에게는 새끼 옮기는 일을 맡기지 않았다. 움직임이 너무 거칠었기 때문이다.

티토는 가장 크고 똑똑한 새끼부터 시작해서 한 번에 한 마리씩 이사를 시켰다. 늦은 오후에는 가장 작은 새끼 한 마리만 남았다. 밤새워 굴을 판 뒤에 50킬로미터 가까운 거리를, 그것도 반은 무거운 새끼를 입에 물고 걸은 참이었다. 그런데도 티토는 쉬지 않았다. 막내를 입에 물고 막 굴 밖으로 나왔을 때, 골짜기 너머로 잡종 사냥개의 모습이 보였다. 그리고 그 뒤로 늑대 사냥꾼 제이크가 나타났다.

티토는 새끼를 꽉 물고 달아나기 시작했다. 사냥

개가 그 뒤를 쫓았다.

탕! 탕! 탕!

총구가 불을 뿜었다.

하지만 총알은 모두 빗나갔다. 산등성이를 넘은 다음부터는 총알이 닿지를 않았다. 지친 어미와 새끼코요테, 그리고 그 뒤를 쫓는 크고 사나운 사냥개가 평원을 질주했다. 티토가 지치지 않았고 새끼를 물고 있지 않았다면, 사납게 짖으면서 쫓아오는 꼴사나운 잡종개쯤은 쉽게 따돌릴 수 있었을 것이다. 하지만 지금 개는 뒤로 처지기는커녕 점점 거리를 좁히고 있었다. 티토는 마지막 남은 힘까지 끌어내어 산비탈을 따라 달렸다. 그곳에서는 거리를 조금 벌릴 수 있었다. 하지만 평지로 내려온 뒤에는 무정한 덤불 때문에 다시 거리가 좁혀졌다. 티토 앞에 다시 넓게 트인 곳이 나타났다.

한참 뒤처져서 가쁜 숨을 몰아쉬며 따라오던 늑대 사냥꾼이 티토를 발견하고 연거푸 총을 쏘았다. 총알은 모두 빗나가면서 흙먼지만 일으켰지만, 티토는 총알을 피하느라 시간을 낭비해야 했다. 사냥개는 총소리에 힘을 얻은 듯했다. 사냥꾼의 눈에는 예전부터 보아 온 꼬리 잘린 코요테가 아직도 새끼들 먹일 산토끼를 고집스레 물고 있는 게 무척 이상했다. 아직도 그것이 산토끼라고 생각한 것이다.

'왜 목숨을 걸고 달아나면서도 저 무거운 것을 내려놓지 않

디포기 목숨 걸고 도망치고 있다.

는 걸까?'

그러나 티토가 계속 달려서 기세 좋게 언덕 너머로 사라지자, 말을 데려오지 않은 것을 한탄했다. 개는 10미터쯤 뒤에서 필사적으로 티토를 쫓고 있었다. 그때 갑자기 티토 앞에 둑이 조금 무너져 내린 도랑이 나타났다. 지친 데에다 새끼까지 물고 있는 티토는 감히 뛰어넘을 엄두를 내지 못하고 그곳을 빙 돌아갔다. 하지만 힘이 넘치는 개는 도랑을 쉽게 뛰어넘었다. 티토와 개 사이의 거리는 다시 반으로 줄었다.

하지만 티토는 계속 달렸다. 어린것이 행여라도 가시덤불이나 날카로운 두꺼운잎유카에 긁힐세라, 있는 힘껏 높이 쳐들고서. 그러나 목덜미를 너무 세게 당기는 바람에 새끼코요테는 숨이 막혔다. 당장 내려놓지 않으면 숨이 막혀 죽을 것 같았다. 그렇게 무거운 것을 물고는 사냥개를 따돌릴 수도 없었다. 티토는 도와달라고 소리를 지르려고 했다. 하지만 새끼를 물고 있어서 소리가 나오지 않았다.

새끼코요테는 숨을 쉬려고 몸부림을 치고 있었다. 새끼를 조금 풀어 주려고 턱에서 힘을 살짝 빼려는 순간, 갑자기 관절이 삐끗하더니 새끼코요테가 쿵 하고 풀밭에 떨어졌다. 인정사정없는 사냥개가 노리는 곳으로. 티토는 사냥개보다 훨씬 더 작았다. 다른 때였다면 티토는 두려움에 사로잡혀 꼼짝도 못했을 것이다. 그러나 지금 티토의 머릿속엔 새끼코요테, 그 어린것 생각밖에 없었다. 사냥개가 흉악한 이빨을 번뜩이며 새끼코요테 쪽으로 뛰어오는 것을 본 티토는 얼른 그 사이로 몸을 날렸다. 그리고 온몸의 털을 곤두세우고 이빨을 드러낸 채 사냥개 앞에 버티고 서서, 무슨 일이 있어도 새끼를 지키겠다는 굳은 의지를 내보였다.

사냥개는 용감하지 않았다. 믿는 것이라고는 큰 몸집, 그리고 자기 뒤에 사람이 있다는 것뿐이었다. 그러나 사람은 너무 멀리 있었다. 벌벌 떨면서 풀숲으로 숨어들던 새끼코요테를 향한 첫 번째 공격이 실패로 끝나자 사냥개는 잠시 망설였다. 티토는 도와달라고 길게 소리를 질렀다. 소집 신호였다.

컹, 컹, 컹, <u>요오 요오 요오오오오</u>
컹, 컹, 컹, <u>요오 요오 요오오오오</u>

사방의 뷰트들이 그 소리를 받아 메아리를 만들어서 제이크는 어느 방향에서 소리가 나는지 알 수가 없었다. 하지만 그게 어디에서 나는 소리인지 정확하게 알아차린 존재도 있었다.

멀리서 사람이 외치는 듯한 소리가 들려오자 사냥개는 다시 용기를 얻었다. 사냥개는 다시 새끼에게 달려들었다. 어미는 다시 한 번 제 몸으로 공격을 막았다. 그 뒤 둘은 목숨을 걸고 붙어 싸우기 시작했다.

‘아, 새들백이 와 주기만 한다면!’

하지만 아무도 오지 않았고, 이제 티토는 소리를 지를 수조차 없었다. 가까이 붙어 싸울 때는 몸무게만큼 중요한 것이 없다. 티토는 이내 밀리기 시작했다. 끝까지 용감하게 싸웠지만 분명히 지는 싸움이었다. 승리를 눈앞에 둔 사냥개는 용기가 치솟았다. 지금 사냥개의 머릿속에는 어미의 숨통을 끊은 다음 의지가지없는 새끼를 죽여야겠다는 생각뿐이었다. 다른 어떤 것도 눈에도 귀에도 들어오지 않았다.

그때 가까운 산쑥 덤불에서 회색 줄무늬 하나가 불쑥 튀어나왔다. 순간 목소리 큰 겁쟁이 사냥개는 거의 자기만큼 덩치 큰 적에게 밀려 어깨를 다치면서 나뒹굴었다. 새들백이었다. 새들백은 사냥개에게 돌진해 공격하고는 잠시 멈추었다가 다시 달려들었다. 티토는 간신히 몸을 일으켜 새들백과 함께 사냥개에게 다가갔다.

개는 이길 가능성이 없다는 것을 알고 금세 싸우고자 하는 의욕을 잃었다. 이제는 무사히 달아나기만 바랄 뿐이었다. 바람처럼 빠른 새들백에게서, 악착같이 새끼의 목숨을 지키려는 티토에게서. 하지만 개는 스무 번도 뛰지 못했다. 저 언덕 너머에 있는 주인에게 도움을 청할 겨를조차 없었다. 사냥개는 자기가 찢어 죽이려고 한 어린것으로부터 15미터도 떨어지지 않은 곳에서 두 코요테에게 갈가리 찢겼다.

티토는 위험에서 구해 낸 새끼를 물어 올렸다. 두 코요테는 티토의 걸음걸이에 맞춰 천천히 움직여서 새 굴에 도착했다. 아무도 다치지 않고 온 가족이 다시 모인 것이다. 새 집은 울버 제이크 같은 인간들이 다시 찾지 못할 만큼 먼 곳에 있었다.

티토 가족은 어미가 새끼들의 훈련을 마칠 때까지 그곳에서 평화롭게 살았다. 새끼코요테들은 모두 선대부터 전해 내려온 평원의 지혜와 목동과의 전쟁에서 얻은 후대의 지혜를 익히며 성장했다. 티토의 새끼들뿐만 아니라 그 녀석들의 새끼가 낳은 새끼들도 그러했다.

들소 떼는 사라졌다. 사냥꾼의 총에 무릎을 꿇은 것이다. 영양의 무리도 거의 사라졌다. 들소와 영양들이 감당하기에는 사냥개와 총탄이 너무 많았던 탓이다. 노새사슴^{사슴과에 속하며 귀가 길다. 알래스카에서 멕시코에 이르는 북아메리카 서부에 분포한다 ─ 옮긴이} 무리도 도끼와 울타리 때문에 크게 줄어들었다. 태곳적부터 배들랜즈에 살아온 수많은 동물이 닥쳐오는 새로운 환경에 눈처럼 스러졌지만, 코요테는 사라지지 않을 것이다.

배들랜즈의 수많은 뷰트에서는 코요테의 아침 노래와 저녁 노래가 여전히 들려온다. 평원마다 사냥감이 그득했던 먼 옛날에 그랬듯이. 코요테는 목숨을 앗아 갈 수 있는 덫과 독약의

비밀을 알아냈고, 포수와 사냥개를 물리치는 법을 익혔으며, 사냥꾼과 지혜를 겨룰 수 있게 되었다. 코요테는 사람들이 저지른 온갖 악행에 얽매이지 않고, 인간이 만들어 낸 것이 가득한 땅에서 번성하는 법을 배웠다. 코요테들에게 이런 모든 가르침을 준 것은 바로 티토였다.

3

소문난 개구쟁이
웨이앗차

아메리카너구리_아메리카 대륙에 널리 서식하는 동물, 흔히 라쿤이라고 한다. 우리나라에 사는 너구리와 모습이 비슷하지만 아메리카너구리는 아메리카너구리과에, 너구리는 갯과에 속하는 다른 동물이다. 아메리카 인디언들은 아메리카너구리를 영적인 능력을 지닌 존재로 보기도 했다.

1

숲의 창조자이자 만물의 어머니인 대자연은 온갖 동물을 만들고 그중에서 숲의 정령을 뽑기로 했다. 곰은 덩치가 너무 큰 까닭에, 사슴은 눈이 오면 너무 눈에 잘 띄어서 스스로를 지키지 못하는 까닭에 후보에서 탈락했다. 늑대는 너무 사납고 살코기만 보면 정신을 못 차리는 바람에 퇴짜를 맞았다.

어머니 대자연은 다른 후보를 찾았다. 드디어 검은 가면을 쓴 밤의 방랑자, 아메리카너구리아메리카 대륙에 널리 서식하는 동물로, 흔히 라쿤이라고 한다. 우리나라에 사는 너구리와 모습이 비슷하지만 아메리카너구리는 아메리카너구리과에, 너구리는 갯과에 속하는 서로 다른 동물이다. 아메리칸 인디언들은 아메리카너구리를 영적인 능력을 지닌 존재로 보기도 했다 —옮긴이가 큰키나무 자라는 숲 속에서 부름에 답을 했다. 어머니 대자연은 아메리카너구리에게 숲과 나무의 요정 드리아스그리스 신화에 나오는 나무와 숲의 요정 —옮긴이의 재능을 안겨 주었다.

그리하여 떡갈나무 구멍 속의 천진한 거주자인 아메리카너구리는 논밭에서 멀리 떨어진 물가 숲의 정령이 되었다. 인디언들은 숲의 정령이 떠돌며 내는 소리를 잘 알고 있으나, 백인들은 그 소리에 미신적인 두려움을 느낀다.

아, 그대 노래하는 숲 사람이 아메리카너구리에 대해서 하는 이야기를 들어 보라. 녀석들이 얼마나 친절한지, 얼마나 꿋꿋한지, 그리고 농부들이 베지 않고 남겨둔 구새통속이 썩어서 구멍이 생긴 통나무. 구새라고도 한다 — 옮긴이 속을 얼마나 좋아하는지를. 밤에 숲 속을 방랑하는 녀석들이 어떤 노래를 부르는지, 노래를 부르는 까닭이 무엇인지도. 숲 사람이, 불타는 나무의 정기가 담겨 있는 인디언들의 노래만큼이나 아메리카너구리들이 부르는 야생의 날카로운 노랫소리를 좋아하는 까닭이 무엇인지도 알아보라.

만약 그대가 숲 사람의 이런 이야기를 널리 전하고, 세상 사람들이 그 이야기에 귀 기울여 그대가 받은 감동에 공감한다면, 산림 감독관은 끝까지 무자비한 방식을 고집하지 않을 테고, 구새 먹은 나무가 베이는 일도, 꼬리에 고리 무늬가 있는 숲의 은둔자가 사라지는 일도, 숲의 은둔자가 '광기의 달' 아래 부르는 바람의 노랫소리가 그치는 일도 없을 것이다.

숲 사람이 우리에게 전하고 싶은 것이 있다면, 딱 떨어진 표현은 아닐지라도 아마 이런 이야기일 것이다. 아메리카너구리는 성품이 다정한 사람들이 사랑하는 것의 상징이다. 이 나라의 우둔한 의원들이 악법을 만들어 아메리카너구리의 보금자리인 구새 먹은 나무와 녀석들을 모두 없앤다면, 그것은 이 나라가 돈과 돈에 눈먼 사람들에게 완전히 점령당했음을 뜻한다. 내가 눈을 감기 전에 그런 시절이 오지 않기를 바랄 뿐이다.

2

까마귀들이 줄지어 하늘을 날고 청딱따구리 나무 쪼는 소리가 들려오는 3월이 되자 숲은 지금까지와 사뭇 다른 분위기를 띠었다. 해는 지고, 부드러운 별빛만이 녹기 시작한 눈을 비추었다. 예민한 눈을 지닌 숲 속 동물들에게는 그 빛으로 충분했다.

숲 속에서 두 동물이 모습을 드러냈다. 둘은 바닥에 쓰러진 나무줄기를 따라 우듬지까지 단숨에 달려가더니, 통나무를 징검다리 삼아 눈밭을 가로질렀다. 크고 통통한 동물들이었다. 여우보다도 큰 몸집에 꼬리에는 털이 더부룩했다. 밤눈 밝은 올빼미라면 아메리카너구리 종족 특유의 깃발인 고리 모양으로 감은 검은 줄무늬의 꼬리를 볼 수 있었을 것이다.

앞장을 선 것은 몸집이 작은 쪽이었다. 작은 아메리카너구

리는 뭐가 불만인지 가끔 안달을 하면서 뒤따르는 쪽을 당장이라도 물 것 같은 시늉을 했다. 상대는 그래도 도망치려 하지 않고 묵묵히 뒤를 따를 뿐이었다. 노래하는 숲 사람이라면 이내 그 둘이 부부라는 것을 알아차렸을 것이다. 동물의 법에 따르면, 곧 태어날 새끼들을 위한 준비는 온전히 어미 몫이다. 어미는 새끼들을 기르기에 적당한 보금자리를 찾아야 한다. 새끼가 태어날 시기도 정확히 알고 있다. 어미는 항해를 책임진 선장인 것이다. 수컷은 곁을 지키다가 적이 나타나면 싸우기만 하면 된다.

둘은 오리나무가 자라는 냇가의 덤불숲을 지나 나무숲이 넓게 펼쳐진 곳에 닿을 때까지 계속 앞으로 나아갔다. 이 숲이 온전히 남아 있는 까닭은 그곳이 저지대의 척박한 땅이었기 때문이다. 그 숲에는 나이 많은 나무들이 대부분을 차지하고 있었다. 곧 엄마가 될 암컷은 이리저리 아름드리나무 사이를 옮겨 다니면서 무언가를 찾고 또 찾았다.

숲 사람은 소나무 중에는 구새 먹은 나무가 거의 없고, 단풍나무는 간혹 구새 먹은 것이 있으며, 구새 먹은 피나무는 사방에 널려 있다는 것을 알고 있다. 대낮에는 숲 사람도 아메리카너구리들이 어느 나무에 항해의 닻을 내리고 정박할지 쉽게 알 수 있다. 구새 먹은 나무의 꼭대기는 죽어 있기 때문이다.

하지만 너구리는 어둠 속에서도 확신을 갖고 한 나무에서 다음 나무로 옮겨 가고 있었다. 나무에 직접 올라가 보지 않아도 자기가 찾는 나무가 아니라는 것을 알 수 있었던 것이다. 마침내 냇물이 강물을 만나 흐르는 강굽이 근처에 도착한 암컷은 이미 다 알고 있다는 듯이 거대한 죽은 단풍나무 위로 기어 올라갔다.

아메리카너구리가 보금자리를 꾸미기에는 더할 나위 없이 좋은 곳이었다. 그 큰 나무는 위험한 늪지대 깊숙한 곳에 우뚝 서 있었고, 가까운 곳에서는 먹이를 주는 냇물이 마법처럼 흐르고 있었다. 크고 아늑한 구새통 속은 보송보송했고, 안쪽 벽과 바닥은 폭신폭신한 썩은 나무로 되어 있었다. 입구의 크기는 아메리카너구리의 몸집에 딱 맞았다. 입구 가까운 곳에는 낮 동안 눈부신 햇빛을 받을 수 있는 커다란 나뭇가지가 뻗어 있었다. 그야말로 완벽한 보금자리로, 아메리카너구리 암컷이 찾아 헤매던 바로 그곳이었다.

3

4월이 되자 새끼들이 태어났다. 다섯 마리 아기너구리는 한결

같이 부모를 닮아서 꼬리에는 고리 모양 줄무늬를, 눈 둘레에는 검은 띠를 두르고 있었다. 젖먹이 시절은 빠르게 지나가고 6월이 되었다. 화창한 날이면 새끼들은 집 밖으로 나와 커다란 나뭇가지에 한 줄로 앉아서 햇볕을 쬐었다.

새끼들은 아직 어렸지만 저마다 뚜렷한 개성을 드러냈다. 꼬리가 너무 짧아서 거의 동그래 보이는 새끼는 겁이 많았고, 털빛이 회색인 통통한 새끼는 집에서 나갈 때마다 늘 마지막까지 남아 있었다. 눈가의 털이 새까만 새끼는 몸집이 크고 활동적이고 무슨 일에든 앞장서려고 하면서도 늘 조용했다. 녀석이 훗날 웨이앗차^{웨이앗차는 수 인디언의 부족 연합 다코타족을 이루는 주요 부족인 양크턴족이 아메리카너구리를 부르는 말로, '마법을 지닌 자'라는 뜻이다 —옮긴이}라는 이름으로 불릴 새끼였다. 어미의 보살핌을 받는 젖먹이 아메리카너구리들은 간단한 생활 수칙만 지키면 된다. 잘 먹고, 무럭무럭 자라고, 조용히 있는 것이다. 나머지 복잡한 일은 모두 어미 몫이다. 하지만 집 밖으로 나갈 만큼 자라면, 새끼들은 여러 가지 경험을 쌓고 다른 수칙들을 익히기 시작한다.

새끼들은 마음대로 햇볕 쬐는 나뭇가지에 나갈 수 있었다. 위쪽으로 뻗은 잔가지를 타고 더 높이 올라갈 수도 있었다. 하지만 구새통 속 보금자리 아래쪽의 줄기는 나무껍질이 벗겨져서 무척 미끄러워서 한번 내려가면 쉽게 올라올 수 없어 위험했다. 누구든 아래쪽으로 내려가려고 하면, 엄마는 당장 돌아오라고 불호령을 내리곤 했다.

웨이앗차어미는 웨이앗차를 부를 때도 다른 새끼들을 부를 때처럼 '위르'라고 했지만, 녀석을 부를 때면 목소리에 좀 더 힘이 들어갔다는 이미 두세 번 경고를 받은 상태였다. 하지만 엄마가 못하게 하면 할수록 언젠가는 한번 내려가 봐야지 하는 마음만 커져 갔다.

그러던 어느 날 어미너구리가 구새통 속에 있을 때 사건이 터졌다. 웨이앗차는 거칠거칠한 나무껍질을 타고 햇볕 쬐는 나뭇가지 밑으로 쪼르르 내려가 매끈하게 껍질이 벗겨진 곳에 도착했다. 나무 둘레는 웨이앗차의 앞다리로 스무 아름이나 되었다. 녀석은 손에 닿는 것은 무엇이든 움켜쥐려 했다. 하지만 녀석의 몸은 계속 미끄러져 내렸다. 툭 떨어졌다가 기어올랐다가, 다시 아래로, 아래로, 아래로 미끄러지더니 결국 나무 아래 깊은 물속에 풍덩 빠지고 말았다.

다른 새끼들이 질러 대는 비명 소리에 어미너구리는 깜짝 놀라 급히 달려 나왔다. 아래쪽을 내려다보니 큰놈이 냇물에 빠져 허우적대고 있었다. 엄마는 서둘러 새끼를 구하려고 했지만, 웨이앗차의 몸은 물살에 떠밀려 벌써 모래톱에 닿았다. 녀석은 정신을 차리고 기어 나와서 집이 있는 나무로 향했다. 엄마는 반쯤 내려왔다가 녀석이 나무에 기어오르는 것을 확인하고는 다시 올라가 버렸다. 다른 새끼들은 눈빛을 반짝이며 나뭇가지에 앉아 있었다.

웨이앗차는 나무껍질이 벗겨진 곳에 닿을 때까지 씩씩하게 올라갔지만, 더는 오를 수가 없었다. 녀석은 절망감에 사로잡혀 애처로운 소리로 길게 울었다. 엄마는 구새통 속으로 들어가는가 싶더니, 다시 밖으로 나와서 웨이앗차 쪽으로 내려왔다. 그러고는 녀석의 목을 조금 거칠게 잡아당겨서 앞다리 사이에 놓고 옆으로 돌아갔다. 그쪽에는 발톱을 걸 수 있도록 줄기가 갈라진 곳이 두 군데 있었다. 엄마는 웨이앗차가 떨어지지 않도록 뒤를 받쳐 주면서, 올라가는 내내 녀석의 엉덩이를 찰싹찰싹 때렸다.

4

그 사건이 일어나고 두 주가 지났다. 어미너구리는 이제 나무 아래 더 큰 세상으로 새끼들을 데리고 나갈 때가 되었다고 판단하고, 보름달이 뜨기를 기다렸다. 다 자란 너구리는 아주 캄캄한 밤에도 잘 돌아다닐 수 있다. 하지만 이제 막 배움을 시작한 어린 새끼들에게는 빛이 어느 정도 필요했다.

아비너구리가 먼저 나무에서 내려가 근처에 적이 있지나 않은지 주위를 둘러보았다. 이제 새끼들은 미끄러운 나무줄기를 타고 오르내리는 요령을 배웠다. 아래쪽 줄기에서 위로 안전하게 올라갈 수 있는 길은 한곳뿐이었다. 그곳에는 발톱을 따로따로 걸 수 있는 틈이 두 군데 있었다. 엄마가 먼저 내려가는 시범을 보이고 새끼들이 뒤를 따랐다.

새끼들에게는 온 세상이 새롭고 놀라웠다. 녀석들은 돌이며 통나무, 풀, 땅, 진흙 등 모든 것을 일일이 냄새 맡고 만져 보았다. 그중에서도 가장 놀라운 것은 물이었다. 손에 잡히지 않는 맑고 투명한 액체는 웨이앗차를 제외한 새끼들에게는 수수께끼와 같았다. 웨이앗차는 이미 물을 알고 있었다. 아니, 알고 있다고 생각했다.

새끼들은 기쁨에 겨워 어쩔 줄 몰랐다. 녀석들은 통나무를 따라 서로 뒤를 쫓기도 하고 작은 구멍 속에 앞다투어 뛰어들기도 했다. 그러나 어미가 새끼들을 데리고 나온 까닭은 좀 더 중요한 것을 가르치기 위해서였다. 새끼들은 살아 나갈 방법을 찾는 데 필요한 첫 수업을 받아야 했다. 주로 어미가 직접 시범을 보이며 가르쳤다.

아메리카너구리가 먹이 먹는 모습을 본 적이 있는지? 너구리는 물가에 서서 양손을 물에 담그고 날쌔고 민감한 손가락으로 진흙 속을 더듬어 개구리, 물고기, 게 따위를 잡는다. 그동안에도 가까운 곳부터 먼 곳까지 사방을 살피면서 다른 먹이를 찾기도 하고, 적이 다가오지는 않는지 확인을 한다. 어미너구리가 이런 동작을 시범으로 보이자 새끼들은 그 모습을 지켜보았다. 하지만 정작 녀석들의 흥미를 끈 것은 먹이 잡는 방법보다는 엄마 손에 들어온 먹이였다.

새끼들이 조금이라도 더 자세히 보려고 가까이 모여들면서 물가를 따라 자연스럽게 한 줄이 만들어졌다. 새끼들은 천연덕스럽게 물속에 손을 집어넣고 엄마가 한 그대로 따라 했다. 진흙이 손가락 사이로 미끄러져 나가자 간질간질 묘한 느낌이 들었다. 그러면서 끈처럼 가느다란 뿌리가 손에 닿았는데, 바로 그때 둥그렇게 말린 부드러운 뿌리가 꼼틀거렸다. 순간 온몸에 짜릿한 전율이 느껴졌다. 새끼들은 본능적으로 그것이 사냥감이라는 것을 알았다. 여기까지 온 목적이 바로 그것이었다. 웨이앗차는 그 사실을 깨달았다.

녀석은 엄마가 일러 주지도 않았는데 용케 올챙이를 잡아서 그것을 이빨로 물었다. 순식간에 입안이 모래와 진흙 범벅이 되었다. 웨이앗차는 진흙과 올챙이를 모두 뱉어 냈다. 어미너구리는 바닥에서 하얀 배를 드러내고 팔딱거리는 올챙이를 집어 들어 깨끗한 물에 찬찬히 씻어서 웨이앗차에게 먹으라고 주었다. 웨이앗차도 이제 요령을 터득했다. 그 뒤로 녀석은 아메리카너구리의 식사 습관을 지켜서, 어떤 먹이든 반드시 물에 깨끗이 씻어서 먹었다.

꼬리가 짧고 겁이 많은 동생은 너무 소심해서 엄마 옆에만 붙어 있다가 거의 아무것도 배우지 못했다. 다른 두 동생은 아무짝에도 쓸모없는 말라빠진 뼈다귀 하나를 놓고 싸우느라 정신이 없었다.

"내가 먼저 찾았단 말이야."

서로 이렇게 다투다가, 마침내 한쪽이 실속도 없는 승리를 거두었다. 등에 회색 털이 난 동생은 저 멀리 물에 잠긴 통나무 위에 앉아서 물에 비친 달그림자를 잡으려 하고 있었다. 그러나 웨이앗차는 방금 맛본 작은 성공에 도취해서 사냥에만 열중했다. 녀석은 물가의 진흙 밭을 따라 내려가면서 어미너구리가 했듯이 두리번거리며 주변을 살폈다. 그러면서 진흙 속에 손을 집어넣어 더듬어 보다가 손가락 사이로 진흙을 걸러 냈다. 엄마가 보여 준 행동 그대로였다. 진흙을 한 움큼 집어 올려서 냄새를 맡는 것도 엄마와 똑같았다. 손에 걸린 게 있었는데, 이번에는 아무 쓸모도 없는 진짜 뿌리였다. 웨이앗차는 투덜대면서 그것을 휙 집어던졌다. 그 모습은 영락없이 아빠의 모습 그대로였다.

웨이앗차는 새로 배우는 모든 것이 재미있었다. 녀석은 드디어 작고 날랜 손가락으로 진흙 속에 숨어 있던 개구리를 잡

는 데 성공했다. 매끈한 몸통이 꿈틀꿈틀하자 웨이앗차는 등에 난 털이 모조리 곤두설 만큼 강한 전율을 느꼈다. 입에서는 아메리카너구리 특유의 탄성이 터져 나왔다. 으르렁거리는 소리와 콧김을 내뿜는 듯한 소리가 뒤섞인 것이었다. 승리의 순간에도 웨이앗차는 첫 수업에서 배운 것을 잊지 않았다. 어린 사냥꾼은 잔치를 즐기기 전에 개구리를 최대한 깨끗이 씻었다.

정말 신 나는 일이었다. 세상에는 기쁨만이 가득했다. 그러나 갑자기 아빠의 울음소리가 들려오면서 모든 것이 순식간에 변했다. 새끼들이 엄마와 함께 물가에서 노는 동안 아빠는 강둑 저 아래쪽에서 망을 보고 있었다. 아비는 미리 약속한 대로 신호를 보냈다. 나지막하게 '푸우푸' 하는 소리를 낸 뒤 작게 으르렁거리는 신호였다. 엄마도 나지막하게 으르렁거리면서 새끼들을 불렀다. 무슨 일이 벌어졌는지는 알 수 없었지만, 순간 새끼들도 바짝 긴장했다. 그때부터 1, 2분쯤 지난 뒤, 털북숭이 아메리카너구리들은 여느 때처럼 한 줄을 이루어서 커다란 단풍나무를 오르고 있었다. 새끼들은 두 개의 갈라진 틈을 기어올라 편안한 잠자리로 뛰어들었다.

저 멀리 강 쪽에서 굵은 소리가 들려왔다. 어떤

무시무시한 동물이 짖는 소리가 분명했다. 엄마는 구새통 속으로 들어가다가 그 소리를 들었다. 잠시 후 나무줄기로 기어오르는 아비너구리의 몸은 약간 젖어 있었다. 먼 곳까지 발자국을 남겨서 적을 따돌린 뒤 강물에서 헤엄을 쳤기 때문이다. 그러고는 울타리처럼 생긴 덤불 꼭대기를 따라서 집으로 돌아온 것이다. 아빠는 그렇게 해서 어디에도 발자국을 남기지 않았다. 무시무시한 사냥개 울음소리는 저 멀리 사라졌다.

그날 밤 웨이앗차는 앞으로 어떤 아메리카너구리로 살아갈 것인가를 결정짓는 큰 사건들을 겪고 많은 것을 느꼈다. 녀석은 달밤의 사냥, 잠시도 경계를 늦추지 않던 엄마의 모습, 무시무시한 사냥개에게 맞서서 발자국을 중간에 끊어 버려 적을 따돌린 다음 무사히 집으로 돌아온 아빠의 행동을 모두 가슴 깊이 새겼다. 그러나 그 무엇보다도 웨이앗차의 마음을 크게 사로잡은 것은 통통하고 촉촉하고 꿈틀거리는 개구리를 잡았을 때의 환희였다. 이튿날 밤, 녀석은 다시 사냥을 가고 싶어 안달을 했다.

5

많은 동물에게는 육감이라는 것이 있다. 가까이 다가온 위험

따위를 감지하는 능력으로, 한때는 사람에게도 있었을 것이다. 육감은 '닥쳐올 사건을 미리 느끼거나 알아내는 감각 능력', 또는 '운수를 느끼는 감각 능력'이라고 할 수 있다. 그중에 새끼를 돌보는 어미의 육감만큼 강한 것은 없을 것이다.

이튿날 밤, 웨이앗차의 엄마는 왠지 모르게 불길한 느낌이 들었다. 무언가가 잘못된 것 같았다. 엄마는 나무 밑으로 내려가기를 뒤로 미루고, 햇볕 쬐는 나뭇가지에 올라가 사방을 둘러보기도 하고 무슨 소리가 들리는지 귀를 기울이기도 하며 시간을 보냈다. 새끼들은 모두 주린 배를 안고 시무룩해서 앉아 있었다. 웨이앗차는 안달이 나서 견딜 수가 없었다. 아빠는 나무 밑으로 내려갔다가 금세 다시 올라왔다. 새끼들은 칭얼거렸지만, 어미너구리는 꿈쩍도 하지 않았다. 어미의 예민한 귀가 한두 번 강 쪽을 향했다. 하지만 아무 소리도 들리지 않고, 아무것도 보이지 않았다.

어미너구리는 한밤중이 되어서야 새끼들을 이끌고 나무 밑으로 내려왔다. 다들 배가 고팠으므로 강둑을 따라 내달려서 첨벙첨벙 물을 튀겼다. 웨이앗차는 먼저 개구리를 잡고, 꼬리 짧은 동생은 올챙이를 잡았다. 그 뒤에는 모두 개구리를 잡았다. 온 세상이 아무 근심 걱정 없는, 즐거움 가득한 커다란 사냥터인 것 같았다.

웨이앗차는 저 멀리 모래톱에서 새로운 종류의 개구리를 발견했다. 납작한 뼈 두 개가 겹쳐 있는 모양이었는데, 입맛 당기는 냄새가 났다. 웨이앗차가 먹이에 손을 가져가는 순간, 뼈 두 개가 맞물리면서 웨이앗차의 손가락을 물었다. 어찌나 세게 물렸던지 녀석은 크게 비명을 질러 댔다.

"엄마! 엄마!"

엄마가 도움을 주려고 급히 달려왔다. 웨이앗차는 아프기도 하고 무섭기도 해서 팔딱팔딱 뛰었다. 어미너구리는 전에도 조개를 본 적이 있었다. 엄마는 단단한 조개껍데기의 연결 부분을 이빨로 와삭하고 깨물었다. 그것으로 상황은 끝났다. 웨이앗차는 깨진 조개껍데기에서 속살만 집어내어 강물에 깨끗이 씻은 다음, 새로운 종류의 개구리라도 되는 것처럼 맛있게 먹었다. 녀석에게는 모든 일이 순조롭기만 했다.

그러나 아빠너구리는 튀어나온 나무뿌리로 올라가서 킁킁 냄새를 맡고 귀를 기울였다. 엄마도 강둑 저편 오솔길에 나 있는 발자국과 냄새를 모조리 조사했다. 어미는 먹이를 찾을 시간도 거의 없었다. 어미의 신비로운 감각에 무엇인가가 강하게 느껴졌다. 어미는 곧바로 새끼들에게 돌아오라는 신호를 보냈다.

새끼들은 마지못해 엄마의 명령에 따랐다. 웨이앗차는 명령을 어길 생각까지 했다. 자기 생각에는 여기 남아 있어야 하는 까닭은 얼마든지 댈 수 있지만, 집으로 돌아가야 할 까닭은 하나도 없는 것 같았다. 하지만 가장 좋은 판단도 상대를 압도하는 힘에는 굴복하기 마련이다. 엄마의 손은 힘이 세고 아빠의 입에서는 금방이라도 불호령이 떨어질 것 같았다. 그리하여 일곱 덩어리의 털 뭉치는 늘 하던 대로 매끈매끈한 단풍나무 계단을 오르기 시작했다.

산 중턱에서 붉은여우가 세 차례 컹컹거렸다. 웨이앗차는 꿈결인 듯 멧종다리가 멀지 않은 곳에서 크게 노래하는 소리를 들었다. 엄마도 무심히 그 노랫소리를 듣고 있었다. 그런데 잠시 후 또 다른 소리가 들려왔다. 저 멀리서 아주 희미하게 들려오는 나지막한 소리였다. 새끼들은 듣지 못한 것 같았지만, 엄마는 그 소리에 털을 곤두세웠다. 북쪽 어딘가에서 이상한 소리가 들려오고 있었다. 바람도 가끔 그런 소리를 낼 때가 있었다. 하지만 이번에는 뭐가 나무에 부딪쳤는지 날카롭게 울리는 소리와 함께 개 짖는 소리까지 들려왔다.

그 소리는 점점 더 가까워지고, 점점 더 커졌다. 나무 사이로 붉은 불빛이 번쩍하더니 곧 한 무리의 남자들이 개들과 함께 나타났다. 숲 속 동물들은 모두 숨을 죽였다. 다행히 저 아래쪽에 새로 생긴 여우 발자국이 사냥개들의 주의를 끄는 덕

웨이앗차가 가족과 함께 달빛을 받으며 사냥을 하고 있다.

분에, 개들은 너구리의 보금자리가 있는 단풍나무 근처에는 오지 않았다. 어미너구리는 그날 밤 큰 위기를 아슬아슬하게 넘겼다는 생각에 안도의 한숨을 내쉬었다.

6

이튿날 밤, 어미너구리는 사방팔방을 둘러보고 불어오는 산들바람 냄새를 일일이 맡아 보았다. 그동안 달은 보금자리 근처에 있는 나무 네 그루를 비껴 지나갔다. 엄마는 그제야 평소처럼 사냥을 나갈 수 있게 했다. 웨이앗차와 동생들은 당연히 예전처럼 강가를 따라 내려갈 거라고 생각했지만, 엄마는 그렇게 하지 않았다. 엄마는 상류 쪽으로 방향을 틀었다. 그러고는 잠시 멈춰 서지도, 먹이를 찾지도 않고 계속 올라가기만 했다.

얼마 후 강둑이 반듯하게 뻗은 곳이 나타났다. 수풀이 무성한 그 강둑에서는 개구리들이 폴짝폴짝 뛰어다녔다. 천지 사방에 먹을 것이 널려 있는 것 같았다. 하지만 엄마는 멈추지 않고 계속 앞으로 나아갔다. 큰 바람이 일어나는 것 같은 소리가 들려왔다. 개구리나 사향쥐가 찰박거리는 것 같은 소리도 섞여서 들렸다. 웨이앗차 가족은 그 소리가 나는 곳에 도착했

다. 한밤중에 그렇게 큰 소리를 내고 있는 것은 개울물이었
다. 바위에서 떨어지는 개울물이 만들어 낸 웅덩이는 달빛을
받아 반짝거렸다.

　엄마는 새끼들을 조금 뒤로 물러나게 한 다음, 앞쪽과 주변
상황을 꼼꼼히 살폈다. 그러다가 갑자기 몸을 웅크리더니, 온
몸의 털을 곤두세우고 으르렁거렸다. 아빠가 엄마 곁으로 다
가왔다. 새끼들은 앞으로 내달리고 싶은 생각이 깨
끗이 사라지는 것을 느꼈다.

　저 앞에서는 벌써 다른 사냥꾼들이 풍요로운 물가의 사
냥터에서 텀벙거리며 개구리로 잔치를 벌이고 있었다.
사냥꾼들의 수는 웨이앗차네 식구들과 거의 같았다.
그중 한 마리가 꼬리를 돌리자, 아메리카너구리 종
족의 깃발인 일곱 개의 검은 고리 띠가 분명하게 나
타났다.

　문제는 누군가가 불법 침입을 저질렀다는 것이었다. 과연
어느 가족이 이 사냥터의 주인일까? 숲에서는 늘 이 점이 심
각한 문제였다. 아빠너구리는 네 다리를 죽 펴고 몸을 높이 들
어 올린 채 털을 잔뜩 부풀려 세우고 넓은 물가를 따라 앞으로
걸어갔다. 상대편 가족이 후다닥 움직이는 소리가 들렸다. 세
어린것은 낑낑거리며 제 엄마를 찾아 뛰어갔고, 녀석들의 아
빠는 똑같이 네 다리를 죽 펴고 털을 부풀린 모습을 하고는 당

장이라도 싸울 기세로 웨이앗차의 아빠를 향해 다가왔다. 두 수컷은 서로를 향해 나지막하게 으르렁거렸다.

"이봐, 여기서 썩 꺼져! 그러지 않으면 가만두지 않겠어!"

하지만 어느 쪽도 먼저 덤비려고 하지 않았다. 둘은 잠시 서로 얼굴을 마주 보고 서 있었다. 둘 다 자신이 옳고 상대방이 틀렸다고 생각했다. 저마다 제 가족을 지키고 불법 침입자를 쫓아내야 한다는 생각밖에 없었다. 아비들은 마주 서서 서로를 노려보았다. 새끼들은 양쪽에서 어미 뒤에 달라붙어 있었다.

동물들이 세력권을 가리는 규칙은 비교적 단순하다. 어떤 장소를 가장 먼저 발견한 동물이 중요한 지점에 자기 몸에서 나온 분비물의 냄새로 표시를 해 놓으면 그곳의 주인이 되는 것이다. 자연은 이런 경우에 쓰라고 독특한 냄새의 분비물을 내는 분비샘을 만들어 주었다. 하지만 같은 영역을 놓고 두 사냥꾼이 저마다 세력권을 주장하면 싸우는 수밖에 별 도리가 없다. 그때는 더 강한 자가 주인이 된다.

웨이앗차 가족은 어쩌다 보니 몇 주 동안 이 사냥터에 분비물로 표시를 하지 못했다. 웨이앗차 가족의 세력권 표시는 이제 거의 씻겨 사라졌다. 상대편 가족은 비록 나중에 찾아왔지만, 이곳을 자주 이용하면서 세력권을 표시해 두었던 것이다. 두 가족의 주장은 팽팽히 맞섰다. 이제 싸움 외에는 달리 해결

할 방법이 없었다.

아메리카너구리에게도 특유의 전투 방식이 있다. 녀석들은 우선 튼튼한 목과 어깨를 방패 삼아 공격을 막으면서 상대에게 접근한다. 그러고는 상대방의 허리를 잡아채서 상대의 몸이 자기 몸 위로 오게 만든다. 그렇게 해서 밑으로 파고든 너구리는 자유로운 뒷발의 갈고리발톱으로 상대의 배를 잡아 찢을 수도 있다. 아니면 앞발로 상대를 붙잡은 채, 그대로 드러난 적의 목 부분을 사정없이 이빨로 공격하기도 한다.

검은 가면을 쓴 웨이앗차의 아빠는 옆쪽에서 조금씩 다가갔다. 웅덩이의 아메리카너구리는 상대가 자기보다 크다는 것을 깨달았다. 그래서 웨이앗차의 아빠가 다가오자 겁을 먹고 조금 뒤로 물러났다.

‘검은 가면’이 공격을 시도하자, ‘웅덩이 너구리’가 피했다. 두 수컷은 날쌔게 비키면서 빙글빙글 돌았다. 팽팽한 접전이었다. 다시 공격이 시작되었다. ‘검은 가면’의 발이 미끄러졌고, ‘웅덩이 너구리’가 접근했다. 싸움은 계속되었다. 하지만 어느 한쪽도 싸움의 주도권을 쥐지는 못했다. 힘이 거의 비슷했던 것이다. 두 수컷은 옆으로 구르면서 치열한 다툼을 벌였다. 싸움이 계속되는 동안 새끼들은 저마다 큰 소리로 자기 아빠를 응원했다.

엉겨 붙어 싸우던 두 수컷의 몸이 한순간 비틀거리더니, 풍덩 소리와 함께 깊고 차가운 웅덩이 물에 빠졌다. 열기를 식히는 데는 찬물보다 좋은 것이 없다. 맞붙어 있던 두 전사의 몸이 떨어져 나갔다. 밖으로 기어 나온 수컷들은 놀랄 만큼 달라져 있었다. 둘은 이제 싸우고 싶지가 않았다. 두 수컷은 상대방이 자기 세력권에서 사냥을 한다는 사실에 더 이상 신경 쓰지 않기로 했다. 몸과 함께 흥분한 마음까지 식어 버렸다.

얼굴에는 화난 표정이 살짝 나타나 있고 몇 번씩 나지막이 으르렁거리기도 했지만, 두 수컷은 저마다 자기 가족과 함께 물웅덩이 근처에서 사냥을 시작했다. 한 가족은 수풀이 무성한 곳에, 다른 가족은 밋밋한 땅에 자리를 잡았다.

첫 만남은 험했지만 두 가족은 곧 좋은 친구가 되었다. 그

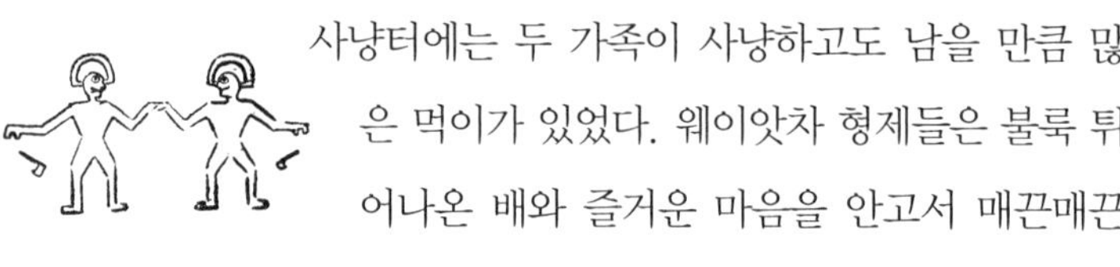

사냥터에는 두 가족이 사냥하고도 남을 만큼 많은 먹이가 있었다. 웨이앗차 형제들은 불룩 튀어나온 배와 즐거운 마음을 안고서 매끈매끈한 나무 위의 집으로 돌아갔다.

7

웨이앗차는 어미너구리가 하는 많은 일들에 불평을 해 댔다. 녀석은 상류 쪽으로 가고 싶은데 엄마가 하류 쪽으로 내려가

자고 하면, 무조건 엄마가 틀렸다고 생각했다. 엄마는 별것도 아닌 소리에 놀라서 때가 되어도 저녁을 먹지 못하게 하는 것 같았다. 그럴 때마다 웨이앗차는 아무한테나 골을 냈다. 엄마가 강가의 돌멩이에서 낯선 사향 냄새를 맡고 겁을 내면, 녀석은 하나도 안 무섭다고 우겨 댔다.

어느 날 밤, 아메리카너구리 가족은 여느 때처럼 사냥에 나섰다. 엄마는 바람에 실려 온 냄새를 확인하고 하류 쪽으로 가자고 했다. 하지만 웨이앗차는 아까부터 갖가지 먹이가 넉넉한 상류의 물웅덩이를 떠올리며 즐거워하고 있었다.

웨이앗차는 뒤로 처졌다. 그러다가 엄마가 부르자, 한동안 뒤를 따르는 시늉을 했다. 바로 그때 녀석의 날카로운 눈에 걸려드는 것이 있었다. 가까운 물가에서 무언가가 움직이고 있었다. 녀석은 한창 솜씨가 늘고 있는 사냥꾼다운 활기찬 태도로 달려들어서 꽤 큰 가재를 잡았다. 그리고는 그것을 깨끗이 씻어서 몸통과 딱딱한 다리를 먹어 치웠다. 웨이앗차는 엄마가 동생들을 데리고 가면서 부르는 소리도 무시했다. 녀석은 자신이 거둔 조그만 승리에 도취해서 독립이라도 한 것 같은 기분이었다. 엄마가 부르는 소리가 계속 들렸지만, 녀석은 몸을 돌려서 계획한 대로 상류의 웅덩이를 향해 나아갔다.

웨이앗차는 작은 사냥감을 몇 번 붙잡은 뒤에 개울물이 떨어지는 곳에 도착했다. 그런데 바로 그날 그곳에는 또 다른 방문자가 있었다. 덫사냥을 하는 인디언 피트였다. 피트는 전에 이 웅덩이를 발견했는데, 그 주변에서 아메리카너구리와 사향쥐의 발자국도 찾아냈다. 요즘 같은 계절의 모피는 품질이 나빠서 쓸모가 없지만, 고기는 먹을 수 있었다. 피트는 진흙 속에 커다란 강철 덫을 숨기고, 물가에서 조금 더 멀리 떨어진 곳의 작은 나뭇가지를 동물 기름과 사향을 묻힌 헝겊 조각으로 문질러 두었다.

아아, 바로 그 냄새, 가여운 어미너구리가 그토록 무서워하던 낯선 사향 냄새가 풍겨 오고 있었다. 웨이앗차는 그 냄새를 조사하겠다고 마음먹었다. 녀석은 냄새가 나는 곳까지 내려가 킁킁거리면서 돌아다녔다. 그러고는 평소에 하던 대로 전후좌우를 살펴보면서 진흙 속을 더듬었다. 그 순간 '짤깍', '철커덕' 하는 소리가 났다. 웨이앗차의 앞발이 무서운 강철 덫에 걸린 것이다.

웨이앗차는 그제야 엄마 생각이 나서, 여리고 낮은 소리로 길게 울음을 뽑았다. 하지만 엄마는 너무 멀리 있었다. 그 사실을 깨달은 웨이앗차는 전에 조개에 물렸던 일을 떠올렸다. 그러나 아무리 힘껏 당기고 물어뜯어도, 무시무시하고 튼튼한 덫은 꿈쩍도 않고 앞발을 단단히 물고 있었다. 그리고 덫에 매달려 있는 비비 꼬인 뿌리 같은 것은 웨이앗차를 꼼짝달싹도 못하게 그 자리에 묶어 두었다. 웨이앗차는 밤새도록 울부짖고 흐느껴 울고 몸부림을 쳤지만 아무 소용이 없었다.

해가 떠올랐을 때, 녀석은 기진맥진한 채로 목이 쉬어 있었다. 그곳을 다시 찾은 인디언 피트는 사향쥐를 잡으려고 놓은 덫에 아메리카너구리 새끼가 걸려 있는 것을 보고 깜짝 놀랐다. 새끼너구리는 추위와 공포로 초주검이 되어 제대로 저항 한 번 하지 못했다.

사냥꾼은 새끼너구리를 덫에서 꺼내 자루에 집어넣었다. 아직은 어떻게 해야겠다고 확실한 결정을 내리지 못한 상태였다.

집으로 돌아가던 피트는 피곳 씨의 농장 앞을 지나게 되었다. 피트는 피곳 씨의 아이들에게 어린 아메리카너구리를 보여 주었다.

웨이앗차는 비참한 몰골로 추위에 떨고 있었다. 그 모습을 본 피곳 씨의 큰딸은 웨이앗차를 따뜻하게 품어 주었다. 그러자 녀석은 착 달라붙어서 큰딸의 환심을 샀다. 피곳 씨의 큰딸은 아버지를 졸라 웨이앗차를 샀다. 인디언 피트는 새끼너구리에게 자기 부족의 말로 '웨이앗차' 라는 이름을 지어 주었다.

그리하여 밤의 방랑자는 새 집을 갖게 되었다. 그곳에서 극진한 보살핌을 받으며 며칠을 보낸 녀석은 건강을 되찾았다.

웨이앗차는 아기너구리 동생들 대신 아이들과 놀았다. 그리고 개구리 대신 다른 신기한 것들을 먹었다. 그러나 웨이앗차는 여전히 기회만 있으면 갈색 앞발을 진흙 같은 축축한 것에 담그고 싶어 했다. 우유나 빵을 먹을 때도 고양이 같은 얌전한 동물들처럼 행동하지 않았다. 녀석은 언제나 빵 속에 앞발을 집어넣은 다음 조금씩 뜯어 먹었고, 우유는 엎지르기 일쑤였다.

8

피곳 씨의 농장에는 웨이앗차가 벌벌 떠는 식구가 하나 있었는데, 로이라는 이름의 개였다. 로이는 양을 돌보기도 하고 집을 지키기도 했지만, 대개는 마당을 지켰다. 웨이앗차를 처음 본 로이는 사납게 으르렁거렸고, 웨이앗차는 깽깽거렸다. 두 짐승 모두 어깨에 난 털을 곤두세우고는 얼마나 흥분했는지를 보여 주었다. 둘은 냄새만 맡고도 상대편이 조상 대대로 전쟁을 벌여 온 적이라는 것을 본능적으로 깨달았다.

피곳 씨의 아이들은 집안의 평화를 위해 그 둘이 마

주치지 않도록 조심해야만 했다. 하지만 전쟁은 일어나지 않았다. 얼마 지나지 않아 로이는 너구리를 너그럽게 봐주기 시작했고, 너구리도 로이를 아주 좋아하게 되었기 때문이다. 두 주가 채 지나기도 전에, 웨이앗차는 로이의 푹신푹신하고 따뜻한 가슴 털에 폭 파묻힌 채 낮잠을 즐길 수 있었다.

웨이앗차는 힘이 점점 세지면서 아주 심한 장난꾸러기가 되었다. 녀석의 행동은 반은 원숭이, 반은 새끼고양이 같았다. 녀석은 항상 즐거움이 넘쳤고, 귀여움을 받고 싶어 했으며, 늘 배가 고팠다. 웨이앗차는 어디에서 맛있는 음식을 얻을 수 있는지도 금세 알아냈다. 아이들은 웨이앗차에게 줄 맛있는 음식을 주머니에 넣어 가지고 다녔고, 녀석은 그 사실을 잘 알고 있었다. 그래서 심지어는 낯선 사람이 방문했을 때 손님의 다리를 타고 올라가 주머니를 뒤져서 먹을 것을 찾기도 했다.

녀석의 모습이 몇 시간 동안이나 보이지 않을 때도 있었다. 그러면 무슨 일인지 의심부터 해야 했다. 어느 날 피곳 부인은 여름에 만든 저장 식품을 넣어 둔 창고로 갔다. 그때 뭐가 바삐 움직이며 낑낑대는 소리가 들렸다. 웨이앗차였다.

녀석은 빠끔히 뜬 두 눈만 빼고는 온몸이 자두잼으로 범벅이 되어 있었다. 녀석은 마치 빨래를 하듯이 잼 항아리에 두 앞발을 집어넣고는 휘휘 젓고 있었다. 무엇을 찾고 있었을까? 녀석은 더 이상은 집어넣을 수 없을 만큼 배가 불렀다. 그리고 지금은 숲 속에 살던 때의 기억을 되살려 잼과 주스에 앞발을 담그고고는 자두씨를 찾고 있었다. 녀석은 자두씨를 하나하나 꺼내서 살펴본 뒤 바닥에 팽개쳤다. 여기저기 자두씨가 나뒹굴었다. 선반 위의 잼 항아리들은 죄다 뚜껑이 열려 있고 선반에는 잼이 덕지덕지 묻어 있었다. 아메리카너구리는 반짝이는 눈과 얼굴만 겨우 알아볼 수 있을 정도로 잼을 뒤집어쓰고 있었다.

녀석은 응석을 부리면서 아기작거리며 잼 선반에서 바닥으로 내려와 피곳 부인의 옷으로 기어올랐다. 부인이 따뜻하게 안아 줄 거라고 믿어 의심치 않으며……. 아! 그러나 가엾은 웨이앗차는 큰 실망을 맛보아야 했다.

하루는 피곳 씨가 닭에게 달걀 열세 개를 품게 했다. 이튿날 웬일인지 웨이앗차의 모습이 보이지 않았다. 식구들이 웨이앗차를 부르며 이리저리 찾아다닐 때, 닭장 쪽에서 가느다란 소리가 들렸다. 녀석이 평소 대답하는 바로 그 나직한 소리였다. 닭장 문을 열어 보니, 웨이앗차가 암탉의 둥지에서 커다란 배를 내밀고 큰 대자로 누워 있는 모습이 보였다. 바닥에 어질러진 열세 개의 달걀 껍데기가 녀석이 저지른 만행을 고발하고 있었다.

이제껏 로이는 충실하게 닭장을 지켜 왔다. 로이가 있는 한,

숲에 사는 여우나 너구리를 비롯한 어떤 짐승도 닭장에 들어올 수 없었다. 아뿔싸! 그런데 그만 우정과 임무가 갈등을 빚는 상황이 벌어진 것이다. 당황한 로이는 어느 위인의 명언을 그대로 따랐다.

"의심스럽거든 호의를 베풀라."

아이들이 그 작은 개구쟁이를 무척 좋아했기 때문에, 농부 피곳 씨는 웨이앗차가 어떤 말썽을 부려도 꾹꾹 눌러 참았다. 그러던 어느 날, 마침내 피곳 씨의 분노를 폭발시킨 사건이 벌어졌다. 집에 혼자 남아 있던 아메리카너구리가 잉크병을 발견한 것이다. 웨이앗차는 먼저 잉크병의 코르크 마개를 뽑다가 사방에 잉크를 흘렸다. 그러고는 늘 하던 대로 잉크병에 앞발을 집어넣고 참방거리기 시작했다.

녀석은 곧 새로운 놀이를 발견했다. 잉크가 묻은 앞발을 바닥에 내려놓자 멋진 발자국이 찍혔던 것이다. 처음에 녀석은 책상 위에 발자국을 찍었다. 그러다가 아이들 교과서에는 발자국이 훨씬 더 잘 찍힌다는 것을 알게 되었다. 녀석은 교과서 안에도 밖에도 발자국을 찍었다. 그리고 잉크에 앞발을 담그고 참방거리면 다시 잉크가 묻는다는 사실을 알아냈다.

이제 벽지에도 발자국 무늬가 필요할 것 같았다. 발자국 찍기는 다시 창에 걸린 커튼과 여자아이들의 옷으로 이어졌다. 때마침 침실 문이 열려 있어서 웨이앗차는 침대에도 기어올랐다. 침대 위에서 신나게 뛰놀다 보니 눈처럼 하얀 침대보가 앙증맞은 발 도장으로 채워졌다. 정말 보기 좋았다. 웨이앗차는 몇 시간이나 혼자 있으면서 잉크 한 병을 다 써 버렸다.

학교에서 돌아온 아이들은, 백 마리쯤 되는 새끼너구리가 이리저리 뛰어다니기라도 한 것처럼 집 안이 온통 새카만 발자국으로 덮여 버린 것을 발견했다. 가엾은 피곳 부인은 그토록 아끼던 아름다운 침대보를 보자마자 울음을 터뜨렸다. 그러나 꼬마너구리가 평소와 다름없이 쪼르르 달려와 잉크에 젖은 앞발을 내밀고 "얼! 얼!" 하면서 마치 자기가 세상에서 가장 귀여운 새끼너구리인 양 안아 달라고 하자 마음을 풀지 않을 수 없었다.

하지만 이번 일만큼은 너무 도가 지나쳤다. 아이들조차 웨이앗차를 감싸 줄 마음이 없었다. 자기 옷까지 엉망이 되었기 때문이다. 피곳 씨 가족은 웨이앗차를 집에서 내보내기로 하고 인디언 피트를 불렀다. 웨이앗차는 피트가 마음에 들지 않았지만 달리 선택의 여지가 없었다.

피트가 웨이앗차를 자루에 넣어서 들고 나가자 로이는 크게 당황했다. 로이는 그 인디언도, 그의 개도 싫었다. 그런데 어째서 우리 집 사람들이 저 '생판 남'한테 '한 식구'인 웨이앗차를 맡긴 걸까? 로이는 잠깐 동안 으르렁거리다가 그 사냥꾼의 발치에서 열심히 냄새를 맡았다. 그러고는 불룩한 자루를 들고 밖으로 나가는 남자의 모습을 꼬리도 흔들지 않고 지켜보았다.

9

이제 여름도 막바지에 이르러 '사냥의 달'이 성큼 다가와 있었다. 사냥꾼 피트는 그러잖아도 새로 산 사냥개를 훈련할 참이었는데, 때맞추어 아메리카너구리를 손에 넣은 것이었다. 웨이앗차는 인디언 피트의 사랑을 바랄 처지가 아니었다. 그리고 아메리카너구리 사냥법을 훈련할 때, 살아 있는 너구리를 직접 죽이게 하는 것보다 더 좋은 방법은 없었다.

웨이앗차는 죽을 운명이었다. 덫 사냥꾼은 웨이앗차를 희생시켜 사냥개를 훈련할 생각이었다. 주인이 오두막집에 도착하자 사냥개가 뛰쳐나왔다. 시끄럽게 짖어 대는 육중한 몸집의 잡종 사냥개였다. 녀석은 웨이앗차가 들어 있는 자루에서 냄새를 맡고는 세 배나 큰 소리로 짖어 댔다.

피트의 훈련 방법은 조금 복잡했다. 그는 우선 통나무로 지은 축사에 아메리카너구리를 집어넣은 뒤 상자 하나를 주었다. 그 속에 들어가기만 하면 사냥개의 공격에서 목숨은 부지할 수 있을 것 같았다. 그 뒤 피트는 쇠사슬로 사냥개의 목을 묶어서 축사에 데려와 큰 소리로 "공격!" 하고 외치면서 싸움을 부추겼다. 사냥개는 적의 몸집이 아주 작다는 것을 알고 사자처럼 용감하게 달려들었다. 하지만 쇠사슬이 개를 뒤로 낚아챘다. 아직은 "죽여!" 하고 말할 때가 아니었기 때문이다. 사냥개는 몇 번이나 덤벼들었지만 그때마다 주인의 제지를 받았다.

웨이앗차는 엄청난 충격을 받았다. 두 다리로 걷는 다른 사람들은 그렇게 친절했는데, 이 사람은 왜 이렇게 적대적일까? 그리고 로이는 그렇게 친절했는데, 이 누런 개는 왜 이렇게 사납고 잔인할까? 사냥개가 덤벼들 때마다 작고 연약한 웨이앗차는 가슴속에서 용맹스러운 너구리 종족의 투지가 끓어오르는 것을 느꼈다. 녀석은 이빨을 드러내고 으르렁거리며 야수에게 맞섰다.

하지만 피트가 쇠사슬을 놓아 버린다면, 웨이앗차는 꼼짝없이 목숨을 잃을 수밖에 없었다. 딱 한 번 사냥개가 웨이앗차 옆으로 다가온 적이 있었다. 놈은 어린 너구리의 목을 물고 죽어라 흔들었다. 그러나 웨이앗차에게는 어머니 자연이 선사한 튼튼하고 헐렁한 털가죽이 있었다. 그래서 공격을 받고도 그렇게 아픈 느낌은 들지 않았다. 기회를 잡은 웨이앗차는 오히려 사냥개가 비명을 지를 정도로 세게 놈의 다리를 물었다. 그러자 피트는 개를 밖으로 끌어냈다. 첫 수업은 그것으로 충분했다. 이제 둘은 서로를 증오하게 되었다. 싸움은 점점 더 치열해질 것이다.

이튿날 다시 수업이 시작되었다. 이번에는 둘 다 새로운 것을 배웠다. 웨이앗차는 축사 안의 볼품없는 상자가 안전한 피난처라는 것을 깨달았다. 잡종 사냥개는 아메리카너구리가 이빨로는 물고, 발톱으로는 할퀼 수 있다는 것을 알게 되었다.

셋째 날에는 세 번째 수업이 있었다. 사냥꾼 피트는 선선한 저녁 무렵까지 기다렸다가 너구리를 가방에 집어넣고 벽에 걸린 총을 잡아 내렸다. 그리고 시끄럽게 짖는 개를 불러서 가까운 숲으로 향했다. 너구리를 뒤쫓아 나무 위로 모는 가장 중요한 훈련 과정을 시작하려는 것이었다.

숲에 도착한 뒤, 피트가 가장 먼저 신경 써야 할 일은 개를 나무에 묶는 것이었다. 왜 이런 일을 해야 할까? 물론 아메리카너구리를 위한 일은 아니었다. 피트는 우선 너구리가 달아나 개의 시야에서 사라지게 해야 했다. 그러지 않으면 개는 냄새를 쫓으려 하지 않을 것이기 때문이다. 사냥개는 냄새로 사냥감의 뒤를 쫓을 때만 특유의 본능을 일깨워서 진정한 추적자로 되살아난다. 개는 사냥감을 발견할 때까지 끈질기게 뒤를 쫓아서 공격한다. 아메리카너구리가 평소 습관대로 나무 위로 도망치면, 사냥개는 나무 주위를 맴돌며 큰 소리로 짖어서 너구리의 위치를 사냥꾼에게 알릴 것이다. 이것이 아메리카너구리 사냥개를 훈련하는 방법이자 인디언 피트의 계획이었다.

피트는 우선 개를 나무에 묶었다. 그러고는 개가 있는 곳에서 멀찍이 떨어진 곳에다 가방을 풀어 너구리를 꺼냈다. 밖으로 나온 웨이앗차는 처음에는 어리둥절해 하다가 금세 대담한 눈길로 주위를 둘러보았다. 바로 옆에 키가 큰 적이 서 있었다. 웨이앗차는 입을 벌리고 피트에게 달려들었다. 인디언은 조금 놀란 듯 도망을 치면서도 웃었다. 나무에 묶인 사냥개는 웨이앗차를 향해 달려들다가 쇠사슬이 당기는 바람에 더 이상 다가오지 못했다.

순간 아메리카너구리는 자신이 모든 공격에서 벗어나 마음대로 도망칠 수 있다는 것을 깨달았다. 웨이앗차는 무서운 속도로 달리기 시작했다. 녀석은 쫓기는 자의 본능을 따라 전속력으로 달려 나무 뒤로 도망치더니 이내 눈앞에서 사라졌다. 그리고 계속 지그재그로 달리면서 몸을 숨길 곳을 찾았다. 전에는 이렇게 빨리 달린 적이 한 번도 없었다.

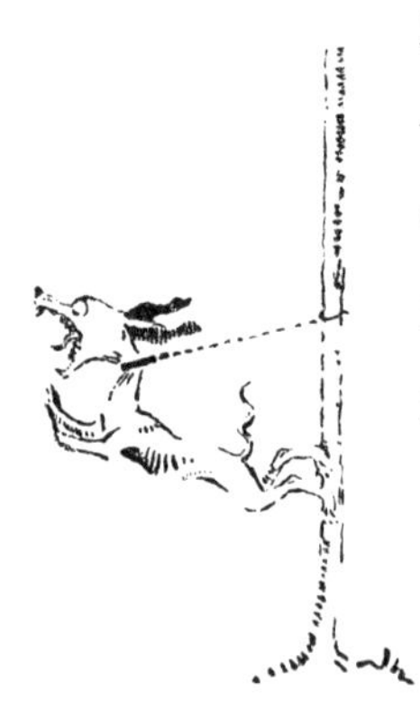

피트가 개를 풀어 주려고 돌아왔다. 사냥개가 미친 듯이 날뛰는 바람에 나무에 묶인 쇠사슬이 너무 팽팽해져서, 고리를 풀려면 쇠사슬을

잡아당겨서 조금 느슨하게 만들어야 했다. 그러나 개가 하도 사납게 날뛰어서 그러기가 여의치 않았다. 욕을 퍼부으면서 개를 밀치고 고리를 풀려고 했지만 역시 뜻대로 되지 않았다. 개를 밀치면 밀칠수록, 소리를 치면 칠수록, 개는 더욱더 달려 나가려고 했다. 그래서 일이 더 힘들었다. 피트는 2, 3분 동안 진땀을 흘린 뒤에야 간신히 쇠사슬을 풀 수 있었다. 피트는 사냥개가 움직이지 못하게 꽉 붙들고 개목걸이를 벗겨 주었다. 개는 너구리가 사라진 곳으로 쏜살같이 달려갔다.

하지만 사냥감의 모습은 이미 사라진 뒤였다. 결정적인 순간의 3분은 너무 긴 시간이었다. "찾아!"라는 명령에 대답하듯 사냥개는 이리저리 뛰어다녔다. 아메리카너구리의 냄새를 맡은 사냥개는 본능적으로 짖었다. 사냥개는 냄새의 흔적을 쫓으면서 뛸 때마다 짖어 댔다. 그러다가 중간에 냄새를 놓친 사냥개는 다시 돌아와서 냄새 흔적을 찾아내고 또다시 짖기 시작했다.

이번에는 천천히 흔석을 쫓았다. 너무 빨리 움직이다가 냄새를 놓칠 수도 있기 때문이다. 피트도 큰 소리로 사냥개를 응원하면서 달려왔다. 모든 것이 계획대로였다. 아메리카너구리는 틀림없이 도망치고 있을 것이다. 그러나 잠시 후면 사냥개가 녀석을 찾아낼 것이다. 아메리카너구리는 분명히 가까운 곳의 오르기 쉬운 나무에 올라갈 것이다. 오르기 쉬운 나무란 가장 작은 나무라는 뜻이다. 사냥개는 그 나무 밑을 지키면서 마구 짖어서 사냥꾼에게 위치를 알려 줄 것이다. 그러면 사냥꾼은 너구리를 총으로 쏘고, 개는 상처를 입고 땅에 떨어진 너구리를 물어 흔들 것이다. 그 과정에서 개는 아메리카너구리 사냥에서 자기가 해야 할 일을 배운다. 이렇게 한 번 승리를 맛본 사냥개는 주인보다도 뛰어난 추격 솜씨를 발휘하게 된다.

바로 이것이 피트의 계획이었다. 그 계획은 전에도 종종 좋은 결과를 낳았다. 그리고 지금까지는 계획대로 잘 진행되고 있었다. 단 한 가지만 빼면 그랬다. 웨이앗차가 작은 나무를 선택하지 않았다는 것. 쇠사슬을 풀면서 늦어진 시간만큼 웨이앗차는 멀리 도망칠 수 있었다. 사냥개와 사람이 쫓아오는 소리를 듣고, 녀석의 머리에는 가장 안전한 곳이었던 옛집이 떠올랐다. 어린 시절의 안식처였던, 구새 먹은 커다란 단풍나무가! 이제 웨이앗차는 숲에서 가장 큰 나무에 오르고 있었다.

적이 모습을 드러냈다. 사냥개는 금세 실력이 늘어서 냄새를 끈질기게 쫓고 있었다. 사냥개의 주인도 나타났다. 피트와 사냥개가 도착한 곳은 높이 자란 버즘나무 밑이었다.

"주인님, 여기예요, 이 나무 위로 녀석을 몰았어요!"

사냥개는 이렇게 말하는 것처럼 짖어 댔다. 피트가 무어라고 욕을 퍼부었는지는 밝히지 않는 편이 낫겠다. 피트는 총은

가져왔지만, 도끼는 가져오지 않았다. 아메리카너구리
는 큰 나무의 구새통 속에 안전하게 숨어 있었다. 아무
리 위를 올려다봐도 웨이앗차는 그림자조차 보이지 않
았다. 사람이 올라갈 수 있는 나무도 아니었다. 밤은
어김없이 다시 찾아왔고, 피트와 사냥개는 하는 수 없
이 발길을 돌려야 했다.

1C

웨이앗차는 운이 좋았다. 어린 시절에 배운 것들, 그리고 녀석
의 본능이 한데 버무려져서 아메리카너구리 종족의 비밀을 터
득한 것이다. 구새통 속의 보금자리는 늘 변함없이 반겨 준다
는 것이 바로 그 비밀이었다. 피하려는 순간 가까이 있던 작은
나무들은 녀석을 유혹하는 함정이었다. 하지만 구새 먹은 커
다란 나무는 튼튼한 요새이자 획실한 피난처가 되어 주었다.

　시간이 흘러 온 세상에 칠흑 같은 어둠과 신성한 고요가 내
려앉았다. 그때까지 웨이앗차는 잠시도 마음을 놓지 않고 휴
식을 취했다. 녀석은 그제야 보금자리 밖으로 나와, 여러 차
례 귀를 기울이고 사방을 훑어본 뒤에 바닥으로 내려왔다. 그
러고는 있는 힘을 다해서 멀리 도망쳤다. 웨이앗차는 쉬지 않

고 달려서 저 멀리 킬더 천의 넓은 늪지대에 도착했다. 그곳은 웨이앗차가 어린 시절을 보낸 아메리카너구리들의 땅이었다.

몇 달 만에 돌아온 웨이앗차는 가족에게 남이나 다름없었다. 녀석은 이미 잊혔거나 모습이 변했을 테고, 다른 누군가가 녀석의 자리를 채웠을 수도 있다. 하지만 아메리카너구리 종족에게는 한 가지 변치 않는 것이 있었다. 바로 냄새였다. 웨이앗차의 냄새는 녀석의 신분증이자 가족의 일원임을 말해 주는 증거였다. 웨이앗차는 천천히 자기 자리로 돌아왔다. 이제 녀석은 여러 새끼너구리 중의 하나가 아니라 무시할 수 없는 종족의 일원이 되었다. 녀석은 다른 아메리카너구리들과 함께 배우고 또 가르쳤다.

얼마 후 웨이앗차는 미묘한 충동을 느끼고 무리에서 떨어져 나와 짝을 찾았다. 웨이앗차와 녀석의 짝은 다른 아메리카너구리들을 떠나 자기 부모가 그랬듯이 커다란 나무줄기에 만들어진 구새통 속에 새 보금자리를 꾸몄다. 그 보금자리를 떠받치는 귀한 땅은 사람들에게 쓸모가 없기에 오히려 아름다움을 유지할 수 있었다. 아메리카너구리들은 이곳에서 어머니 자연의 인도를 받아 새끼를 키우면서 자기가 배운 것보다 더 많은 것을 가르치고 있다. 시대가 바뀌었기 때문이다.

이제는 드넓게 펼쳐졌던 큰키나무 숲이 사라지고, 물가의 작은 숲만 남았다. 농부들은 쓸모없는 땅에 쓸모없는 나무만 남았다고 여길 것이다. 물론 한때 숲의 제왕으로 군림하던 동물은 그곳에 머무를 수 없을 것이다. 하지만 검은 가면을 쓰고 구새통 속에서 사는 동물에게는 그 숲도 충분히 살기 좋은 곳이다.

이제는 전보다 더 큰 지혜가 필요해졌고, 웨이앗차는 그만큼 영리해졌다. 녀석은 낮에는 절대 밖으로 나가지 않고, 밤에도 먼 곳까지 가지 않는다. 땅 위로 가다가도 울타리처럼 생긴 덤불만 나오면 꼭대기로 올라가서 발자국을 끊어 놓곤 한다. 그리고 숲의 냇가에서 나는 먹이를 먹고 산다. 사람과 부딪치는 일은 한사코 피한다. 특별한 경우가 아니면 결코 사람들 앞에 모습을 드러내는 일이 없다. 한낮에는 하늘 높이 떠 있는 태양 아래 누워서 건강에 좋은 일광욕을 즐기기도 한다. 밤이면 지는 달빛을 받으며 물을 튀기면서 먹이를 찾아다닌다. 이튿날 그곳에 남은 어지러운 발자국만이 간밤 녀석의 행적을 말해 줄 것이다.

하지만 그대가 그 모습을 직접 볼 수는 없으리라. 웨이앗차는 그대보다 조심성이 많고, 언제라도 구새통 속에 몸을 숨길 준비가 되어 있으니. 이 세상에는 로이처럼 다정한 개도 있지만, 사나운 사냥개가 너무 많다는 것을 알기 때문이다. 웨이앗차는 그대에 대해서는 잘 모르지만 인디언 피트 같은 사람이 많다는 것은 잘 알고 있다.

오! 애타게 녀석을 만나 보기를 바라는 다정한 그대, 노래하는 숲 사람이여! 그대라면 틀림없이 구새통 속의 드리아스를 존중하고 경의를 표할 수 있을 것이다. 내가 그대를 녀석에게 안내할 수만 있다면 얼마나 좋을까?

나는 녀석을 만날 생각으로 킬더 천 옆 저지대의 축축한 숲을 조심스럽게 훑고 또 훑었다. 그리고 녀석을 유인하기 위해서 꼬리에 고리 무늬가 있는 동물들이 좋아하는 옥수수를 길목 곳곳에 몇 번이나 뿌려 놓았다. 옥수수는 늘 감쪽같이 사라졌다. 하지만 어떻게 사라지는지는 알 수가 없다. 다만 사람 손처럼 생긴 날렵한 앞발과 뒷발의 발자국, 연결 부분이 부서진 조개껍데기, 메기 지느러미가 발견될 때도 있다. 녀석이 시끄러운 소리를 내는 사냥개들을 비웃으면서 여전히 가까운 곳에 살고 있다는 것을 알 수 있다. 녀석이 자신의 신성한 나무를 훔쳐 가려는 뻔뻔스러운 도끼만 아니면 그 무엇도 크게 두려워하지 않는 것도 알 수 있다.

녀석이 이웃에 사는 친구처럼 가끔 모습을 보여 준다면 그

무엇을 내준들 아까우랴. 하지만 나는 녀석이 그렇게 하지 않으리라는 것을 잘 알고 있다.

그리하여 내가 누릴 수 있는 특권은 떠오르는 아침 해를 안고 물가를 살펴보다가 그곳에서 뛰어다닌 작은 요정의 발자국을 발견하거나, 캄캄한 가을밤 "윌릴릴라루, 윌릴릴라루, 윌라루" 하고 길게 뽑아내는 노랫소리에, 아메리카너구리 웨이앗차가 부르는 사랑 노래에 귀 기울이는 것뿐이다.

웨이앗차는 지난날의 소박하고 진실한 믿음을 그대로 간직한 예언자처럼, 언젠가는 그 믿음이 세상을 다스릴 것을 알지만 지금은 불길이 지나갈 때까지 숨죽인 채 기다리고 또 기다리는 예언자처럼, 오늘도 숲 속을 방랑하면서 사랑하며 살고 있다.

4

열 마리 새끼쇠오리의
목숨을 건 여행

쇠오리_ 쇠오리는 몸길이 약 35센티미터의 작은 오리로, 모두 15종이 있다. 이 글의 주인공은 캐나다와 미국에 서식하는 미국쇠오리이며, 우리나라 쇠오리와 모양과 색깔이 비슷하다.

1

쇠오리 한 마리가 연못가에 우거진 골풀 사이에 둥지를 틀었
다. 캐나다 매니토바 주 라이딩 산의 양지바른 비탈에 있는 연
못이었다.

삐걱거리는 소달구지를 몰고 지나가는 사람 눈에 그곳은,
가장자리에 거친 풀이 삐죽삐죽 자라고 건너편에 버드나무
숲과 나이 많은 미루나무 한 그루가 서 있는 평범한 연못에 지
나지 않았다. 하지만 골풀 속에 깃든 작은 쇠오리와 미루나무
가까이 자리 잡은 딱따구리에게는 이 연못이 하나의 왕국이
자 지상 낙원이었다. 이곳이 새끼를 낳아 기를 보금자리였기
때문이다. 한창 사랑의 딜이리 어머니 달이 생명의 약속을
가득 안고 가까이 다가와 있었다.

실제로, 딱따구리 새끼들은 얇은 알껍데기를 거의
다 깼으며, 어미쇠오리가 애지중지하는 열 개의
알도 단순히 흥미로운 물건이 아니라 하나하나가
따뜻하고 감각이 있으며 피가 통하고 목소리를 낼

것 같은, 잠들어 있는 존재와 같은 분위기를 풍겼다.

어미쇠오리는 번식기가 시작되자마자 바로 짝을 잃었다. 무슨 일인지 모르지만 수컷은 사라져 버렸다. 무시무시한 적이 곳곳에 진을 치고 있는 상황으로 미루어 볼 때, 아마 죽었을 것이다. 하지만 어미쇠오리의 관심사는 오로지 자신의 둥지와 앞으로 깨어날 새끼들뿐이었다.

6월 중순부터 그달 말까지 어미는 온 정성을 다하여 알들을 보살폈다. 날마다 먹을 것을 구하러 갈 때만 잠깐 자리를 비웠는데, 그때마다 가슴에서 뽑아낸 솜털을 보모 삼아 알을 잘 덮어 주곤 했다.

그날 아침에도 쇠오리는 솜털 보모에게 알들을 부탁한 뒤 자리를 비우고 날아가고 있었다. 바로 옆 무성한 버드나무 숲 속에서 우지직하는 불길한 소리가 들렸다. 하지만 쇠오리는 현명하게 계속 가던 길을 갔다. 돌아와 보니 이웃집 딱따구리는 아직도 놀란 소리로 울고 있었고, 자기 둥지 아래쪽으로는 방금 사람이 지나간 흔적이 남아 있었다. 알을 덮고 있던 솜털도 흐트러져 있었다. 그러나 희한하게도 열 개의 알은 하나도 다치지 않고 모두 제자리에 놓여 있었다.

적은 아주 가까이 다가왔지만 아무것도 얻어 가지 못했다. 하루 이틀 시간이 지나고, 알 품는 일이 대단원을 향해 달려가는 동안, 작은 몸집의 어미쇠오리는 마음속에서 모성애가 점점 더 크게 자라는 것을 느꼈다. 자신의 헌신으로 자유의 몸이 될 작은 포로들을 위해서라면 못할 일이 없었다. 어미쇠오리에게 그 알들은 더 이상 단순한 알이 아니었다. 어미는 이따금씩 나지막한 쉰 목소리로 알들에게 말을 걸었다. 그러면 알껍데기 속에서 새끼들이 삑삑거리며 속삭이듯 대답하는 것만 같았다. 사람의 귀에는 너무 작아서 사람의 언어로는 표현할 수조차 없는 소리지만 어미는 그것을 느끼고 있었다. 어미의 행동을 보면, 새끼들이 알에서 깨어나자마자 여러 가지 간단한 단어들을 벌써 알고 있다고 해도 그리 놀랄 일이 아니었다.

어느덧 처음 둥지를 틀 때 흔히 부딪치는 위험한 고비는 넘겼지만, 이제 새로운 위기가 닥쳐오고 있었다. 봄기운이 점점 무르익더니 가뭄으로 이어진 것이다. 비 한 방울 내리지 않는 날이 계속되었다. 쇠오리 가족 모두에게 가장 중요한 날이 다가오는 동안, 어미는 연못 물이 조금씩 줄다가 갑자기 무서운 속도로 줄어드는 것을 불안하게 지켜보아야 했다. 연못 가장자리는 이미 진흙 바닥을 넓게 드러내고 있었다. 당장이라도 비가 내리지 않으면 새끼들은 알에서 깨어나자마자 아슬아슬한 육로 여행을 하는 수밖에 없었다.

비를 불러 내리게 하는 것도, 새끼들이 빨리 알껍데기를 깨고 나오게 하는 것도 불가능한 일이었다. 마지막 며칠 동안 어미는 걱정했던 대로 널따란 뻘로 변해 버린 연못을 바라보며 알을 품어야 했다.

드디어 새끼들이 깨어났다. 도자기로 만든 것 같은 작은 무덤들이 하나씩 깨지면서 새끼쇠오리가 모습을 드러냈다. 하나하나가 더없이 소중한 생명의 불꽃을 간직한 열 개의 작은 얼룩무늬 솜털 덩어리, 열 개의 앙증맞은 노란색 벨벳 쿠션, 보석처럼 반짝이는 눈이 달린 열 개의 황금빛 보석 상자였다.

그러나 운명은 너무 가혹했다. 이제 다른 연못에 무사히 도착할 수 있는가 없는가가 삶과 죽음을 결정짓게 된 것이다. 아, 어찌하여 태양은 새끼오리들에게 이 끔찍한 육로 여행을 강요하기 전에 물장구를 치며 힘을 기를 사흘의 시간조차 허락하지 않는 것일까? 어미는 당장 이 어려운 상황과 맞서 이겨 내야 한다. 그러지 않으면 새끼들을 다 잃을 것이다.

새끼오리들은 알에서 깨어나고 몇 시간 동안은 먹지 않아도 된다. 알 속에 있을 때 받아들인 양분이 몸을 지탱해 주는 까닭이다. 하지만 그 양분이 다 떨어지면 먹이를 찾아야 한다. 쇠오리 둥지에서 가장 가까운 연못은 800미터나 떨어져 있었다. 가장 큰 의문점은 이런 것들이었다. 새끼오리들이 그렇게 먼 길을 갈 수 있을까? 길에서 마주칠 수많은 위험을 피할 수 있을까? 송골매, 개구리매, 새매, 여우, 족제비, 코요테, 흙파는쥐, 들다람쥐, 뱀이 모두 새끼오리들을 잡아먹으려 할 것이다.

정확하게 표현할 수는 없었지만 어미쇠오리는 이 모든 것을 본능적으로 알아차렸다. 열 마리 새끼쇠오리의 몸이 따뜻해 지자마자 어미는 새끼들을 이끌고 풀밭으로 들어섰다. 새끼 오리들에게는 작은 풀줄기도 마치 앞길을 가로막은 커다란 대나무 같았다. 새끼들은 저마다 풀줄기를 헤치고 지나가거 나 넘어가려고 하면서, 기어오르고 삑삑 울고 넘어지고 굴러 떨어지곤 했다. 어미는 한쪽 눈으로는 열 마리 새끼오리를 지 켜보면서 다른 쪽 눈으로는 온 세상을 살펴야 했다. 길에서 만 나는 어느 누구도 친구가 아니었다. 주위에 있는 수많은 동물 이 모두 적이 아니면 무심한 존재였다.

2

오랜 시간 동안 풀덤불을 간신히 헤쳐 나온 어미쇠오리와 새 끼들은 둑으로 올라가 미루나무 밑에 도착했다. 쇠오리들은 잠시 그곳에 앉아 쉬었다. 한 마리는 지금까지 형제자매와 함 께 용감하게 풀을 헤치고 나오기는 했지만, 너무 약해서 머나 먼 천국인 그 연못에 무사히 도착할 수 없을 것만 같았다.

그렇게 쉬고 있는데 어미가 낮고 부드럽게 "곽" 하는 소리를 냈다. '애들아, 따라오너라.' 하는 뜻이었다. 새끼들은 다시 여행길에 나섰다. 새끼쇠오리들은 잔가지를 기어오르기도 하고 빙 돌아가기도 하면서, 아무 문제 없이 잘 가고 있을 때는 부드러운 소리로, 덤불 속에 갇히면 애처로운 소리로 삑삑 울었다.

이윽고 쇠오리들은 널찍한 공터에 도착했다. 이런 곳은 쉽게 가로지를 수 있지만 매의 눈에 띄기도 쉬워서 위험했다. 어미는 덤불숲 가장자리에서 오래 휴식을 취했다. 그리고 과감히 공터로 나아가기 전에 이리저리 하늘을 훑어보았다. 적의 모습은 보이지 않았다. 어미는 자신의 작은 군대를 정렬시키고 너비가 100미터 가까이 되는 거대한 사막으로 거침없이 나아갔다.

꼬마 병정들은 온 힘을 다해서 씩씩하게 어미 뒤를 따랐다. 새끼들은 노란색 작은 몸뚱이를 비스듬히 들어 올리고 마치 팔을 벌리듯이 작은 날개를 펼친 채 어미를 따라 전진했다.

어미는 어떻게든 단번에 공터를 지나고 싶었다. 하지만 이내 그럴 수 없다는 것을 깨달았다. 가장 튼튼한 새끼는 어미 뒤에 따라붙을 수 있었지만, 다른 새끼들은 약한 만큼 뒤로 처졌다. 새끼쇠오리들은 이제 6미터의 긴 대열을 이루었고, 가장 약한 새끼는 그 뒤로 3미터나 더 떨어져 있었다.

위험하지만 공터 한가운데서 쉬어 가는 수밖에 없었다. 새끼쇠오리들은 숨을 헐떡이며 어미가 있는 곳으로 왔다. 어미는 근심이 가득한 채, 새끼들이 다시 걸을 수 있을 때까지 새끼들 곁을 지켰다. 그런 다음 어미는 "아가들아, 힘을 내자!" 하고 다정스럽게 곽곽거리면서 다시 앞장을 섰다.

새 연못까지는 아직 반도 못 간 상태였다. 몸을 가려 줄 마지막 덤불에 도착하기 한참 전부터 쇠오리들의 여행은 힘에 부쳤다. 새끼들은 다시 한 줄로 길게 늘어섰다. 맨 뒤에서 쫓아오는 새끼는 꽤 먼 거리를 뒤처졌다. 그때 갑자기 커다란 잿빛 개구리매가 낮게 날아왔다.

"엎드려!"

어미쇠오리가 놀라서 쇳소리를 냈다. 맨 뒤에 있던 새끼를 뺀 나머지 새끼쇠오리들은 모두 납작 엎드렸다. 하지만 너무 멀리 떨어져 있어서 어미의 경고 신호를 듣지 못한 한 마리는 계속 움직이고 있었다. 개구리매는 순식간에 내리덮쳐서 새끼를 발톱으로 잡아챘다. 매는 삑삑거리며 우는 새끼를 움켜쥐고 덤불 너머로 사라졌다.

이루 말할 수 없는 슬픔에 잠긴 가엾은 어미는 피에 굶주린 약탈자가 새끼를 데리고 유유히 사라지는 모습을 지켜보는 수밖에 없었다. 약탈자는 아무런 저항도, 처벌도 받지 않을 것 같았다.

하지만 그게 아니었다. 개구리매는 자기 새끼들이 있는 연못가의 둔덕을 향해 곧장 날아가다가 아무 생각 없이 킹버드ᵃ메리카딱새과의 여러 새 가운데 몸집이 큰 티라누스속의 새들을 일컫는다. 킹버드는 자신의 번식 영역을 공격적으로 방어하는 성향이 있어서, 자기보다 몸집이 훨씬 더 큰 새를 쫓아가기도 한다─옮긴이의 둥지가 있는 떨기나무 위를 지나가고 있었다. 그러자 그 모습을 본 두려움 없는 작은 전사 킹버드가 날카로운 소리를 지르며 공중으로 날아올라 개구리매를 뒤쫓기 시작한 것이다. 개구리매가 멀리 날아가자, 킹버드도 그 뒤를 쫓아 멀리 날아갔다. 크고 육중한 겁쟁이 새 한 마리와 몸집은 작지만 재빠르고 겁 없는 영웅 새 한 마리가 저 멀리 모습을 감추었다. 킹버드는 날갯짓을 할 때마다 속도를 높였고, 그 울음소리도 멀리 사라졌다.

사람이 느끼는 슬픔의 깊이에는 미치지 못한다 해도, 어미쇠오리도 절절한 슬픔을 느꼈다. 하지만 어미쇠오리에게는 지켜야 할 새끼가 아홉이나 있었다. 새끼들에게는 어미의 세심한 보살핌이 필요했다. 어미는 가능한 한 빨리 새끼들을 덤불 속으로 이끌었다. 그리고 잠시 동안 마음을 놓고 숨을 돌렸다.

그곳부터는 어떻게든 몸을 숨긴 채 앞으로 나아갔다. 몇 번씩 놀랄 일도 겪고 여러 번 쉬어 가는 동안, 한 시간 남짓 시간이 흘렀다. 이제 연못은 아주 가까이 있었다. 잘된 일이었다. 새끼쇠오리들은 기진맥진해 쓰러지기 직전이었다. 작은 물갈퀴는 여기저기 긁혀서 피가 나고, 힘은 바닥이 나 있었다. 쇠오리들은 높이 자란 떨기나무 그늘에서 잠시 숨을 고르며 휴식을 취했다. 그리고 하나로 뭉쳐서 다시 나타난 공터를 가로지르기 시작했다. 이번에는 미루나무가 둘러서 있는 거친 땅이었다.

쇠오리들은 알 수 없었지만 그 길 위에는 또 다른 죽음의 그림자가 어른거리고 있었다. 붉은여우 한 마리가 새끼오리 군대의 발자국을 가로질러 지나간 것이다. 여우의 예민한 코는 그곳에 풍성한 만찬이 준비되어 있다는 것을 금세 알아차렸다. 이제부터 할 일은 그 흔적을 따라가 잡아먹는 것뿐이었다. 여우는 조용히 그리고 잽싸게 실 위에 또렷이 남아 있는 발자국을 쫓았다. 쇠오리들의 모습이 보였다.

다른 때 같았으면 여우는 곧장 어미와 새끼에게 달려들어 모두 잡아먹었을 것이다. 그런데 그날은 상황이 꼬이기 시작했다. 이미 여우는 행군하는 새끼쇠오리의 수를 셀 수 있을 만큼 가까이 와 있었다. 그때 어떤 냄새가 바람에 실려 왔다. 순간 여우는 걸음을 멈추고 몸을 바닥에 붙였다. 잠시 후 그 냄새가 조금 더 확실해지자, 여우는 살금살금 걸어서 눈에 띄지 않도록 조심하며 최대한 빨리 도망을 쳤다.

보이지 않는 힘이 가장 실질적인 위협, 쇠오리들의 코앞에

들이닥쳤던 죽음의 그림자를 거두어 간 것이다. 주의 깊은 어미쇠오리조차 보이지 않는 그 존재의 기적을 느끼지 못했다.

3

새끼쇠오리들은 종종거리며 어미 뒤를 쫓았다. 어미는 어린 것들을 이끌고 공터를 가로질렀다. 다행스럽게도 연못의 물줄기가 아주 가까운 곳까지 길게 뻗어 있었다. 나무가 자라지 않는 길만 건너면 그곳에 닿을 수 있었다. 어미는 그쪽으로 곧장 달려가면서 기쁨에 겨워 소리쳤다.

"얘들아, 어서 오너라!"

그런데 이럴 수가! 그 나무 사이의 길은 사람들이 만들어 놓은 '마찻길'이었다. 그 길의 양쪽 가장자리에는 사람들이 '바 큇자국'이라고 부르는 '깊은 협곡'이 끝도 없이 이어져 있었다. 새끼쇠오리 네 마리가 첫 번째 바큇자국 속에 빠졌다. 다

섯 마리는 첫 번째 바큇자국을 간신히 건넜지만 훨씬 더 깊고 넓은 건너편 바큇자국 속으로 빨려 들어가고 말았다.

아, 정말 끔찍한 일이었다. 새끼쇠오리들은 아직 너무 약해서 그곳에서 기어 나올 수가 없었다. 바큇자국은 길을 따라 끝없이 이어진 것 같았다. 어미쇠오리는 어떻게 새끼들을 구해야 할지 알 수가 없었다. 어미와 새끼들 모두 절망에 빠졌다. 어미가 이리저리 뛰어다니며 새끼들에게 힘을 내라고 소리치는 동안, 어미가 가장 무서워하는 것이 불쑥 모습을 드러냈다. 오리들이 가장 무서워하는 적, 바로 키가 큰 인간이었다.

어미쇠오리는 인간의 발치로 몸을 날려 풀 위에서 날개를 퍼덕거렸다. 자비를 비는 것일까? 아니! 다친 것처럼 속일 작정이었을 뿐이다. 인간이 자기를 따라오도록 해서 새끼들에게서 멀리 떼어 놓으려고 한 것이었다.

하지만 그 사람은 속임수를 눈치채고, 어미를 따라가지 않았다. 대신 주위를 둘러보다가 바큇자국 속에 빠져 있는 눈이 초롱초롱한 새끼쇠오리 아홉 마리를 발견했다. 새끼쇠오리들은 몸을 숨기려고 했지만 모두 부질없는 일이었다.

그 사람은 가만히 몸을 굽혀 새끼들을 자기 모자에 집어넣었다. 가여운 새끼들은 목청이 터져라 삑삑대며 울었다. 가여운 어미는 새끼들 걱정에 애끊는 소리로 울부짖었다. 어미쇠오리는 이제 새끼들이 자기 눈앞에서 죽음을 맞으리라는 것을 알고 있었다. 어미는 슬픔에 몸부림치며 무시무시한 거인 앞에서 땅바닥에 가슴을 짓찧었다.

그 뒤 그 무자비한 괴물은 연못 가장자리로 걸어갔다. 새끼쇠오리들을 꿀꺽 삼키기 위해 물이 필요한 모양이었다. 그 사람은 몸을 구부렸다. 그리고 잠시 후, 새끼쇠오리들은 물 위에서 자유의 몸이 되어 있었다. 어미는 풀밭에서 날아올랐다. 어미가 부르자 새끼들은 모두 어미 곁에 모여들었다. 어미쇠오리는 그 사람이 진정한 친구라는 것을 알지 못했다. 그 사람이 나타나 여우가 멀리 달아났다는 사실도, 그 고마운 사람이 무서운 협곡에서 새끼들을 구해 냈다는 사실도 결코 알 수 없었다. 그 사람의 종족이 쇠오리 종족을 너무 오랫동안 박해했기 때문이다. 어미는 끝까지 그 사람을 미워했다.

어미는 그 사람이 있는 곳에서 멀리 떨어진 곳으로 새끼들을 데려가기 위해 넓은 연못을 곧장 가로지르려고 했다. 하지만 그것은 잘못된 선택이었다. 그 모습이 진짜 적에게 발각되었기 때문이다. 이미 새끼 한 마리를 물어 간 커다란 잿빛 개구리매가 바로 그 적이었다. 매는 발톱 하나에 새끼쇠오리를 한 마리씩 잡을 수 있을 거라고 생각하고 공중에서 내리 덮쳤다.

"골풀로 뛰어들어!"

어미쇠오리가 외쳤다. 새끼들은 지친 작은 발로 철벅
철벅 물을 튀기며 가능한 한 빨리 달아났다.

"달려라, 달려!"

어미가 계속 소리쳤다. 그러나 매는 이제 코앞에 와
있었다. 아무리 열심히 달아난다고 해도 매는 금세 새
끼들을 덮칠 것이다. 새끼들은 너무 어려서 물속으로 자맥
질할 줄도 몰랐다. 도망칠 길은 없어 보였다. 그런데 매가 달
려드는 바로 그 순간, 영리한 어미쇠오리는 있는 힘을 다해 커
다란 물보라를 일으켰다. 그러면서 두 다리와 두 날개로 매의
온몸에 물을 끼얹었다. 화들짝 놀란 매는 공중으로 솟구쳐 몸
에 묻은 물을 털어 냈다. 어미는 계속 달아나라고 새끼들을 밀
어붙였다. 새끼들은 계속 달아났다. 다시 한 번 매가 내리 덮
쳤다가 물벼락을 받고 물러났다. 매는 또다시 달려들었다. 어
미는 매가 공격할 때마다 녀석의 몸을 흠뻑 적셔 놓았다.

마침내 새끼쇠오리들이 모두 골풀 사이로 안전하게 숨었다.
화가 난 매는 이제 어미에게 달려들었다. 하지만 자맥질을 할
수 있는 어미는 작별의 인사로 물보라를 일으키며 물속으로
몸을 숨겼다.

멀리 골풀 사이에서 물 위로 올라온 어미는 부드럽게 "꽉꽉"
거리며 새끼들을 불렀다. 몹시 지친 아홉 마리 새끼쇠오리는 어
미 곁으로 다가갔다. 그러고는 드디어 달콤한 휴식을 취했다.

어미쇠오리가 매에게 물벼락을 주고 있다.

하지만 그것이 전부는 아니었다. 새끼들이 수없이 많은 곤충으로 배를 채우기 시작할 때, 저 멀리서 희미하게 삑삑거리는 소리가 들렸다. 어미쇠오리는 "꽈아아아악" 하고 어미가 새끼를 부르는 소리를 질렀다. 그러자 매가 낚아채 갔던 새끼쇠오리가 다 큰 오리처럼 얌전한 모습으로 물을 찰박거리며 골풀 사이에서 나타났다.

그 새끼쇠오리는 어떻게 상처 하나 없이 살아남은 것일까? 비밀은 용맹스러운 킹버드가 연못 위에서 개구리매를 따라잡은 데에 있었다. 킹버드가 부리로 매를 공격하자 매는 날카로운 소리로 울면서 먹잇감을 떨어뜨렸다. 새끼쇠오리는 안전하게 연못 물속으로 떨어졌고, 어미와 형제자매들이 올 때까지 골풀 사이에 숨어 있다가 다시 가족을 만난 것이다. 열 마리 새끼쇠오리는 다 자라서 자신의 날개로 멀리 날아갈 수 있을 때까지 그 커다란 연못에서 행복하게 살았다.

멧토끼 워호스의
위험한 경기

1

읍내에 멧토끼 워호스를 모르는 개는 거의 없었다. 첫 번째로, 아주 큰 갈색 개가 있었다. 녀석은 몇 번이나 워호스를 쫓아왔지만, 그때마다 워호스는 널빤지 울타리에 난 작은 구멍으로 빠져나가 도망을 쳤다. 두 번째로, 그 구멍을 통과할 수있는 작고 빠른 개가 있었다. 이 개가 쫓아오면 워호스는 물살이 빠른 용수로를 뛰어넘어 녀석을 따돌렸다. 작은 개는 양쪽가장자리가 가파르고 너비가 6미터나 되는 물길을 뛰어넘을수 없었다. 그래서 그곳은 작은 개를 물리치는 '비법'이었다.어린아이들은 지금도 그곳을 '멧토끼의 뜀틀'이라고 부른다.

그런데 읍내에는 멧토끼보다도 잘 뛰어오르는 그레이하운드가 한 마리 있었다. 녀석은 울타리에 난 구멍을 통과하지 못하는 대신그 위로 훌쩍 뛰어넘을수 있었다. 이 그레이하운드는 몇 번이나 워호스

에게 따라붙었고, 멧토끼는 그때마다 요리조리 날쌔게 피하면서 오세이지오렌지 산울타리로 도망쳐 겨우 목숨을 건졌다. 그 밖에 워호스를 귀찮게 하는 크고 작은 개들이 있었지만, 그런 시시한 개들은 공터에서도 쉽게 따돌릴 수 있었다.

이 지역 농가들은 집집마다 개를 한 마리씩 길렀는데, 워호스가 정말 무서워하는 개는 딱 한 마리뿐이었다. 녀석은 다리가 길고 사나운 검둥개로, 어찌나 빠르고 끈질긴지 워호스를 궁지에 몰아넣은 것도 벌써 여러 번이었다.

읍내에 사는 고양이들은 별로 신경 쓸 것도 없었다. 고양이들이 워호스에게 위협이 된 적은 한두 번뿐이었다.

어느 달 밝은 밤, 한동안 싸울 때마다 이겨서 우쭐해진 커다란 수고양이 한 마리가 풀을 뜯는 워호스 쪽으로 살금살금 다가왔다. 워호스는 시커먼 짐승이 이글거리는 눈빛으로 다가오는 것을 가만히 보고 있다가 녀석이 덮치기 직전에 온 힘을 모아 몸을 쭉 펴면서 발끝으로 서서 놈을 마주 보았다. 워호스는 넓적한 귀까지 쫑긋 치켜세워 키를 15센티미터나 키웠다. 그러고는 "쿠르 쿠르" 하고 크게 소리치면서 1.5미터 앞에 있던 고양이 머리 위로 뛰어올라 날카로운 뒷발톱으로 머리를 내리찍었다. 늙은 고양이는 겁에 질려서 그 괴상한 두발짐승을 피해 꽁무니를 뺐다.

워호스는 전에도 몇 번 이런 속임수를 써서 적을 물리쳤지만, 실패의 쓴맛을 본 적도 두 번 있었다. 새끼들을 데리고 있던 어미고양이에게 이런 수법을 썼다가 걸음아 날 살려라 도망친 것이 한 번, 스컹크 머리 위로 쿵 하고 뛰어내리는 실수를 저지른 것이 또 한 번이었다.

그레이하운드는 무서운 적이었다. 멧토끼에게 해피 엔드로 막을 내린 특별한 모험이 없었다면, 워호스는 녀석에게 목숨을 잃었을 것이다.

워호스는 주로 밤에 먹이를 먹었다. 밤에는 적을 만날 일도 많지 않고 몸을 숨기기도 쉬웠다. 어느 겨울 새벽녘에도, 자주개자리콩과에 속하는 여러해살이풀. 알팔파라고도 한다 —옮긴이 덤불에서 풀을 뜯으며 한참 동안 시간을 보낸 워호스는 넓게 트인 눈밭을 가로질러 안락한 잠자리로 가고 있었다.

그런데 운이 나빴는지 때마침 동구 밖에서 이리저리 어슬렁거리던 그레이하운드와 딱 마주치고 말았다. 탁 트인 벌판인데다 날이 점점 밝아 와서 몸을 숨길 수도 없었다. 눈밭을 달리는 수밖에 없었다. 그러나 부드러운 눈은 그레이하운드보다 멧토끼에게 더 불리했다.

그레이하운드와 멧토끼가 달리기 시작했다. 둘 다 훌륭한 달리기 선수들이었다. 눈 위를 어찌나 빠르게 달리는지, 발이 땅에 닿을 때마다 눈가루가 풀풀 흩날렸다. 둘 사이의 추격전은 이리저리 방향을 바꾸어 가면서 계속되었다. 배고픔, 추운 날씨, 발이 푹푹 빠지는 눈밭 등등 모든 것이 개에게 더 유리했다. 반면 멧토끼는 자주개자리를 너무 많이 먹어 몸까지 무거웠다. 하지만 힘을 내어 눈 덮인 벌판을 달려 나갔다. 어찌나 빠르게 달렸는지, 발이 닿는 곳마다 순식간에 눈구름이 퐁퐁 피어났다.

추격은 한동안 이어졌다. 그곳에는 늘 워호스 편이 되어 주던 산울타리도 없었다. 울타리 쪽으로 가려고 할 때마다 그레이하운드가 길을 막았다. 멧토끼의 쫑긋한 귀가 아래로 처지기 시작했다. 심장 박동과 호흡이 약해졌다는 신호였다.

그 순간 워호스 머리에 달린 두 깃발이 다시 꼿꼿이 일어섰다. 갑자기 힘이 다시 솟구친 모양이었다. 워호스는 떨기나무가 죽 늘어서 있는 북쪽의 산울타리 쪽이 아닌, 동쪽의 평원으로 온 힘을 다해 달렸다. 그레이하운드도 뒤쫓아 왔다. 멧토끼는 50미터쯤 달려가다가 방향을 휙 바꾸어 사나운 추격자를 따돌렸다. 그러고는 다시 동쪽으로 달렸다.

한동안 방향을 바꾸어 가며 달리던 워호스는 바로 옆의 농장 쪽으로 곧장 나아갔다. 농장의 높은 널빤지 울타리에는 암탉이 드나드는 작은 구멍이 뚫려 있었다. 그리고 그 안에는 또 다른 무시무시한 적, 커다란 검둥개가 살고 있었다.

그레이하운드가 바깥쪽 산울타리에서 잠시 머뭇거리는 사

이, 멧토끼는 암탉 구멍을 통해 앞마당으로 뛰어
들어 한구석에 몸을 숨겼다. 그레이하운드는 낮은 출입
문 쪽으로 돌아가서 문을 훌쩍 넘어 암탉들 사이로 뛰어
들었다. 암탉들은 꼬꼬댁거리며 날개를 퍼덕거렸고, 양들
은 큰 소리로 매애매애 울었다. 그러자 양들을 지키는 검둥
개가 달려 나왔다. 워호스는 조금 전에 들어온 구멍으로 다
시 몰래 빠져나갔다.

　워호스의 등 뒤로 화난 검둥개와 그레이하운드가 무섭게 짖
어 대는 소리가 들렸다. 뒤이어 사람들의 고함소리도 들렸다.
워호스는 일이 어떻게 끝났는지 알 수 없었고, 알고 싶지도 않
았다. 하지만 그날 이후 뉴처슨 읍내에서 날쌘 그레이하운드
에게 쫓기는 일은 두 번 다시 없었다.

2

살다 보면 오르막길도 있고 내리막길도 있게 마련이다. 그러
나 최근 들어 캐스케이드 지방 멧토끼들에게는 힘든 날과 좋
은 날의 기복이 아주 컸다. 멧토끼들은 먼 옛날부터 사나운 새
와 짐승, 추위와 더위, 전염병, 그리고 병을 옮기는 날벌레들
과 끊임없이 싸우면서 질긴 삶을 이어 왔다. 그런데 이 지역에

농민들이 자리 잡고 살면서 큰 변화의 물결이 몰려오기 시작
했다.

수많은 사냥개와 총이 들어왔다. 그 결과 멧토끼의 천적인
코요테, 여우, 늑대, 오소리, 매의 수가 크게 줄면서 몇 년 사이
멧토끼의 수가 급격히 늘어났다. 하지만 그 뒤로 전염병이 걷
잡을 수 없이 퍼지면서 토끼들은 거의 몰살당할 지경에 이르렀
다. 그리고 가장 강하고 오래 단련된 토끼들만 살아남았다. 한
동안 멧토끼는 거의 눈에 띄지도 않을 만큼 수가 줄었다.

그러다가 또 다른 변화가 찾아왔다. 사람들이 여기저기 심
어 놓은 오세이지오렌지 산울타리가 새로운 피난처가 되어
준 것이다. 이제 멧토끼들은 빠른 발이 아닌 영리한 머리에 의
지해 살아남을 수 있었다. 개나 코요테가 쫓아올 때, 눈치 빠
른 멧토끼들은 가까운 산울타리로 달려가서 적이 더 큰 구멍
을 찾는 동안 작은 구멍으로 빠져나가 도망을 쳤다.

여기에 대응해 코요테들은 협공 작전을 펼치기 시작했다.
한 마리가 울타리 한쪽 들판을 맡고 다른 한 마리가 울타리 건
너편을 맡고 있다가, 멧토끼가 '산울타리 계략'을 쓰면 양쪽
에서 덤벼드는 작전이었다. 이런 방법을 쓰는 코요테들은 사
냥감을 쉽게 잡을 수 있었다. 코요테의 협공 작전에 토끼들도
대응책을 썼다. 좋은 눈으로 두 번째 코요테의 위치를 알아낸
다음 그쪽을 피해 도망치는 것이었다. 첫 번째 코요테를 따돌

리기 위한 튼튼한 다리는 필수품이었다.

이런 까닭에 멧토끼의 수는 급격하게 늘다가 급작스럽게 줄어들고, 다시 엄청나게 불어나다가 크게 줄어들었는데, 지금은 다시 수가 늘고 있었다. 그동안 수많은 고비를 넘기고 살아남은 멧토끼들은 자신들의 조상이 한 철도 넘기지 못하고 목숨을 잃어야 했던 곳에서 번영을 누렸다.

멧토끼들은 넓게 트여 있는 목장이 아닌, 여기저기 울타리가 많이 쳐진 농가의 밭을 좋아했다. 아주 혼잡한 마을처럼 작은 밭이 다닥다닥 붙어 있는 곳이 가장 좋았다.

뉴처슨 철도역 부근에도 채소 농사를 짓는 마을이 생겨났다. 마을에서 1.5킬로미터 떨어진 곳에는 온갖 어려움을 겪고 살아남은 멧토끼들이 살았다. 그 녀석들 가운데 '초롱눈'이라는 작은 암토끼가 있었다. 그 잿빛 토끼가 잿빛 덤불 속에 앉아 있으면 초롱초롱 반짝이는 눈만 보인다고 해서 붙은 이름이었다.

초롱눈은 달리기도 잘했지만, 울타리를 이용해 코요테를 따돌리는 실력이 특히 좋았다. 초롱눈은 넓게 트인 목초지에 보금자리를 지었다. 초롱눈의 새끼들은 사람의 발길이 닿지 않는 오래된 초원 지대에서 나고 자랐다. 새끼 한 마리는 어미를 닮아 눈이 초롱초롱하고 털빛도 잿빛이었다. 녀석은 어미의 영리한 머리를 물려받았다. 게다가 평원에 새로 등장한 멧토끼들의 가장 훌륭한 특징들을 모두 나타내고 있었다.

이 새끼멧토끼가 앞으로 우리가 지켜볼 모험의 주인공 리틀 워호스이다. 리틀 워호스는 이 멧토끼가 경주에 참가하면서 얻은 이름으로, '작은 전투마'라는 뜻이다.

워호스는 자기 종족이 예전부터 써 오던 전략을 되살려 새롭게 활용하면서, 새로운 전략으로 오래된 적과 싸워 나갔다.

워호스는 아기였을 때 벌써 캐스케이드 지방에서 가장 똑똑한 토끼나 생각해 낼 만한 전략을 짜냈다. 몸집은 작지만 무시무시한 누렁이에게 쫓기고 있을 때였다. 워호스는 들판과 농장을 가로질러 이리저리 몸을 피하면서 개를 따돌리려고 했지만 결국 실패했다. 코요테를 따돌릴 때는 이런 방법이 효과적이었다. 농부와 개들이 코요테를 공격해서 자기도 모르는 사이에 멧토끼를 도와주었기 때문이다.

하지만 누렁이에게는 이런 수법이 먹혀들지 않았다. 놈은 울타리 하나를 지나고 또 다른 울타리를 지날 때까지 끈질기게 워호스를 쫓았다. 아직 어리고 경험도 부족한 워호스는 힘이 들었다. 꼿꼿이 서 있던 귀가 뒤로 처지기 시작했다. 워호스는 이따금씩 귀를 완전히 뒤로 젖히면서 오세이지오렌지 산울타리 밑의 작은 구멍으로 쏜살같이 빠져나갔다. 그러나 적은 조금도 지체하지 않고 멧토끼 바로 뒤에서 같은 구멍으로 빠져나와 계속 따라붙었다. 들판 한가운데에는 암소 몇 마리와 송아지 한 마리가 있었다.

궁지에 몰린 야생 동물들은 충동적으로 아무나 믿어 버리는 이상한 습성이 있다. 뒤에서 쫓아오는 적이 죽음을 뜻한다는 것을 알고는 물에 빠져 지푸라기라도 잡는 심정으로 낯선 동물이 내 편이 되어 줄지 모른다는 희망을 품는 것이다. 멧토끼 워호스는 마지막으로 남은 한 가닥 실낱같은 희망에 매달려 암소 쪽으로 내달렸다.

암소들은 토끼에게 무슨 일이 일어나든 아무 관심도 없었다. 하지만 개에 대해서는 뿌리 깊은 미움을 품고 있었다. 암소들은 자기 쪽으로 달려오는 누렁이를 보고 꼬리와 주둥이를 치켜들었다. 그러고는 성난 콧김을 내뿜으며 한데 모여서 개를 향해 달려들었다. 송아지의 어미인 암소가 앞장을 섰다. 멧토끼는 그 틈을 타서 키 작은 가시덤불에 몸을 숨겼다. 누렁이는 옆으로 비켜섰는데, 그 모습이 어미소에게는 송아지를 공격하려는 것처럼 보였다. 어미소는 무섭게 날뛰면서 개를 쫓았고, 개는 간신히 도망쳐 들판을 빠져나갔다.

이것은 먼 옛날부터 써 온 수법이었을 것이다. 옛날에는 아메리카들소와 코요테였다가 오늘날에는 암소와 개로 바뀌었을 뿐이다. 멧토끼는 그 뒤로도 이 수법을 절대 잊지 않았고, 몇 번이나 같은 수법으로 위기를 벗어날 수 있었다.

워호스는 재능도 특별했지만 털 빛깔도 특이했다. 동물의 털 빛깔은 대개 두 가지 중 하나이다. 첫째는 주위 환경과 비슷한 색깔로 몸을 감쪽같이 숨길 수 있게 해 주는 '보호색'이다. 다른 하나는 눈에 잘 띄는 선명한 색깔로 적에게 경고를 하는 것인데, 이를 '경계색'이라고 한다. 그런데 멧토끼 워호스는 특이하게도 보호색과 경계색을 모두 갖고 있었다.

워호스는 귀와 머리, 등, 옆구리가 연한 잿빛이었다. 그래서 잿빛 덤불이나 흙더미 사이에 가만히 웅크리고 있으면 배경과 완벽한 조화를 이루어 가까이 다가가기 전에는 눈에 띌 염려가 없었다. '보호색'을 지닌 것이다.

그런데 적이 너무 가까이 다가와서 아무래도 들킬 것 같으면, 발딱 일어나 쏜살같이 도망을 쳤다. 가면을 벗어던진 워호스에게서 잿빛은 온데간데없이 사라졌다. 눈 깜짝할 사이에 변신한 녀석의 뒷모습에서는 눈처럼 하얀 바탕에 끄트머리만 까만 귀, 새하얀 다리, 그리고 하얀 바탕에 까만 점 하나를 콕 찍어 놓은 듯한 꼬리만 보였다. 흰 바탕에 검은색이 섞인 '경계색'을 보여 주는 것이다.

어떻게 이런 일이 일어나는 것일까? 간단하다. 워호스의 귀는 앞면은 잿빛이고 뒷면은 흰 바탕에 끄트머리 부분만 까맸다. 하얀 엉덩이로 둘러싸인 까만 꼬리와 하얀 다리는 숨겨져 있었다. 워호스가 앉을 때마다 그 부분들을 바닥에 대고 있었기 때문이다. 그렇게 가만히 앉아 있으면 잿빛 외투가 아래쪽으로 처지면서 아랫도리를 가리지만, 벌떡 일어나면 털외투가 위로 올라가면서 하얗고 까만 털이 확실히 드러났다. 조금 전까지만 해도 “나는 흙덩이야.”라고 속삭이던 털 색깔이 이제 “난 사실은 멧토끼야.”라고 소리 지르는 것 같았다.

이런 행동에 어떤 이점이 있을까? 목숨을 걸고 도망쳐야 하는 겁쟁이 동물이 어째서 몸을 숨기기는커녕 세상에 대고 자기 이름을 밝히는 것일까? 분명히 이유가 있을 것이다. 아무 이득도 없는데 그런 행동을 할 리는 없을 테니까.

답은 이랬다. 숨어 있는 멧토끼를 놀라게 한 것이 같은 종족이라면, 그러니까 적이 아니라면, 워호스의 행동은 멧토끼 나라의 깃발인 하얗고 까만 털을 내보여 실수를 바로잡는 것이다. 반대로, 다가온 게 코요테나 여우나 개라면 녀석의 행동은 그 짐승들에게 상대가 멧토끼라는 것을 알려 주는 것이다. 그 짐승들은 멧토끼를 쫓아가 봤자 공연히 시간만 낭비하리라는 것을 잘 알고 있었다. 녀석들은 멧토끼를 보면 이렇게 말하곤 했다.

“뭐야, 멧토끼잖아! 이런 벌판에서는 도저히 잡을 수 없어.”

적이 순순히 포기하면 멧토끼는 쓸데없이 달리거나 마음을 졸일 필요가 없었다. 흰 바탕에 검은 점은 멧토끼 세계의 제복이자 깃발이었다. 약한 멧토끼들은 검은 점이 흐릿하지만, 우수한 토끼들은 대개 검은 점이 크고 색깔도 또렷했다.

리틀 워호스도 가만히 앉아 있을 때는 잿빛이지만, 여우나 코요테에게 도전장을 던질 때는 눈처럼 하얀 바탕에 숯처럼 까만 점들이 선명하게 드러났다. 여우나 코요테 앞에서 큰 힘을 들이지도 않고 달아나는 워호스는 하얗고 까만 멧토끼에서 점점 작아져 하얀 얼룩이 되었다가, 마침내 엉겅퀴 씨만 한 점이 되어 눈앞에서 사라졌다.

농부들이 기르는 개들은 이런 교훈을 알고 있었다.

"잿빛 토끼는 잡을 수도 있지만, 흰 바탕에 검은 점이 있는 토끼라면 포기해야 한다."

개들이 잠시 멧토끼를 뒤쫓을 때도 있었지만, 이것은 단순히 심심풀이로 하는 행동이었다. 워호스는 힘이 점점 세지면서 심심풀이로 개들을 약 올려 자기 쪽으로 유인하거나, 약한 토끼라면 절대로 하지 않을 위험한 장난을 치기도 했다.

다른 야생 동물들과 마찬가지로 워호스도 일정한 범위를 제영역으로 정하고 그 바깥으로는 나가려 하지 않았다. 워호스의 영역은 마을 중심부에서 동쪽으로 4.5킬로미터까지 뻗어 있었다. 워호스는 자신의 영역 안에 수많은 '잠자리'를 만들었다. 멧토끼의 잠자리는 떨기나무나 풀덤불로 가려진 우묵한 땅에 불과했다. 그곳에 깔려 있는 것은 우연히 돋아난 풀이나 바람에 날려 온 낙엽뿐이었다. 그렇다고 안락하지 않다는 말은 아니다.

잠자리에도 종류가 있었다. 북쪽을 향한 잠자리는 더운 날을 위한 것으로, 단순히 그늘만 졌을 뿐 바닥이 움푹 파이지도 않았다. 추울 때는 바닥이 깊이 파인 남향 잠자리를 이용했다. 비 오는 날에는 무성한 풀이 지붕을 이룬 서향 잠자리에서 지냈다. 워호스는 낮에는 이런 잠자리에서 지내다가 밤이 오면 밖에 나가 다른 멧토끼들과 함께 풀을 뜯거나 달빛 아래서 강아지처럼 신나게 뛰놀았다. 그리고 다시 해가 떠오르면 그날 날씨에 맞는 잠자리로 돌아가 편히 쉬었다.

멧토끼에게 가장 안전한 곳은 농장과 농장이 잇닿은 곳이었다. 그곳에서는 오세이지오렌지 산울타리와 함께 새로 등장한 가시철조망 울타리가 언제 나타날지 모르는 적들을 막아 주었다. 그렇지만 가장 맛있는 먹이는 마을 중심부에 더 가까운 채소 농장 한가운데에 있었다. 그곳은 가장 좋은 먹이가 있긴 하지만 가장 위험한 곳이기도 했다. 초원에서 마주치는 적들은 별로 없었지만, 그 대신 인간과 총, 개, 통과할 수 없는 울타리처럼 더 위험한 것들이 많았다.

그러나 워호스를 잘 아는 사람이라면 멧토끼가 채소 농장의 멜론밭 한가운데에 잠자리를 마련했다는 말을 들어도 눈 하나 깜짝하지 않을 것이다. 그곳에는 워호스를 노리는 위험한 것도 많았지만, 다른 한편으로 색다른 즐거움과 나는 듯 달아나야 할 때 이용할 수 있는 울타리 구멍도 많았다. 그리고 앞으로 워호스에게 도움이 될 방편들이 울타리 구멍보다도 더 많았다.

3

뉴처슨은 전형적인 미국 서부 읍내였다. 읍내 전체가 어떻게 하면 더 흉해 보일지 내기라도 벌인 것처럼 볼품이 없었다. 도로는 볼거리 없이 밋밋하게 뻗어 있었다. 집들은 얇은 널빤지와 타르 입힌 종이로 벽을 발라 날림으로 지었고, 흉측한 모습을 가리려고 겉만 번드레하게 꾸며 놓았다. 가짜 현관을 만들어 2층처럼 보이려고 하거나 가짜 벽돌로 짓기도 하고, 대리석 신전을 흉내 낸 집도 있었다.

하지만 이제껏 사람이 사는 집으로 쓰인 건물 가운데 이보다 더 볼품없는 것도 찾기 힘들 것이다. 집주인들은 '일 년만 참았다가 다른 데로 이사 가야지.' 하는 속셈인 것 같았다. 그곳에서 아름답고 자연스러운 것이 있다면 길게 늘어선 가로수뿐이었다. 허옇게 페인트칠을 한 나무줄기와 너무 짧게 가지치기를 해 버린 나뭇가지가 눈에 거슬리지만, 살아서 자라는 나무들은 그래도 사랑스러웠다.

읍내에서 그나마 보기 좋은 건물은 대형 곡물 창고뿐이었다. 그리스 신전이나 스위스 별장을 흉내 내지 않고, 튼튼하고 투박하고 꾸밈 없이 지은 건물이었다. 도로 끝에 서면 농가와 양수용 풍차가 여기저기 흩어져 있고 오세이지오렌지 산울타리가 길게 뻗어 있는 초원이 눈에 들어왔다.

적어도 이 산울타리에는 눈길을 끄는 것이 있었다. 튼튼하고 빽빽하게 높이 세워진 녹색 울타리에 점점이 박혀 있는 황금빛 열매가 그것이었다. 오세이지오렌지는 비록 먹을 수는 없지만, 이런 곳에서는 사막에 내리는 비보다도 반가운 존재였다. 긴 나뭇가지에 매달린 아름다운 황금빛 열매가 연녹색 나뭇잎과 어울려 따분한 풍경에 생기를 불어넣었기 때문이다.

이런 읍내를 찾아온 사람은 어떻게든 한시바삐 벗어나고 싶어 한다. 어느 늦겨울, 그곳에서 이틀을 머문 나그네도 같은 심정이었다. 나그네는 사람들에게 읍내에 무슨 볼거리가 있느냐고 물었다. 사람들이 권하는 대로 술집에서 하얀 사향쥐 박제도 보고, 40년 전 인디언들에게 머리 가죽이 벗겨졌던 배키 불린 영감도 만나 보고, 변경 개척자로 유명한 킷 카슨이 피웠다는 담뱃대도 구경했지만 따분하긴 마찬가지였다. 그래서 나그네는 아직 하얀 눈으로 덮여 있는 초원으로 향했다.

수많은 개 발자국 사이에서 특이한 발자국 하나가 나그네의 눈길을 끌었다. 커다란 멧토끼 발자국이었다. 나그네는 지나가는 사람에게 읍내에 토끼가 사느냐고 물었다.

"아닐 거예요. 한 마리도 못 본걸요."

지나가던 사람이 대답했다. 방앗간 일꾼에게 물어도 같은 대답이었다. 하지만 신문 꾸러미를 끼고 있던 사내아이의 이야기는 달랐다.

"확실히 있어요. 저쪽 초원에는 정말 많이 살아요. 마을에도 많이 찾아와요. 그리고 캘브 아저씨네 멜론밭에는 무지무지 큰 놈이 살아요. 정말 엄청나게 큰 놈이에요. 그 토끼는 털 색깔이 체스 판처럼 하얗고 까매요!"

나그네는 그 말을 듣고 동쪽으로 발길을 돌렸다.

'정말 엄청나게 큰 놈'은 바로 리틀 워호스였다. 워호스는 캘브 씨네 멜론밭에서 사는 게 아니라 이따금 찾아갈 뿐이었다. 그리고 지금은 멜론밭이 아닌 서향 잠자리에 있었다. 동쪽에서 쌀쌀한 바람이 불어왔기 때문이다. 그 잠자리는 매디슨 가에서 동쪽으로 있어서 멧토끼는 낯선 나그네가 터벅터벅 걸어오는 모습을 지켜볼 수 있었다. 나그네가 길을 따라 걷는 동안 멧토끼는 꼼짝도 하지 않았다.

그런데 길이 북쪽으로 구부러진 곳에서, 나그네는 어쩐 일인지 길을 따라가지 않고 그대로 똑바로 걸어왔다. 순간 멧토끼는 성가신 일이 벌어지리라는 것을 알았다. 워호스는 나그네가 사람들 발길에 다져진 길을 벗어나자마자 잠자리에서 뛰쳐나왔다. 그리고 방향을 바꾸어 동쪽 초원을 가로질러 달리기 시작했다.

적을 피해 달아나는 멧토끼는 대개 한 번에 2, 3미터를 건너뛰면서, 대여섯 번에 한 번씩 망보기 뜀을 한다. 망보기 뜀은 거의 제자리에서 공중으로 높이 뛰어올라 주위를 둘러보는 것이다. 어수룩한 어린 멧토끼들은 네 번 뛰고 한 번씩 망보기 뜀을 해서 시간을 낭비한다. 영리한 멧토끼들은 여덟아홉 번에 한 번씩 망보기 뜀을 하면서 주위를 살핀다. 그러나 워호스는 빨리 도망칠 때면 열두 번에 한 번씩 망보기 뜀을 하면서도 필요한 정보를 다 얻었다. 그리고 한 번 뛸 때마다 3, 4미터씩 나아갔다.

워호스의 특징은 땅에 남긴 발자국에도 고스란히 나타났다. 솜꼬리토끼들은 달리는 동안 꼬리를 바짝 말아 올려서 꼬리가 눈에 닿지 않게 한다. 하지만 멧토끼는 꼬리를 아래나 뒤로 향하고 뛰는데, 저마다 꼬리 끝을 구부리기도 하고 곧게 뻗기도 한다. 어떤 멧토끼는 꼬리 끝을 똑바로 늘어뜨리고 뛰어서 발자국 뒤에 작은 꼬리 자국이 찍히곤 한다. 워호스에게도 이런 습관이 있었다. 그리고 까맣고 반질반질한 꼬리가 유난히

망보기 뜀을 하는 워호스

길어서 한 번 뛰어오를 때마다 눈 위에 긴 꼬리 자국이 남았
다. 그 자국만 보고도 누가 다녀갔는지 알 수 있을 정도였다.

개 없이 혼자 다니는 사람을 보고 두려움에 떠는 토끼는 그
리 많지 않다. 하지만 워호스는 총을 든 사람에게 공격당한 적
이 있어서 사람들이 멀리서도 자기를 죽일 수 있다는 것을 알
았다. 그래서 적이 75미터 안으로 다가오자 얼른 도망쳤다.
워호스는 몸을 낮추고 동쪽으로 뻗은 울타리를 향해 남동쪽
으로 달렸다. 녀석은 울타리를 뒤로하고 땅을 스치듯이 낮게
나는 매처럼 1.5킬로미터를 달려서 다른 잠자리에 도착했다.
워호스는 발뒤꿈치로 서서 주위를 살피고 그곳에서 숨을 돌
렸다.

그러나 달콤한 시간은 오래가지 않았다. 20분쯤 지났을까?
땅바닥 가까이 대고 있던 커다란 확성기 같은 워호스의
귀에 규칙적인 소리가 들리기 시작했다. 저벅,
저벅, 저벅……. 사람 발걸음 소리였다. 워호스는
빌떡 일어났다. 반짝이는 막대기를 든 사람이 다가오는
것이 보였다.

워호스는 잠자리에서 뛰어나와 울타리로 달렸다. 그리
고 철조망 울타리를 빠져나간 뒤에야 망보기
뜀을 했다. 사실 이번에는 이렇게 조심할 필
요도 없었다. 나그네는 발자국을 뒤쫓아 움

직일 뿐, 토끼는 그림자도 보지 못했기 때문이다.

멧토끼는 몸을 낮추고 달리면서 또 다른 적이 있는지 살펴보았다. 이제 워호스는 나그네가 자기를 쫓고 있다는 것을 확실히 알았다. 그러자 조상 대대로 족제비를 피하면서 생겨난 본능이 자기가 지나온 길을 다시 밟아 가는 수법을 써야 할 때라고 말해 주었다. 워호스는 멀리 떨어진 울타리까지 똑바로 달려갔다. 그리고 울타리 건너편에서 울타리를 따라 50미터쯤 움직인 뒤 자기 발자국을 되밟아 왔다. 그러고는 다시 방향을 바꾸어 다른 잠자리에 이르렀다.

워호스는 밤새도록 밖에 있었기 때문에 녹초가 될 지경이었다. 하얀 눈밭 위로는 벌써 햇살이 부서지고 있었다. 그런데 잠자리에 온기가 돌기도 전에 다시 '저벅저벅' 하는 소리가 들리기 시작했다. 워호스는 다시 한 번 급히 도망쳤다.

1킬로미터쯤 달렸을까? 워호스는 약간 오르막이 진 곳에서 발길을 멈추고 적의 위치를 확인했다. 나그네는 아직도 워호스의 뒤를 따라오고 있었다. 그래서 이번에는 한쪽 방향으로 가다가 방향을 홱 꺾는 방법을 쓰기로 했다. 앞에서 이쪽저쪽 자꾸 방향을 바꾸어 움직이면 대부분의 추적자는 당황해서 더 이상 쫓아올 엄두를 내지 못했다. 워호스는 한동안 그렇게 움직이다가 가장 마음에 드는 잠자리를 지나쳐 100미터쯤 달려간 다음, 다른 쪽으로 빙 돌아서 잠자리로 돌아왔다. 그리고 이제는 확실히 적을 따돌렸을 거라고 생각하며 휴식을 취했다.

그러나 아까보다는 느려졌지만 여전히 '저벅, 저벅, 저벅' 하는 발소리가 들려왔다.

워호스는 가만히 일어나 앉아 꼼짝도 하지 않았다. 발자국을 쫓는 나그네는 워호스를 지나쳐서 그대로 100미터쯤 걸어갔다. 나그네는 계속 걷고 있었다. 이제 워호스는 여느 때와는 다른 방법을 써야 한다는 것을 깨달았다. 워호스는 눈에 띄지 않게 조심조심 잠자리에서 나왔다.

둘은 지금까지 워호스의 영역을 둘러싸고 커다란 원을 그리며 움직였다. 여기에서 1킬로미터 남짓 떨어진 곳에 검둥개가 사는 농장이 있었다. 그리고 암탉이 드나드는 구멍이 뚫린 멋진 널빤지 울타리가 있었다. 좋은 기억이 깃든 곳이었다. 워호스는 몇 번이나 그곳에서 적을 따돌렸다. 그레이하운드를 물리친 짜릿한 기억도 남아 있었다.

워호스가 처음부디 적을 이용해서 다른 적을 치려는 계획을 세웠다기보다는 그저 이런 기억에 끌렸다고 해야 할 것이다. 워호스는 제 모습을 드러낸 채 눈밭을 가로질러 커다란 검둥개가 있는 울타리로 뛰어갔다.

암탉 구멍은 막혀 있었다. 그러나 워호스는 당황하지 않고 주위를 돌아다니면서 다른 구멍을 찾았다. 구멍을 찾을 수는

없었지만, 앞쪽으로 돌아가자 활짝 열린 대문이 보였다. 그 안에서 검둥개가 널빤지를 깔고 깊이 잠들어 있었다. 암탉들은 마당 한쪽에 옹기종기 모여 해바라기를 하고 있었다. 워호스가 대문 앞에 멈추어 섰을 때는 집고양이가 헛간에서 살금살금 부엌으로 가고 있었다.

저 멀리 하얀 눈으로 덮인 비탈진 초원에서는 워호스를 뒤쫓는 검은 그림자가 천천히 걸어 내려오고 있었다. 멧토끼는 조용히 마당 안으로 뛰어들어 갔다. 토끼가 다가오는 것을 본 다리 긴 수탉이 그예 참지 못하고 커다랗게 "꼬끼오!" 하고 울었다. 햇볕을 쬐며 누워 있던 개가 고개를 들고 일어났다. 바람 앞의 등불이 따로 없었다. 워호스는 순식간에 몸을 웅크리고 잿빛 흙덩이로 변신했다. 영리한 행동이었다.

하지만 고양이가 아니었다면 워호스는 목숨을 잃었을지도 모른다. 고양이가 저도 모르는 사이에 워호스를 구해 준 것이다. 멧토끼가 있다는 것을 모르는 검둥개가 워호스 쪽으로 세 발짝을 옮기면서 마당에서 빠져나갈 유일한 길이 가로막히는 순간, 고양이가 집 모퉁이를 돌아서 창턱으로 뛰어오르다가 화분 하나를 아래로 떨어뜨렸다.

고양이의 서툰 행동 탓에 고양이와 개 사이에 유지되던 휴전 상태가 깨졌다. 고양이는 헛간으로 도망쳤다. 물론 도망치는 적을 보고 그냥 놓아둘 개가 아니었다. 고양이와 검둥개는 몸을 웅크린 멧토끼에게서 10미터도 떨어지지 않은 곳을 지나쳐 갔다. 고양이와 검둥개가 사라지자 멧토끼는 고맙다는 인사 한마디 없이 공터로 나가 사람들 발길에 다져진 길로 도망을 쳤다.

고양이를 구해 준 것은 안주인이었다. 그리고 나그네가 멧토끼 뒤를 쫓아 농장에 도착했을 때, 개는 다시 널빤지를 깔고 편히 드러누워 있었다. 나그네는 총을 갖고 있지는 않았지만, 그 대신 튼튼한 몽둥이를 가지고 있었다. 그것을 본 개는 자기 사냥감의 적에게 덤벼들 엄두를 내지 못했다.

이것으로 추격전은 끝난 것 같았다. 계획적이었든 아니든 멧토끼의 수법은 성공을 거두었고, 골치 아픈 추적자를 따돌릴 수 있었다.

이튿날, 다시 멧토끼를 찾아 나선 나그네는 멧토끼는 발견하지 못했지만 발자국은 찾아냈다. 나그네는 꼬리가 찍힌 자국과 한 번에 멀리 띈 거리, 그리고 드문드문한 망보기 뜀의 흔적을 보고 워호스라는 것을 알았다.

그런데 그 발자국 옆에 작은 토끼 발자국이 나란히 나 있었다. 두 토끼가 거기에서 만나 장난치면서 서로를 쫓아다닌 흔적이 남아 있었다. 싸운 흔적은 찾아볼 수 없었다. 두 토끼는 풀을 뜯고, 나란히 앉아 해바라기를 하고, 저쪽으로 함께 갔다가 다시 돌아와 눈밭에서 장난을 쳤다. 둘은 늘 함께였다. 결론은 단 하나, 때는 바야흐로 짝짓기의 계절이었다. 멧토끼 리틀 워호스가 짝을 찾아 결혼을 한 것이다.

4

이듬해 여름은 멧토끼들의 전성기였다. 매와 올빼미를 잡아오는 사람에게 보상금을 지급하는 멍청한 법이 만들어지는 바람에 날개 달린 경찰관들이 떼죽음을 당했다. 그 결과 토끼의 수가 엄청나게 늘어나 이제는 토끼들이 온 땅을 황폐하게 만들 지경에 이르른 것이었다.

그 보상금 법을 만든 사람들은 물론이고 그 법의 피해자인 농부들이 모여 대대적인 토끼몰이를 하기로 결정했다. 약속한 날 아침, 지역 주민들이 북쪽의 넓은 도로에 모두 모였다. 바람을 안고 읍내를 샅샅이 훑어서 촘촘한 철망으로 만든 거대한 덫울타리 안으로 토끼들을 몰아넣을 계획이었다. 개와 총은 사용을 금지했다. 개는 통제하기가 쉽지 않고, 많은 사람이 모인 곳에서 총을 사용하는 것은 위험하기 때문이었다.

남자들은 어른 아이 할 것 없이 긴 막대기 두 개와 돌멩이가 가득 든 자루를 들고 행사에 참가했다. 여자들은 말이나 마차를 타고 왔는데, 큰 소리를 내려고 딸랑이며 나팔, 양철깡통을 가져왔다. 마차 뒤에 빈 깡통을 한 줄로 길게 매달거나, 나뭇가지를 바퀴살에 부딪치도록 엮어서 귀청이 떨어져라 시끄러운 소리를 내기도 했다. 토끼의 청각은 놀랄 만큼 예민하다. 사람 귀에 거슬릴 정도로 시끄러운 소리라면 토끼들에게는 세상이 무너지는 소리처럼 들린다.

토끼몰이하기에는 딱 좋은 날씨였다. 아침 여덟 시에 출발 신호가 떨어졌다. 처음에는 3, 40미터마다 남자들을 한 명씩 배치해서 토끼몰이 대열의 전체 길이는 8킬로미터에 이르렀다. 마차와 말 탄 사람들은 길을 따라 배치하는 수밖에 없었다. 몰이꾼들은 모든 상황을 살피면서 선두의 대열이 무너지지 않게 했다.

토끼몰이 대열은 'ㄷ' 자를 이루어 토끼들을 포위한 상태로 전진했다. 사람들은 되도록 큰 소리를 내면서 덤불마다 들쑤시며 훑고 지나갔다. 그 속에서 토끼들이 튀어나왔다. 토끼몰이 대열 쪽으로 도망친 토끼들은 비 오듯 쏟아지는 돌멩이에 맞아 죽었다. 어쩌다 한두 마리 도망치는 토끼도 있었지만, 대부분은 토끼몰이 대열 앞에서 죽었다.

처음에는 눈에 띄는 토끼가 그리 많지 않았지만, 5킬로미터쯤 전진하자 사방에서 토끼들이 튀어나왔다. 세 시간 동안 8

킬로미터를 전진하자 양쪽 날개에 포위하라는 지시가 떨어졌다. 남자들 사이의 간격은 3미터 이하로 좁혀졌다. 양쪽으로 긴 날개가 펼쳐진 전체 토끼몰이 대열은 덫울타리를 중심으로 모여들었다. 그리고 대열의 양쪽 끝이 연결되면서 완벽한 포위망이 만들어졌다.

대열은 점점 더 빠르게 행군하며 포위망을 좁혔다. 몰이꾼들 가까이 달려간 토끼 수십 마리가 죽었다. 여기저기 죽은 토끼들이 바닥에 널려 있는데도 토끼의 수는 점점 더 많아지는 것 같았다. 토끼들을 덫울타리에 몰아넣기 전에 마지막 행군이 이루어졌다. 사람들로 에워싸인 사방 100미터의 좁은 공간은 이리저리 허둥지둥 달리고 뛰어오르는 수많은 토끼로 눈이 핑핑 돌 지경이었다.

토끼들은 어떻게 해서든 도망을 치려고 빙글빙글 맴돌면서 뛰어올랐다. 하지만 포위망이 점점 더 좁혀지면서 무자비한 사람들의 대열은 점점 더 빽빽해졌다. 토끼들은 비탈을 따라 좁은 덫울타리 안으로 폭포수처럼 들어갈 수밖에 없었다. 그 안에서 덫울타리 한가운데 멍청하니 웅크려 앉은 토끼들도 있었고, 바깥벽을 따라 계속 달리는 토끼들도 있었다. 또 어떤 토끼들은 다른 토끼의 몸 밑이나 구석으로 기어들어 숨으려고 했다.

그러면 그 외중에 리틀 워호스는 어디서 무엇을 하고 있었을까? 워호스는 토끼몰이 대열이 밀려오자 가장 먼저 덫울타리에 뛰어든 토끼 가운데 하나였다.

그런데 덫울타리 안에는 토끼들을 선별하기 위한 흥미로운 장치가 놓여 있었다. 사람들은 가장 뛰어나고 건강한 토끼들만 남기고 다른 토끼들은 모두 죽일 계획이었다. 덫울타리에 든 토끼들 중에는 건강하지 않은 토끼도 많았다. 모든 야생 동물이 순수하고 완벽하다고 생각하는 사람들은 덫울타리 안에 들어간 수천 마리 멧토끼 가운데 다리를 절거나, 발이 잘렸거나, 병에 걸린 것이 얼마나 많은지 알게 되면 깜짝 놀랄 것이다.

그곳에서는 고대 로마식 선발이 이루어질 예정이었다. 어중이떠중이 토끼 죄수들은 몰살하고 가장 우수한 죄수들만 원형 경기장으로 보내는 것이다. 원형 경기장? 그렇다. 그리고 그 원형 경기장의 맹수는 그레이하운드였다.

덫울타리 안쪽 벽에는 500개쯤 되는 작은 상자가 늘어서서 토끼들을 기다리고 있었다. 상자의 크기는 토끼 한 마리가 들어가면 딱 맞을 정도였다.

토끼몰이가 막바지에 이르면서, 가장 빠른 멧토끼들이 가장 먼저 덫울타리 안으로 들어갔다. 어떤 토끼들은 빠르지만 멍청했다. 그런 녀석들은 덫울타리 안을 미친 듯이 빙글빙글 맴돌았다. 빠르고 똑똑한 토끼들도 있었다. 그 녀석들은 재빨리 작은 상자 안에 몸을 숨겼다.

작은 상자들이 하나하나 차면서 가장 빠르고 머리 좋은 토끼 500마리가 선발되었다. 절대적으로 정확하다고는 할 수 없지만, 가장 간단하고 편리한 방법이었다. 이 500마리의 토끼는 앞으로 그레이하운드에게 쫓길 운명이었다. 구름처럼 밀려온 나머지 4천여 마리는 무자비하게 몰살당했다.

눈빛이 초롱초롱한 멧토끼 500마리가 담긴 500개의 작은 상자는 바로 그날로 열차에 실렸다. 그중 하나에 멧토끼 리틀 워호스가 들어 있었다.

5

토끼들은 재난을 가볍게 받아들이는 편이다. 그래서 한바탕 미친 듯한 대학살의 바람이 휩쓸고 지나간 뒤에도 상자 속 멧토끼들은 심한 공포를 느끼지 않았다.

토끼들은 어느 대도시 근처에 있는 토끼 사냥 경기장에 도착했다. 그곳 사람들은 아주 조심스러운 손길로 토끼를 한 마리 한 마리 상자에서 꺼냈다. 로마의 간수들도 죄수들을 조심스럽게 다루었다. 죄수를 잘 관리하는 게 그들의 일이었기 때문이다. 멧토끼 죄수들은 거의 불만이 없었다. 울타리로 둘러싼 넓은 마당에는 맛있는 먹이가 얼마든지 있었고, 귀찮게 구

는 적은 하나도 없었다.

바로 이튿날 아침부터 훈련이 시작되었다. 출입구 스무 군데가 열리자 눈앞에 더 넓은 마당이 펼쳐졌다. 토끼 사냥 경기장이었다. 수많은 멧토끼가 경기장으로 나가서 이리저리 돌아다녔다. 잠시 후 청년들이 몰려와 크게 소리치면서 토끼들을 되쫓자, 토끼들은 모두 원래 있던 작은 마당으로 몰려들어 갔다. 그곳이 '피난처'였던 것이다. 며칠 동안 이런 일이 되풀이되면서 멧토끼들은 어느 출입구 하나를 통해 피난처로 돌아가야 안전하다는 것을 알게 되었다.

이제 두 번째 훈련이 시작되었다. 토끼들은 모두 옆문으로 쫓겨 가서 경주로에 들어섰다. 경주로는 토끼 사냥 경기장의 삼면을 돌아서 맞은편에 있는 또 다른 울타리로 이어져 있었다. 토끼들이 쫓겨 나온 곳이 출발선이었다. 출발선의 문은 토끼 사냥 경기장으로 통해 있었다. 그 문이 열리고 토끼들이 몰려나오기 시작하자, 숨어 있던 청년과 개들이 튀어나와 경기장을 가로질러 토끼들을 쫓았다. 토끼들은 깡충깡충 뛰어서 달아났다. 어린 토끼들은 습관대로 망보기 뜀을 했다.

그런데 맨 앞에서 몸을 낮추고 미끄러지듯이 달려가는 토끼

한 마리가 있었다. 흰 바탕에 새까만 점이 있는 멋쟁이로, 울타리 안에 있을 때부터 미끈한 다리와 초롱초롱한 눈이 눈에 띄던 녀석이었다. 경기장에 나온 녀석은 힘든 기색도 없이 선두를 달리면서 다른 토끼들이 보통 개들을 앞서 나간 거리만큼 다른 토끼들을 앞서 나갔다.

"저기 좀 봐. 저 녀석, 꼭 작은 전투마 같은데!"

인상이 좋지 않은 아일랜드계 사육사가 외쳤다. 우리의 멧토끼가 작은 전투마, 즉 리틀 워호스라는 이름을 얻게 된 내력이다. 경기장을 반쯤 가로질러 달려간 멧토끼들은 피난처를 기억해 냈다. 토끼들이 피난처로 몰려들어 가는 모습은 마치 눈구름이 피어오르는 것 같았다.

두 번째 훈련은 이런 식으로 이루어졌다. 출발선으로 삼은 우리에서 나와 곧장 피난처로 달려가는 것이다. 모든 토끼가 일주일 동안 그 훈련을 받았으니, 이제 대대적인 토끼 사냥 대회 개막식만 남아 있었다.

리틀 워호스라는 이름은 조련사와 구경꾼들 사이에서 꽤 유명해졌다. 워호스의 털 색깔은 어디서나 눈에 띄었다. 녀석은 함께 도망치는 귀가 긴 친구들 사이에서도 지도자로 인정받았다. 사람들이 토끼 경주에 대해 말하거나 내기를 걸 때마다, 개들과 함께 워호스의 이름이 입에 오르내렸다.

"디그넘 씨가 올해도 밍키를 출전시킬까요?"

“그럼 나는 리틀 워호스가 밍키와 밍키 짝을 이긴다는 데 걸겠네.”

그 말을 들은 개 주인이 발끈해서 말했다.

“특별관람석을 통과하기도 전에 우리 젠이 워호스를 잡는다는 데에 세 배 걸지.”

그러자 미키가 끼어들었다.

“나도 그 내기에 몇 달러 걸어야겠어요. 아니지! 경주가 끝날 때까지 어떤 개도 워호스를 잡지 못한다에 내 한 달 치 월급을 걸지요.”

사람들은 이렇게 입씨름을 벌이며 내기를 했다. 그런데 하루하루 달리기 훈련을 할 때마다 워호스의 놀라운 재능을 알아보는 사람이 점점 더 많아졌다. 많은 사람들이 워호스 덕분에 가장 우수한 그레이하운드들이 출발선에서 특별관람석을 지나 피난처까지 똑바로 토끼를 추격하는, 지금까지 보지 못한 놀라운 장면을 보게 될 거라고 생각했다.

6

대회 첫날, 찬란한 아침 햇살이 화창한 날을 예고하고 있었다. 정면의 특별관람석은 도시에서 경주를 보러 온 사람들로 만원이었다. 관람석 밑으로 일반적인 경주로가 펼쳐져 있었다. 여기저기서 조련사들이 그레이하운드 한두 마리를 끌고 나오는 모습이 보였다. 담요를 걸친 그레이하운드들은 탄탄한 다리와 뱀 같은 목, 맵시 있는 머리와 도마뱀처럼 생긴 긴 턱, 날카롭고 신경질적인 누런 눈을 보여 주었다. 그레이하운드는 자연의 힘에 인간의 솜씨가 합쳐져서 빚어낸 작품으로, 살과 피로 이루어진 것 가운데 가장 뛰어난 달리기 기계였다.

그레이하운드의 주인들은 그 개들을 보석처럼 아끼고 아기처럼 보살폈다. 또한 그레이하운드가 수상한 물체에 코를 대고 냄새를 맡거나 아무거나 집어 먹지 않도록 각별히 주의를 기울였다. 낯선 사람이 그레이하운드에게 다가오는 것도 피했다. 그 개들에게는 큰돈이 걸려 있었다. 교묘하게 놓인 압정, 이물질을 넣은 고기, 그리고 인공 향료가 젊고 우수한 그레이하운드를 기운 없는 느림보로 만들 수 있었다. 이런 일은 개 주인에게 '파멸'을 뜻했다.

개들은 두 마리씩 짝을 지어 경기에 참가했는데, 각 경기는 그 두 마리의 대결이라고 할 수 있었다. 경기가 끝나면 승자끼리 다시 짝을 이루어 대결을 펼쳤다. 경기마다 멧토끼 한 마리를 출발점인 우리에서 내보내게 되어 있었다. 맞수인 두 마리 개의 목줄은 개 출발 담당 요원이 쥐고 있다가 토끼가 어느 정도 멀리 도망치면 줄을 놓아서 개들을 동시에 출발시킨다. 진홍색 외투를 입은 심판이 말을 타고 경기장 안에 있다가 추격하는 개들 뒤를 쫓아갔다.

훈련이 잘된 멧토끼들은 탁 트인 경기장을 가로질러 피난처 쪽으로 달려갔다. 특별관람석에서는 그 장면이 한눈에 들어왔다. 사냥개들은 멧토끼를 쫓았다. 개가 바짝 다가와 위험해지면 멧토끼는 살짝 몸을 피해 달아났다. 멧토끼가 방향을 바꿀 때마다 그렇게 하도록 만든 사냥개가 점수를 얻으며, 멧토끼를 죽이면 무조건 이겼다.

가끔은 출발선에서 100미터도 채 못 가서 붙잡혀 죽는 토끼도 있었다. 너무 약한 토끼들이었다. 대부분은 특별관람석 앞에서 잡혀 죽었다. 그런데 매우 드문 일이지만, 멧토끼가 드넓은 경기장의 800미터가 넘는 거리를 요리조리 피해 다니면서 시간을 벌어 피난처까지 안전하게 도망치는 경우도 있었다.

경기의 마지막 장면은 네 가지로 나눌 수 있었다. 첫째, 토끼가 금방 죽는다. 둘째, 토끼가 재빨리 피난처까지 도망친다. 셋째, 처음에 뛰던 개들이 더운 날씨에 너무 오랫동안 빨리 달리다가 심장에 무리가 와서 새로운 사냥개 두 마리로 교체된다. 끝으로, 토끼가 이리저리 피해 다니면서 개들의 힘을

빼놓지만 피난처까지 가지는 못하는 경우인데, 이때는 장전된 총이 기다리고 있다.

캐스케이드 지방 토끼 사냥 대회에도 경마만큼이나 속임수를 쓰거나 사기를 치려는 사람이 많았다. 따라서 심판이 공정하게 이루어지도록 감시하고 개들이 공정하게 출발하도록 돕는 진행 요원들이 필요했다.

대회를 앞두고 어느 돈 많은 남자가 '우연히' 아일랜드 출신 청년 미키를 만났다. 얼핏 보면 그때 그 남자는 미키에게 엽궐련 한 대를 건네주었을 뿐이다. 그런데 미키는 엽궐련에 불을 붙이기 전에 겉을 싸고 있던 초록색 종이 한 장을 벗겨 냈다. 그리고 이런 말이 오갔다.

"자네가 내일 개를 풀어 주는 요원이 되고 디그넘의 밍키에게 문제가 생긴다면, 엽궐련 한 대를 더 주지."

"제가 그 일을 맡기만 한다면야 밍키가 1점도 못 따게 손을 쓰는 건 식은 죽 먹기입죠. 그런데 밍키와 함께 경기에 나온 개도 똑같이 재수가 없겠네요."

그 남자는 귀가 솔깃한 모양이었다.

"흐음, 얘기가 그렇게 되는군. 좋아, 그렇게 하지. 내 엽궐련 두 대를 주겠네."

개의 출발을 담당한 슬라이먼은 늘 공정하게 일을 처리했으며, 자기에게 접근하는 사람들을 경멸했다. 이런 사실이 잘 알려져 있어서 거의 모든 사람이 슬라이먼을 신뢰했다.

하지만 불만을 품은 사람도 있었다. 그래서 번드레하게 차려입은 남자가 대회 관리 책임자를 찾아가 중대한 부정행위가 있었다고 나름대로 근거를 대면서 공식적으로 문제를 삼자, 주최 측에서는 조사가 이루어지는 동안 슬라이먼의 개 출발 담당 요원 자격을 일시 정지시키는 수밖에 없었다. 그리고 그 일을 미키가 대신하게 되었다.

미키는 가난했으며 특별히 양심적인 사람도 아니었다. 그런데 일 년 걸려 벌 돈을 단 일 분 만에 벌 수 있는 기회가 찾아온 것이다. 그렇게 나쁜 일 같지도 않았고, 개나 토끼를 해치는 일도 아니었다.

멧토끼는 모두 비슷비슷했다. 누구나 알고 있는 사실이었다. 그렇지만 그것은 다른 멧토끼들 얘기였다.

예선전이 끝났다. 멧토끼 50마리가 도망을 치다가 죽었다. 미키는 자신이 맡은 일을 잘 처리하고 있었다. 개들을 모두 공정하게 풀어 준 것이다. 미키는 여전히 개를 풀어 주는 일을 맡고 있었다. 이제 본선만 남았다. 우승컵과 엄청난 판돈이 걸린 본선 경기가.

7

날씬하고 우아한 개들이 제 차례를 기다리고 있었다. 밍키와 경쟁자가 첫 번째 차례였다. 지금까지 모든 일이 공정하게 진행되었기 때문에, 어느 누구도 진행이 불공정하게 이루어질 거라는 생각은 하지 못했다. 미키는 자기 마음대로 멧토끼를 내보낼 수 있었다.

“3번!”

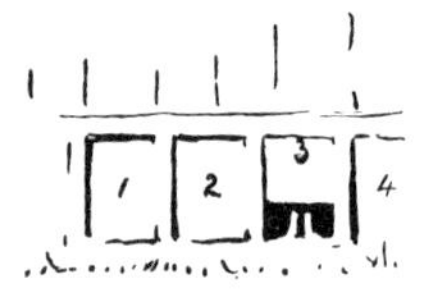

미키가 동료에게 외쳤다.

그러자 리틀 워호스가 뛰어나왔다. 흰 바탕에 끝 부분만 검은 워호스의 커다란 귀가 보였다. 워호스는 여유 있는 태도로 몸을 낮추고 한 번에 1.5미터씩 뛰어나갔다. 그러다가 경기장을 가득 메운 이례적으로 많은 관중을 휙 둘러보더니, 놀라울 정도로 높이 망보기 뜀을 했다.

“흐르르르!”

미키가 소리치자 그의 동료는 막대기로 울타리를 두들겨 소리를 냈다. 워호스는 한 번에 2.5미터씩 뛰어나갔다.

“흐르르르!”

워호스는 한 번 뛸 때마다 3미터, 3.5미터씩 앞으로 나아갔다. 워호스가 30미터쯤 뛰어갔을 때 사냥개들이 풀려났다. 공정한 출발이었다. 하지만 20미터밖에 안 갔는데 개를 풀어 주었다고 생각하는 사람들도 있었다.

"흐르르르! 흐르르르!"

이제 워호스는 한 번에 4미터씩 뛰어가고 있었다. 망보기 뜀은 한 번도 하지 않았다.

"흐르르르!"

얼마나 아름다운 사냥개들인지! 녀석들은 미끄러지듯 달려 나갔다. 하지만 워호스는 두 사냥개 앞에서 마치 하얀 바닷새처럼, 아니 날아가는 구름처럼 가뿐히 뛰어가고 있었다. 워호스는 이제 특별관람석 앞을 지나가고 있었다. 그렇다면 개들은? 출발할 때보다 얼마나 거리를 줄였을까? 거리를 줄이다니, 천만에! 녀석들은 점점 더 멀어지고 있었다.

그리고 지금 일어나는 일에 관해 몇 마디 뻥끗도 하기 전에, 피난처의 문이 깃털처럼 가벼운 하얗고 까만 형체를 삼켜 버렸다. 추어 속의 암탉 구멍을 닮은 문이었다. 사냥개에게 야유를 퍼붓는 소리, 리틀 워호스에게 환호하는 소리가 울려 퍼졌다. 그레이하운드들은 걸음을 멈추었다. 미키는 얼마나 웃어 댔는지 모른다. 또 디그넘 씨는 얼마나 욕설을 퍼부었는지 모른다! 기자들은 넘치는 기삿거리에 즐거운 비명을 질렀다.

이튿날, 신문마다 이런 기사가 실렸다.

"멧토끼의 활약! 리틀 워호스는 이번 대회에서 가장 유명한 사냥개 두 마리를 완전히 무릎 꿇리면서 자신의 이름값을 톡톡히 했다.”

개 주인들 사이에서는 침 튀기는 입씨름이 벌어졌다. 어느 개도 점수를 얻지 못했으므로 무승부였다. 밍키와 경쟁자는 다시 경기를 치러야 했다. 하지만 있는 힘을 다해 800미터를 뛰고 난 후여서 우승컵을 탈 가망은 없었다.

이튿날 미키는 그 ‘돈 많은’ 남자를 만났다. 이번에도 또 ‘우연히’.

“미키, 엽궐련 한 대 피우게.”

“그렇게 합지요. 그런데 두 대라고 하셨는데……. 아이고, 고맙습니다.”

8

그 후로 리틀 워호스는 아일랜드계 청년 미키의 자랑거리가 되었다. 개 출발 담당 요원이었던 슬라이먼은 부정행위가 없었던 것으로 밝혀져 명예롭게 복직했고, 미키는 예전처럼 토끼 출발시키는 일을 하게 되었다. 하지만 달라진 것이 있었다. 그 일을 계기로 미키의 마음이 사냥개 편에서 토끼 편, 아니 리틀 워호스 편으로 옮겨 간 것이다.

토끼몰이 때 붙잡혀서 원형 경기장으로 온 토끼 500마리 가운데 명성을 얻은 것은 워호스뿐이었다. 경기장을 무사히 가로질러 이튿날 다시 경기에 나선 토끼는 여러 마리였지만, 중간에 한 번도 방향을 바꾸지 않고 경기장을 가로지른 토끼는 워호스 한 마리뿐이었다. 경기는 일주일에 두 번씩 열렸다. 그때마다 멧토끼 4, 50마리가 죽었다. 포로가 된 500마리 토끼 거의 대부분이 원형 경기장에서 목숨을 잃은 것이다.

워호스는 경기가 열리는 날마다 뛰었으며, 그때마다 무사히 피난처로 들어갔다. 미키는 멧토끼의 재능에 완전히 반해 버렸다. 미키는 미끈한 다리를 자랑하는 그 달리기 선수를 애지중지했다. 그리고 사냥개들이 이런 멧토끼와 붙어서 망신을 당하는 것조차 영광으로 알아야 한다고 떠들어 댔다.

멧토끼가 경기장을 똑바로 가로지르는 것은 아주 드문 일이었다. 그런데 리틀 워호스는 한 번도 방향을 바꾸지 않고 경기장 가로지르는 일을 여섯 번이나 해냈다. 이는 언론에서도 주목할 만한 일이었으므로, 경기가 끝날 때마다 이런 기사가 실렸다.

"리틀 워호스가 오늘 다시 한 번 경기장을 가로질렀다. 이 대회를 오래 지켜본 사람들에 따르면, 이것은 최근 사냥개의 자질이 얼마나 떨어졌는지를 여실히 보여 주는 일이라고 한다."

워호스가 여섯 번째 성공을 거두자 멧토끼 사육사들은 열광

했다. 사육사들의 사령관 격인 미키는 워호스를 칭찬하느라 입에 침이 마를 지경이었다.

"워호스는 풀려날 권리가 있습니다. 모든 미국인들이 그랬던 것처럼 녀석도 자유로워져야 한다구요."

나중에 한 말은 대회 관리 책임자의 애국심에 호소할 셈으로 덧붙인 것이었다. 멧토끼들의 진짜 주인은 그 관리 책임자였으니까.

"좋아, 미키! 열세 번 성공하면 녀석을 고향으로 돌려보내겠네."

관리 책임자가 대답했다.

"정말이지요? 그런데 열 번으로 안 될까요?"

"안 돼. 새로 출전할 개들의 콧대를 꺾어 놓으려면 녀석이 필요하단 말이야."

"열세 번 성공하면 녀석은 자유입니다. 약속하신 겁니다요."

그 무렵 새 토끼들이 많이 들어왔다. 그중 한 마리는 털 색깔이 리틀 워호스와 비슷했다. 워호스만큼 빠르지는 않았지만, 혹시라도 헷갈릴까 걱정이 된 미키는 워호스 몸에 표시를 하기로 했다. 미키는 안을 푹신하게 만든 화물 상자에 워호스를 집어넣은 다음, 검표원이 사용하는 펀치로 워호스 귀에 구멍을 뚫었다. 워호스의 얇은 귀에는 또렷한 별 모양의 펀치 자국이 생겼다. 미키는 탄성을 질렀다.

"좋았어! 경기에서 이길 때마다 표시를 해 줄게."

미키는 오른쪽 귀에 별 여섯 개를 한 줄로 뚫었다.

"다 됐다, 워호스. 미국이 독립했을 때 내건 성조기처럼 별 열세 개를 다는 날, 너도 자유의 몸이 되는 거야."

워호스는 일주일도 못 되어 다시 한 번 새내기 그레이하운드들의 코를 납작하게 만들면서 오른쪽 귀를 다 채웠다. 미키는 왼쪽 귀에도 별을 뚫기 시작했다. 다시 일주일 뒤, 워호스는 열세 번째 경주를 성공리에 마쳤다. 이제 워호스는 왼쪽 귀에 여섯 개, 오른쪽 귀에 일곱 개의 별을 달고 있었다. 새로운 기사가 신문을 장식했다.

"우아!"

미키는 만세를 불렀다.

"넌 자유야, 워호스! 13이라는 숫자는 언제나 행운을 불러 왔어. 잘못되는 걸 본 적이 없다니까!"

9

대회 관리 책임자가 말했다.

“그래, 어떻게 해 주기로 했는지 나도 다 알고 있다고. 그래도 한 번 더 뛰게 해야겠어. 워호스가 이번에 새로 온 개를 이긴다고 내기를 걸었단 말일세. 워호스는 다치지 않고 잘 해낼 거야. 이거 원……. 이봐, 미키! 그렇게 고집부리지 말고. 오늘 오후에 딱 한 번만 더 뛰는 거야. 개들은 하루에 두 번 세 번도 뛴다고. 멧토끼라고 못할 이유가 있나?”

“개들은 목숨을 걸고 뛰는 게 아니잖아요.”

“뭐야? 당장 나가게.”

우리에는 새로 들어온 토끼가 많았다. 몸집이 큰 놈도 있고 작은 놈도 있고, 성질이 온순한 놈도 있고 사나운 놈도 있었다. 그날 아침, 그중에 덩치 크고 사나운 수토끼 한 마리가 피난처로 급히 뛰어든 워호스를 공격했다.

다른 때 같았으면 예전에 고양이에게 했던 것처럼 놈의 머리통을 후려쳐서 단숨에 상황을 마무리했을 것이다. 하지만 이번 싸움은 몇 분 동안 이어졌고, 그러다가 워호스도 거친 공격을 받았다. 그래서 그날 오후 워호스는 한두 군데 멍이 들고 상처가 쑤셨다. 심한 상처는 아니지만 평소처럼 빠르게 달릴 수는 없는 상태였다.

출발은 지난번 경주와 같았다. 워호스는 몸을 낮춘 채 가볍게 달려 나갔다. 쫑긋 세운 귀에 뚫린 열세 개의 별 사이로 바람이 휙휙 지나갔다.

밍키는 새로운 경쟁자 팽고와 함께 워호스를 맹렬히 추격했
다. 그 순간 토끼 출발을 맡은 요원들이 깜짝 놀랄 일이 벌어
졌다. 사냥개들과 워호스 사이의 간격이 좁혀지기 시작한 것
이다. 거리는 점점 더 좁혀졌다. 특별관람석 바로 앞에서 워
호스는 노련한 밍키에게 쫓겨 방향을 틀어야 했다. 개 주인들
은 환호성을 터뜨렸다. 상대가 워호스라는 것을 다들 잘 알고
있었던 것이다. 50미터도 못 가서 이번엔 팽고가 워호스의 방
향을 틀어 놓으며 점수를 땄다.

선수들은 출발선으로 곧장 되돌아오고 있었다. 그리고 그곳
에는 슬라이먼과 미키가 서 있었다. 워호스가 몸을 살짝 피하
자, 그레이하운드들이 달려들었다. 멧토끼는 도망칠 수 없었
다. 개들이 마지막으로 공격할 때가 가까워졌다.

바로 그때, 워호스는 곧장 미키 쪽으로 달려가 순식간에 그
의 품에 몸을 숨겼다. 미키는 사나운 개들을 쫓아 버리려고 마
구 발길질을 해 댔다. 미키가 자기 친구라는 것을 알고 워호스
가 그런 행동을 했을 리는 없다. 다만 적을 피할 때는 중립적
이거나 친구가 될 가능성이 있는 쪽으로 달아나야
한다는 오랜 본능에 따랐을 뿐이다.

워호스의 선택은 정말 적절했다. 세상 무엇보다 아
끼는 토끼를 품에 안고 황급히 돌아 나오는 미키의

모습을 본 관중은 환호성을 질렀다. 그러나 개 주인들은 항의했다.

"이렇게 끝내는 건 공정하지 못해요. 개들은 끝장을 내려고 했단 말이오."

개 주인들은 대회 관리 책임자에게 거칠게 항의했다. 책임자가 팽고가 아닌 멧토끼에게 돈을 건 것도 문제가 되었다. 속이 쓰라렸지만 다시 경기를 시작하라고 할 수밖에 없었다.

미키가 워호스를 위해 할 수 있는 일은 한 시간 동안 쉬게 해 주는 것뿐이었다. 그 뒤 워호스는 전처럼 달려 나갔고, 밍키와 팽고가 뒤를 쫓았다. 이제는 워호스도 몸이 좀 풀린 것 같았다. 훨씬 워호스다웠다.

하지만 특별관람석 앞을 지나치자마자 팽고에게 쫓기고 다시 밍키에게 쫓겨 방향을 틀어야 했다. 워호스는 뒤로 돌아갔다 경기장을 가로질렀다 하면서 이쪽저쪽으로 미친 듯이 뛰어다니며 가까스로 적을 피했다. 이런 상황이 5분 넘도록 이어졌다.

미키는 워호스의 귀가 젖혀지는 것을 볼 수 있었다. 팽고가 뛰어올랐다. 멧토끼는 팽고의 몸 밑으로 빠져나가 겨우 도망쳤지만 이번에는 밍키와 마주쳤다. 이제 워호스의 양쪽 귀는 완전히 뒤로 젖혀져 있었다. 그렇지만 사냥개들도 힘들기는 마찬가지였다. 혓바닥은 축 늘어지고, 턱과 옆구리까지 거품으로 얼룩져 있었다. 워호스가 다시 귀를 쫑긋 세웠다. 개들이 지쳐서 헐떡이는 모습을 보고 기운을 낸 것이다.

워호스는 피난처를 향해 곧바로 달려갔다. 하지만 곧바로 달리기는 그레이하운드의 특기였다. 워호스는 결국 100미터도 못 간 곳에서 다시 방향을 바꾸어야 했다. 그리고 다시 한 번 목숨을 걸고 이쪽저쪽 방향을 바꾸면서 달리는 경주가 시작되었다.

시간이 지나면서 자기 개들이 위험하다는 것을 깨달은 개 주인들은 두 마리를 새로 내보냈다. 기운 좋은 사냥개들이었다. 녀석들은 확실히 경기를 끝낼 수 있을 것 같았다. 경기에서 진 두 마리 사냥개는 가쁜 숨을 몰아쉬며 속도를 늦추었지만, 다른 개 두 마리가 달려오고 있었다. 워호스는 온 힘을 다해 앞으로 내달렸다. 첫 번째 개들을 멀찌감치 떼어 놓고 피난처에 가까이 왔을 때, 두 번째 개들이 나타났다.

이제 살아남을 길은 날쌔게 비키면서 달리는 것밖에 없었다. 워호스의 귀는 뒤로 처지고 심장은 터질 듯이 쿵쾅거렸지만 정신만은 또렷했다. 워호스는 이쪽저쪽으로 불규칙하게 몸을 날렸다. 사냥개들이 서로 부딪쳐서 넘어졌다. 개들은 몇 번이나 워호스를 다 잡았다고 생각했다. 한 마리가 워호스의 까만 꼬리 끝을 덥석 물기까지 했지만 워호스는 다시 도망쳤다.

그러나 아직 피난처에는 닿지 못했다. 운도 따르지 않았다.

새로 들어온 개들도 힘들어 하고있다.

개들은 워호스를 특별관람석 근처로 몰아갔다. 관중석에서는 수많은 여성이 그 모습을 지켜보고 있었다. 제한 시간이 다 되어 가고 있었다. 새로 들어온 개들도 헉헉거리고 있었다.

그때 미키가 미친 사람처럼 고래고래 소리를 지르며 달려 나왔다. 미키 입에서는 욕설이 마구 튀어나왔다.

"이 깡패 새끼들! 더러운 겁쟁이들 같으니라고!"

미키는 사냥개들을 죽이기라도 할 것 같은 기세로 경기장에 뛰어들었다.

경찰들이 고함을 치며 뛰어왔다. 미키는 미움과 반발심에 사로잡혀 날카로운 목소리로 욕을 내뱉다가 경기장에서 끌려 나갔다. 미키는 끌려 나가면서도 개와 사람을 가리지 않고 자기가 생각해 낼 수 있는 욕이란 욕은 다 퍼부어 댔다.

"뭐? 정정당당한 승부라고? 네놈들이 말하는 공정한 경기가 그래 이런 거였느냐? 이 더럽고 치사한 거짓말쟁이, 사기꾼, 겁쟁이들아!"

사람들은 미키를 경기상에서 쫓아냈다. 마지막으로 미키의 눈에 들어온 것은, 입에 거품을 문 사냥개 네 마리가 지쳐 쓰러질 듯한 멧토끼를 쫓아가고, 말을 탄 심판이 총을 든 사람에게 신호를 보내는 장면이었다.

미키의 등 뒤로 문이 닫히고, '탕, 탕!' 소

리가 들렸다. 개 짖는 소리와 함께 야단법석을 떠는 소리가 들
렸다. 그 순간 미키는 깨달았다. 멧토끼 리틀 워호스가 장전
된 총, 즉 네 번째 방법으로 최후를 맞았다는 것을.

미키는 한평생 개들을 사랑했지만, 이제 정정당당한 승부
따위는 안중에도 없었다. 미키는 안으로 들어갈 수 없었다.
지금 서 있는 곳에서는 안이 들여다보이지도 않았다. 미키는
피난처로 통하는 곳에서는 잘 보일지 모른다고 생각하고 그
쪽으로 뛰어갔다. 그리고 자기 눈을 의심할 수밖에 없었다.
때마침 귀가 반쯤 처진 멧토끼 리틀 워호스가 다리를 절룩거
리며 피난처로 들어온 것이다.

미키는 총알이 빗나가 엉뚱한 놈을 맞혔다는 것을 즉시 알
아차렸다. 관중은 부상당한 그레이하운드 한 마리를 두 남자
가 데리고 나가는 광경을 지켜보고 있었다. 수의사는 바닥에
누워 숨을 헐떡이는 또 다른 개를 살펴보고 있었다.

미키는 잠시 주위를 휘둘러보고 작은 화물 상자를 집어서
피난처 구석에 내려놓았다. 미키는 지친 토끼를 조심스레 그
안에 몰아넣고 뚜껑을 닫았다. 그러고는 상자를 겨드랑이에
끼고 주위가 소란스러운 틈을 타서 몰래 담을 넘으며 혼잣말
을 했다.

"아무래도 상관없어. 어쨌거나 워호스는 그곳에서 쫓겨난
셈이니까."

미키는 터벅터벅 걸어서 도심을 벗어났다. 그
리고 가장 가까운 역에서 기차를 타고 몇 시간을
달려 토끼의 고향에 도착했다. 해는 이미 오래전
에 서산을 넘었고, 들판 위에는 별이 총총 떠 있었다. 미키는
농가와 오세이지오렌지 산울타리, 자주개자리 덤불이 펼쳐진
곳에 상자를 내려놓고 다정한 손길로 워호스를 꺼냈다.

미키는 씩 웃으며 말했다.

“그래, 네가 살던 곳이야. 여기에서는 자유의 별 열세 개가
다시 한 번 자랑스럽게 빛날 거야.”

리틀 워호스는 의심스러운 눈길로 한동안 들판을 뚫어져라
바라보다가 서너 번 멀리뛰기를 한 다음, 망보기 뜀을 하면서
주위를 살폈다. 그러고는 영광의 기록이 새겨진 두 개의 깃발
을 쫑긋 세우고 힘들여 얻어 낸 자유의 품에 뛰어들었다. 워호
스는 그대로 초원의 어둠 속으로 사라졌다.

그날부터 캐스케이드 지방에서는 많은 사람이 리틀 워호스
를 볼 수 있었나. 그 뒤로도 토끼몰이 행사는 계속됐지만, 워
호스는 토끼몰이를 피하는 법을 터득한 모양
이었다. 토끼몰이에서 잡힌 수천 마리 토끼 가
운데, 별이 반짝이는 귀를 가진 멧토끼 리틀
워호스는 끝내 찾아볼 수 없었으니까.

6

전서구 이녹스의 장엄한 비행

아녹스는 시카고를 출발하여 디트로이트, 버펄로, 로체스터를 거쳐 뉴욕으로 향했다.

1

우리는 뉴욕 시 웨스트 19번가에 있는 커다란 마구간 옆문으로 들어갔다. 마구간은 관리가 잘되어 있었다. 사다리를 타고 긴 다락방으로 올라가는 동안 마구간 특유의 냄새는 사라지고 향긋한 마른풀 냄새만 코끝에 맴돌았다. 다락방 남쪽은 벽으로 막혀 있었다. 그 방에서는 '퍼드덕, 퍼드덕, 파닥파닥' 날개 치는 소리와 함께 "구우, 구우, 구구 구우" 하는 익숙한 소리가 들렸다. 우리가 비둘기 사육장에 와 있다는 것을 실감나게 해 주는 소리였다.

이 비둘기장에는 유명한 비둘기 여러 마리가 살고 있었다. 오늘은 어린 비둘기 50마리의 경기가 열리기로 되어 있었다. 비둘기장 주인은 내게 외부인으로서 이번 경기의 심판을 맡아 공정한 판정을 내려 달라고 했다.

오늘 경기는 어린 비둘기들을 시험해 보기 위한 것이었다. 그 비둘기들은 부모와 함께 가까운 곳에서 다시 비둘기장으로 되돌아오는 훈련을 한두 번 받았다. 그런데 이제는 난생처음 부모 없이 혼자 날아와야 했다. 출발점은 뉴저지 주의 엘리자베스였다. 어린 비둘기들이 처음으로 아무 도움 없이 날아오기에는 꽤 먼 거리였다. 사육사는 말했다.

"그렇게 해야 멍청한 놈들을 가려낼 수 있거든요. 정말 우수한 비둘기들만 돌아올 테니까요. 우리는 바로 그런 녀석들만 돌아오길 바라지요."

이 시험 비행에는 또 다른 목적이 있었다. 돌아오는 비둘기들 사이의 우열을 가리는 것이다. 이 지역 비둘기 애호가들과 비둘기장에서 일하는 사람들은 저마다 미리 점찍어 둔 비둘기가 있었다. 그들은 우승자에게 줄 상금을 모았는데, 그 돈을 누구에게 줄 것인지 결정하는 중요한 임무가 내게 맡겨졌다. 가장 먼저 '돌아오는' 비둘기가 아니라, 가장 먼저 '비둘기장 안으로' 들어오는 새가 승자였다. 곧장 집으로 들어가지 않고 집 근처로 돌아와 어정거리는 비둘기는 편지 전하는 비둘기로 적당하지 않기 때문이다.

편지 전달하는 비둘기를 '전서구'라고 한다. 흔히 전서구를 가리켜 '우편집배원'이라는 뜻에서 '캐리어' Carrier 라고도 하는데, 이 지역에서는 부리 둘레를 덮은 살이 불룩하게 발달한 전시용 비둘기를 캐리어라고 했다. 전서구는 '호머' Homer 또는 '호밍 피전' Homing Pigeon 이라고 하는데, 언제나 집으로 돌아오는 비둘기라는 뜻이다.

전서구는 특별히 아름다운 색을 띠지도, 전람회에 출품하는 비둘기들처럼 화려한 장식을 달지도 않았다. 모양을 보고 기르는 것이 아니라 빠른 속도와 뛰어난 지능을 보고 기르기 때문이다. 전서구는 제 집을 무엇보다 소중히 여겨서 무슨 일이 있어도 집으로 돌아오려고 한다.

전서구는 머릿속에 방향 감각을 위한 특별한 장치를 갖고 있는 것 같다. 훌륭한 호머보다 위치와 방향 감각이 좋은 동물은 없다. 뛰어난 호머임을 보여 주는 증거는 양쪽 귀 위로 불룩 튀어나온 부분, 그리고 집을 그리워하는 고귀한 열정에 따라 움직이는 튼튼한 날개뿐이다. 이제 이 비둘기장에서 태어난 어린 비둘기들의 지능과 신체 능력이 시험대에 오를 것이다.

지켜보는 눈이 아무리 많다 해도, 비둘기가 드나드는 문을 모두 닫고 하나만 열어 두는 편이 좋을 것 같았다. 그래야 일등을 한 비둘기가 도착하자마자 문을 닫을 수 있기 때문이다.

그날 내가 겪은 일들은 앞으로도 결코 잊지 못할 것이다. 누가 내게 미리 말해 주었다.

"비둘기들은 열두 시에 출발해서 열두 시 반쯤 여기 도착할 거예요. 정신 바짝 차려야 해요. 녀석들이 회오리바람처럼 몰아칠 테니. 눈앞에 보이는가 싶으면 어느새 비둘기장에 들어와 있을 겁니다."

우리는 비둘기장 안에 죽 늘어서서 반쯤 열어 둔 비둘기 출입문에 눈길을 주고 마음을 졸이면서 남서쪽 지평선을 살펴보았다. 그때 누가 외쳤다.

"저기! 비둘기들이 와요!"

순식간에 피어나는 흰 구름처럼 녀석들이 갑자기 시야에 들어왔다. 비둘기들은 도시를 수놓은 커다란 굴뚝을 스치듯이 낮게 날고 있었다. 처음 모습을 나타내고 2초나 흘렀을까? 비둘기들은 벌써 눈앞에 다가와 있었다. 새하얀 섬광과 같은 날개들이 비둘기장을 향해 돌진했다. 눈 깜짝할 사이에 일어난 일이었다.

나는 준비를 한다고는 했지만, 제대로 준비되어 있지 않았다. 내가 있던 곳은 유일하게 열어 놓은 문 바로 옆자리였다.

삽시간에 푸른 화살 하나가 휙 날아오더니 날개가 내 얼굴을 스치며 지나갔다. 문을 제대로 닫기도 전에 사람들 사이에서 누가 커다란 소리로 외쳤다.

"아녹스야, 아녹스! 거봐, 내 말이 맞지? 녀석이 이길 것 같더라니까. 아이고, 기특해라! 석 달밖에 안 된 놈이 우승을 하다니. 귀여운 녀석!"

아녹스의 주인은 상금을 탈 생각보다 자기 새가 일등을 했다는 사실이 기뻐서 펄쩍펄쩍 뛰며 어쩔 줄을 몰랐다.

사람들은 털퍼덕 주저앉거나 무릎을 꿇고 앉아서 아녹스가 꿀꺽꿀꺽 물을 들이켠 다음 모이통 쪽으로 돌아서는 모습을 지켜보았다. 다들 정말 대단하다고 감탄하는 눈빛이었다.

"저 눈 좀 봐! 날개는 또 어떻고. 저런 가슴팍 본 적 있어? 투지도 대단하단 말이야!"

아녹스의 주인은 자기 새가 져서 풀이 죽어 있는 사람들을 향해 그렇게 떠들어 댔다.

아녹스는 시험 비행을 통해 태어나서 처음으로 자신의 뛰어난 기량을 선보였다. 훌륭한 비둘기장에서 자란 50마리 비둘기 가운데 최고 자리를 차지한 녀석의 앞날은 희망으로 빛났다.

사람들은 아녹스의 발목에 '최고의 호머'를 위해 특별히 만든 은고리를 채웠다. 고리에는 '2590C'라는 숫자가 새겨져 있었다. 오늘날 전서구를 아끼는 모든 사람들에게 중요한 의미를 갖게 된 그 숫자가.

엘리자베스에서 출발한 시험 비행에서 집으로 돌아온 비둘기는 40마리뿐이었다. 시험 비행의 결과는 대체로 이렇다. 어떤 비둘기는 너무 약해서 뒤에 처지고, 어떤 비둘기는 머리가 나빠서 길을 잃는다. 비둘기 주인들은 시험 비행이라는 간단한 방법으로 우수한 비둘기를 선택해서 비둘기의 혈통을 개

량한다.

　돌아오지 못한 열 마리 가운데 다섯 마리는 끝내 보이지 않았지만, 다섯 마리는 그날 느지막이 따로따로 돌아왔다. 낙오자 가운데 가장 늦게 돌아온 비둘기는 데퉁맞게 몸집만 큰 푸른 비둘기였다. 그 비둘기를 보고 한 남자가 말했다.

　"제이키가 돈을 건 파란 멍청이야. 못 올 줄 알았는데 돌아왔군. 내가 상관할 바 아니지만, 저놈 핏줄에는 아무래도 집비둘기 피가 흐르는 것 같아."

　구석에 놓인 상자에서 태어나 '코너박스'라는 별명을 가진 빅블루는 태어날 때부터 힘이 좋았다. 사육사들이 거의 신경을 쓰지 않았는데도 녀석은 비슷한 시기에 알에서 깨어난 비둘기 가운데 가장 빨리 자라 몸집이 가장 컸다. 게다가 다른 비둘기들보다 잘생기기까지 했다. 빅블루는 우쭐해서 아주 어릴 때부터 자기보다 작은 비둘기들을 괴롭히는 골목대장 기질을 드러냈다. 빅블루의 주인은 녀석이 큰 물건이 될 거라고 장담했지만, 비둘기장에서 일하는 빌리는 녀석의 긴 목과 커다란 모이주머니, 행동거지, 지나치게 큰 몸집에 의구심을 나타냈다.

　"가슴이 저렇게 불룩한데 빨리 날 수가 있겠어? 긴 다리는 무게만 더 나갈 테고, 목에는 힘이 하나도 없고 말이야."

　빌리는 아침마다 비둘기장을 청소하면서 이렇게 험담을 늘어놓곤 했다.

2

처음 시험 비행을 치른 뒤에도 비둘기들은 정기적으로 훈련을 받았다. 훈련 횟수가 한 번씩 늘어날 때마다 출발점에서 집까지의 거리가 수십 킬로미터씩 껑충 뛰었고 방향도 계속 바뀌었다. 호머들은 드디어 뉴욕을 중심으로 250킬로미터 안에 있는 지역은 다 알게 되었다.

그동안 처음에 50마리였던 비둘기는 20마리로 줄었다. 혹독한 훈련 과정을 거치면서, 처음부터 허약하고 자질이 없는 비둘기는 물론, 중간에 병이 나거나 사고를 당한 비둘기, 출발 직전에 너무 많이 먹는 실수를 한 비둘기까지 걸러졌기 때문이다.

웨스트 19번가 비둘기장에는 뛰어난 비둘기들이 많았다. 넓은 가슴과 초롱초롱한 눈, 긴 날개를 가진 어린 비둘기들이 빠른 비행 속도와 담대한 용기를 갖춘 전서구로 길러졌다. 위급한 순간에 빠르고 정확하게 소식을 전해야 하기 때문이다. 전서구들의 몸은 대부분 흰색이나 파란색, 갈색이었다. 제복을 입지는 않았지만, 마지막까지 선택되어 남은 비둘기들은 모두 반짝거리는 눈과 불룩한 귀로 가장 우수한 호머의 혈통을 물려받았음을 보여 주었다.

그중에서도 최고의 호머로서 거의 언제나 일등을 차지하는 것은 몸집이 작은 아녹스였다. 지금은 다른 비둘기들도 발목에 은고리를 차고 있어서, 가만히 쉬고 있을 때는 아녹스나 다른 비둘기나 별다른 차이가 없었다. 하지만 공중에 떠 있을 때는 확실히 달랐다. 새장의 뚜껑 문이 열리고 "출발!" 신호가 떨어질 때 가장 먼저 날아오르는 것은 언제나 아녹스였다. 녀석은 어떤 장애물에도 방해받지 않을 만큼 높이 날아오른 다음 집으로 돌아오는 길을 찾아서 곧장 날아왔다. 먹이나 물, 다른 비둘기 때문에 중간에 멈추는 일도 없었다.

빌리의 예상과 달리 코너박스 빅블루도 선별된 스무 마리 안에 남았다. 빅블루는 다른 비둘기보다 늦게 돌아오는 때가 많았다. 일등은 한 번도 하지 못했고, 때로는 다른 비둘기들보다 몇 시간씩 늦게 돌아오곤 했다. 그런데도 배고파 하거나 목말라 하지 않는 것을 보면 중간에 놀다 온 것이 분명했다. 그래도 꼬박꼬박 집으로 돌아오기는 했다. 이제 다른 비둘기들처럼 빅블루의 발목에도 고유 번호를 새긴 은고리가 채워져 있었다.

빌리는 빅블루를 싫어해서 아녹스와 비교하면서 부족한 점이 너무 많다고 했지만, 주인은 이렇게 말하곤 했다.

"녀석에게도 기회를 줘 보게나. '빨리 익은 과일이 빨리 썩는다' 는 속담도 있지 않은가. 처음에 가장 늦게 날던 새가 나중에 최고가 되기도 하거든."

아녹스는 일 년도 못 되어 기록을 세웠다. 가장 힘든 비행은 바다 위를 나는 것이다. 하늘 아래 길잡이가 되어 줄 만한 것이 하나도 없기 때문이다. 안개까지 자욱하게 끼어 있으면 더 힘이 든다. 하나밖에 없는 길잡이인 태양마저 안개가 가려 버리기 때문이다. 기억도, 시력도, 청력도 도움이 되지 않는 이런 상태에서 호머에게 남는 것은 한 가지뿐이다. 호머가 지닌 가장 위대한 능력, 타고난 방향 감각이 그것이다. 이런 능력을 못 쓰게 만드는 것은 단 한 가지, 바로 '두려움' 이다. 그래서 호머의 고귀한 두 날개 사이에는 작지만 용감한 심장이 있어야 한다.

아녹스는 훈련을 위해 동료 비둘기 두 마리와 함께 유럽으로 가는 증기선에 태워졌다. 육지가 보이지 않는 곳까지 항해한 뒤에 비둘기들을 날려 보내는 게 원래 계획이었지만, 안개가 너무 짙게 끼는 바람에 예정된 곳에서 날려 보낼 수가 없었다. 증기선은 비둘기들을 태우고 계속 항해했다. 비둘기는 다음 배에 태워 돌려보낼 생각이었다.

그런데 출항하고 열 시간쯤 지났을 때 배가 기관 고장을 일으켰다. 사방이 짙은 안개로 덮인 바다 위에서 증기선은 통나무처럼 정처 없이 떠돌기 시작했다. 뱃사람들이 할 수 있는 일이라고는 구조를 요청하는 뱃고동을 울리는 것뿐이었다. 결과만 생각하자면, 뱃고동을 울리건 선장이 손짓발로 신호를 보내건 별반 다를 게 없었다.

그때 생각난 것이 비둘기들이었다. 맨 먼저 2592C 스타백이 뽑혔다. 사람들은 방수 종이에 구조를 요청하는 글을 적은 다음 돌돌 말아서 녀석의 꽁지깃 밑에 실로 동여매고선 하늘로 던졌다. 그러자 녀석은 어디론가 사라졌다. 30분 뒤에는 코너박스 빅블루, 2590C에게 편지를 매달았다. 녀석은 잠시 날아올랐지만 곧바로 돌아와 배의 밧줄에 내려앉았다. 겁에 질린 비둘기의 전형적인 모습이었다. 아무리 을러대도 녀석은 배를 떠나려 하지 않았다. 극심한 두려움에 사로잡힌 빅블루는 사람들에게 붙잡혀 새장에 처박혔다.

이제 세 번째 비둘기를 끄집어냈다. 몸집이 작고 다부진 비둘기였다. 뱃사람들은 녀석에 대해 아는 게 없었으므로, 발목 고리에 적힌 대로 '아녹스, 2592C'라고 적어 두었다. 그 이름과 번호는 뱃사람들에게는 아무 의미도 없었다. 그러나 아녹스를 붙잡고 있던 항해사는 녀석의 심장이 빅블루만큼 쿵쾅거리지 않는다는 것을 알아차렸다. 사람들은 빅블루의 몸에서 편지를 떼어 냈다. 편지에는 이렇게 적혀 있었다.

화요일, 오전 10시
뉴욕 동쪽 340킬로미터 해상에서 기관 고장으로 안개 속을 표류하고 있다. 되도록 빨리 예인선을 보내 달라. 60초마다 한 번은 길게, 한 번은 짧게 고동을 울리고 있다.

선장

선장은 편지를 돌돌 말아서 방수 막으로 싼 다음, 증기선 회사의 주소를 적어서 아녹스의 가운데 꽁지깃 밑에 동여맸다.

하늘로 날려 보내자, 아녹스는 배 주위를 한 바퀴 돌았다. 그러고는 좀 더 높은 곳에서 한 바퀴 돌고, 다시 더 높은 곳에서 더 넓은 원을 그리며 돌다가 사람들의 시야에서 사라졌다. 아녹스는 배의 모습이 보이지도, 소리가 들리지도 않는 높은 곳까지 날아올랐다. 다른 모든 감각을 사용할 수 없게 된 아녹스는 그때까지 남아 있는 단 하나의 감각에 자신을 맡겼다.

아녹스의 방향 감각은 '두려움'이라는 폭군조차 어쩔 수 없을 만큼 강력했다. 나침반 바늘이 극점을 향하듯이 아녹스는 아무 망설임도 의심도 없이 날기 시작했다. 새장에서 나온 지 1분도 못 되어 녀석은 자기가 태어난 비둘기장을 향해 빛줄기

이녹스는 배 위에서 원을 그리며 돌다가 사람들의 시야에서 사라졌다.

처럼 빠르고 곧게 날아갔다. 지구 위에서 아녹스에게 만족을 줄 수 있는 장소는 오직 그곳뿐이었다.

그날 오후 빌리는 일을 하다가 휙 하는 빠른 날갯짓 소리를 들었다. 푸른 새 한 마리가 비둘기장으로 날아들더니 곧장 물통으로 향했다. 녀석은 한 모금 또 한 모금 물을 들이켰다. 빌리는 너무 놀라 숨이 막히는 것 같았다.

"아니, 아녹스! 너로구나, 우리 예쁜 아녹스!"

그러고는 빌리는 비둘기 사육사답게 바로 시계를 꺼내 시각을 기록했다. 오후 2시 40분이었다. 꼬리에 붙어 있는 실이 보였다. 빌리는 문을 닫고 재빨리 아녹스 머리 위에 새를 잡을 때 쓰는 망을 씌웠다. 잠시 후 돌돌 말린 편지가 손에 들어왔다. 빌리는 즉시 증기선 회사 사무실로 뛰어갔다. 두둑한 사례금이 눈앞에 보이는 것 같았다.

사무실에 도착한 빌리는 아녹스가 자욱한 안개를 뚫고 4시간 40분 만에 340킬로미터나 날아왔다는 사실을 알게 되었다. 사고가 난 증기선을 끌어올 예인선이 1시간 안에 출발했다.

'안개 낀 바다 위로 4시간 40분 동안 340킬로미터를 날다!'

그것은 매우 놀라운 기록이었으며, 전서구 협회의 공식 기록에 오를 수 있었다. 사람들이 아녹스를 붙잡고 있는 동안 전서구 협회 서기는 지워지지 않는 잉크를 고무도장에 묻혀서 눈처럼 흰 오른쪽 날개 첫 번째 칼깃에 날짜, 참조 번호와 함께 아녹스가 세운 기록을 찍었다.

아녹스 다음으로 뛰어난 능력을 보여 주던 스타백은 그 뒤로 소식이 없었다. 바다에서 죽음을 맞은 것이 틀림없었다.

코너박스 빅블루는 예인선을 타고 돌아왔다.

3

그것이 아녹스의 첫 번째 공식 기록이었다. 그리고 오래 지나지 않아 더 빠른 기록들이 그 뒤를 이었다. 웨스트 19번가의 오래된 비둘기장에서는 아녹스를 둘러싸고 종종 흥미로운 사건들이 일어났다.

어느 날 마구간 앞에 마차 한 대가 멈추더니 은발의 신사가 내렸다. 신사는 먼지투성이 사다리 계단을 타고 올라가 아침 내내 빌리와 함께 비둘기장 안에 앉아 있었다. 금테 안경을 쓰고 신문을 뒤적이던 노신사는 이따금씩 고개를 들어 창밖을 바라보았다. 창밖에서 도시의 지붕 위로 모습을 보일 무언가를 기다리는 것 같았다.

신사는 60킬로미터 떨어진 소도시에서 보낸 소식을 기다리고 있었다. 신사에게는 아주 중요한 소식이었다. 성공이냐 파멸이냐가 그 소식에 달려 있어서 전보보다 빨리 전달받아야 했다. 그런데 전보는 수신국을 거칠 때마다 적어도 한 시간씩 늦어졌다. 그렇다면 60킬로미터 거리에서 전보보다 빨리 소식을 전하는 방법은 무엇일까?

당시에는 딱 하나, 최고의 호머가 바로 그것이다. 성공할 수만 있다면 비용은 아무런 문제가 되지 않았다. 신사는 어떤 값을 치르더라도 최고 중의 최고 호머를 구해야 했다. 일곱 개 칼깃에 지워지지 않는 기록을 새긴 아녹스보다 그 일을 잘 해낼 비둘기는 없었다.

한 시간이 지나고 또 한 시간이 흘렀다. 잠시 뒤, 휙 하는 날갯짓 소리와 함께 푸른 유성이 비둘기장 안으로 들어왔다. 빌리는 문을 탕 닫고 녀석을 붙잡아 능숙하게 실을 자르고는 돌돌 말린 편지를 은행가인 그 신사에게 건네주었다. 얼굴이 창백한 노신사는 떨리는 손으로 종이를 펼쳤다. 그리고 신사의 얼굴에 다시 화색이 돌았다.

"하느님, 고맙습니다!"

신사는 가쁜 숨을 몰아쉬며 이렇게 말했다. 그러고는 자신의 운명이 달려 있는 이사회 장소로 바삐 돌아갔다. 작은 아녹스가 신사를 구한 것이다.

은행가는 아녹스를 사고 싶다고 했다. 너무나 고마운 마음에 아녹스를 소중히 보살피고 싶었던 것이다. 하지만 빌리는 단호하게 말했다.

"그게 무슨 소용이지요? 호머의 마음을 살 수는 없어요. 녀석을 죄수처럼 가두어 놓을 수는 있겠죠. 하지만 그게 전부입니다. 호머는 자기가 태어난 비둘기장을 버리는 법이 없습니다."

그래서 아녹스는 웨스트 19번가 211번지에 남을 수 있었다. 하지만 은행가는 은혜를 잊지 않았다.

가끔 비둘기장에서 멀리 떠나와 하늘을 나는 비둘기를 사냥감으로 여기는 생각 없는 사람들이 있다. 누가 한 짓인지 알겠느냐는 생각에 비둘기를 향해 총을 쏘는 것이다. 생사가 달린 소식을 전하려고 길을 재촉하던 수많은 고귀한 호머들이 비열한 사람들이 쏜 총탄에 무참히 쓰러져 비둘기 파이가 되고 말았다.

아녹스의 형 아놀프도 의사를 부르는 편지를 급히 전하려다가 그렇게 죽음을 맞았다. 아놀프는 세 개의 칼깃에 기록을 새긴 뛰어난 호머였다. 땅에 떨어진 아놀프가 포수의 발밑에서 숨을 거둘 때 날개가 펼쳐지면서 위대한 기록이 드러났다. 발목에 채워진 은고리도 보였다. 총을 쏜 사람은 양심의 가책을 느꼈다. 포수는 편지를 목적지로 보내고, 죽은 비둘기를 자신이 '발견했다' 며

전서구 협회로 보냈다. 아놀프의 주인이 총을 쏜 사람을 찾아 왔다. 포수는 비둘기 주인의 날카로운 추궁을 견디지 못해 자신이 호머를 쏘았노라고 자백했다. 하지만 병들고 가난한 이웃에게 비둘기 파이를 해 주고 싶어서 그랬다고 했다.

비둘기 주인은 분노의 눈물을 흘렸다.

"사랑스러운 우리 아놀프를 그렇게 죽이다니! 이보시오, 아놀프는 사활이 걸린 중요한 편지를 전한 것만 스무 번이고, 중요한 기록을 세운 게 세 번, 사람의 목숨을 구한 게 두 번이오. 그런데 고작 비둘기 파이를 해 먹겠다고 그 소중한 비둘기를 쏘다니. 법대로 처벌할 수도 있지만, 그런 식으로 복수할 마음은 없소. 대신 한 가지만 부탁하리다. 비둘기 파이를 먹고 싶어 하는 병들고 가난한 이웃이 있거든 내게 데려오시오. 식용 비둘기 새끼를 무료로 나눠 줄 테니. 하지만 당신에게 인간성이 남아 있다면, 앞으로는 절대 하늘을 나는 비둘기를 향해 총을 쏘지 마시오. 다른 사람이 총을 쏘는 것도 막아 주시오. 전서구는 값을 매길 수 없을 만큼 소중한 존재라오."

이 비극적인 사건은 은행가와 비둘기장 사람들이 교류하는 동안에, 그리고 은행가가 비둘기들에게 깊은 애정을 품고 있는 동안에 일어났다. 은행가는 뉴욕 주의 주도 올버니에서 비둘기 보호법이 제정되도록 영향력을 발휘했다. 아녹스가 해 낸 일이 빠르게 결실을 맺은 것이다.

4

빌리는 단 한 순간도 코너박스 빅블루, 그러니까 2592C를 좋아한 적이 없었다. 빅블루가 계속 은고리 등급을 유지하고 있는데도 빌리는 녀석을 시시한 놈으로 여겼다. 증기선 사건을 통해 녀석이 겁쟁이라는 사실이 밝혀졌다고 생각했다. 빅블루가 약한 비둘기를 괴롭히는 골목대장 노릇을 하는 것도 확실해 보였다.

어느 날 아침 빌리가 비둘기장으로 들어가 보니 한바탕 소동이 벌어지고 있었다. 큰 비둘기 한 마리와 작은 비둘기 한 마리가 엉겨 붙어서 바닥을 뒹굴며 싸우고 있었다. 사방으로 깃털이 날리고 먼지가 일었다. 빌리는 두 마리를 떼어 놓은 뒤에야 작은 놈이 아녹스, 큰 놈이 코너박스 빅블루라는 것을 알았다. 아녹스는 용감히 싸웠지만 빅블루의 상대가 되지는 못했다. 빅블루의 몸무게는 아녹스의 1.5배나 되었던 것이다.

빌리는 두 마리가 무엇 때문에 싸웠는지도 금세 알아냈다. 혈통 좋고 어여쁜 작은 암비둘기 때문이었다. 빅블루가 자꾸만 집적거린 탓에 둘은 평소에도 잘 지내지 못했다. 하지만 두 비둘기가 그렇게 큰 싸움을 벌인 것은 작은 암컷 때문이었다. 빌리에게 빅블루의 목을 비틀 권한은 없었지만, 빌리는 자기가 아끼는 아녹스를 위해 기꺼이 그 싸움에 끼어들기로 했다.

비둘기의 짝짓기에는 인간의 결혼과 비슷한 면이 있다. 가장 중요한 것은 가까이 지내야 한다는 것이다. 비둘기 한 쌍을 한동안 함께 지내도록 하면 모든 일이 자연스럽게 진행된다. 빌리는 아녹스와 작은 암컷이 다른 비둘기들과 떨어져서 2주 동안 함께 지내도록 했다. 그리고 일을 더 확실히 매듭짓기 위해 빅블루도 다른 방에서 2주 동안 짝이 없는 다른 암컷과 함께 지내게 했다.

모든 일이 예상대로 되었다. 작은 암컷은 아녹스의 짝이 되고, 다른 암컷이 빅블루의 짝이 되었다. 알을 낳을 둥지 두 개가 새로 만들어지고 모든 것은 "그 뒤로 오래도록 행복하게 살았습니다."로 끝나는 것 같았다. 그러나 빅블루는 몸집이 아주 크고 잘생긴 수컷이었다. 녀석이 모이주머니를 크게 부풀리고 햇빛 속을 거들먹거리며 돌아다닐 때면 목둘레에서 무지갯빛이 났다. 아무리 정숙한 암컷이라 해도 그 모습을 보면 마음을 빼앗길 수밖에 없었다.

아녹스는 다부신 체격이지만 몸집이 작았으며, 초롱초롱한 눈을 제외하면 특별히 잘생긴 편이 아니었다. 게다가 아녹스는 중요한 일을 맡아 자주 집을 비워야 했는데, 빅블루는 비둘기장 주위에서 어슬렁거리며 아무 기록도 없는 날개를 펼쳐 보이는 게 일이었다.

도덕을 강조하는 사람들은 비둘기를 예로 들어 변치 않는 사랑과 지조를 말한다. 하긴 맞는 말이다. 하지만 슬프게도 모든 법칙에는 예외가 있는 법! 부정한 행동은 인간만 저지르는 게 결코 아니었다.

아녹스의 아내는 처음부터 빅블루에게 관심이 있었다. 그러던 중 아녹스가 집을 비운 사이에 결국 끔찍한 일이 벌어지고야 말았다.

어느 날 보스턴에서 돌아온 아녹스는 빅블루가 구석에 있는 자신의 상자와 함께 아내까지 차지했다는 것을 알게 되었다. 그리고 목숨을 건 싸움이 벌어졌다. 구경꾼은 두 아내뿐이었는데, 둘은 아무 관심도 없다는 투였다. 아녹스는 그 유명한 날개를 펼치고 싸웠다. 그러나 스무 개의 대기록이 찍힌 날개라고 해서 더 좋은 무기가 되는 것은 아니었다. 게다가 아녹스는 부리와 다리가 작았는데, 그것은 아녹스 집안의 내림이었다. 작지만 튼튼한 심장이 작은 몸집을 대신할 수도 없었다.

싸움은 아녹스에게 불리하게 돌아갔다. 아녹스의 아내는 자기하고는 상관없는 일이라는 듯 태평하게 둥지에 앉아 있었다. 때마침 빌리가 오지 않았다면 아녹스는 목숨을 잃었을 것이다. 빌리는 너무 화가 나서 당장이라도 빅블루의 목을 비틀고 싶었다. 하지만 그 못된 비둘기는 때맞춰 비둘기장 밖으로 도망쳤다.

빌리는 며칠 동안 정성을 다해 아녹스를 간호했다. 주말에는 아녹스도 건강을 되찾았고, 열흘 뒤에는 다시 길을 떠날 수 있었다. 마치 아무 일 없었다는 듯이 제 둥지를 지키는 것을 보면, 아녹스는 부정을 저지른 아내를 이미 용서한 모양이었다. 아녹스는 그달에만 두 차례나 기록을 갈아 치웠다. 16킬로미터를 8분 만에 날아 편지를 전하고, 4시간 만에 보스턴에서 뉴욕으로 날아온 것이다.

그 여행길에서 매 순간 아녹스를 앞으로 나아가게 하는 것은 그 무엇도 막을 수 없는 귀소 본능, 즉 집을 그리는 마음이었다. 그런데 그 마음에서 아내가 여전히 큰 비중을 차지하고 있었다면, 그것은 서글픈 귀향이었다. 집에 돌아온 아녹스는 아내가 빅블루와 다시 바람이 난 것을 알게 되었다. 아녹스는 지쳐 있었지만 다시 결투를 벌였다. 빌리가 아니었다면 이번에도 아녹스는 목숨을 부지할 수 없었을 것이다. 빌리는 두 마리를 떼어 놓은 다음 빅블루를 새장에 가두었다. 그리고 이번에는 어떡하든 녀석을 처치해야겠다고 마음먹었다.

그러는 동안, 시카고에서 뉴욕까지 1,400킬로미터를 횡단하는 '범 전서구 대회' 날짜가 다가오고 있었다. 이 경기는 기량의 차이가 나는 경기자에게도 기회를 주기 위해서 실력이 월등히 뛰어난 경기자에게 불리한 조건을 지우는 방식으로

진행되었다. 이미 여섯 달 전에 참가 신청을 해 둔 아녹스에게
는 많은 돈이 걸려 있었다. 아녹스를 아끼는 사람들은 아무리
부부 사이에 문제가 있다고 해도 아녹스가 출전해야만 한다
고 생각했다.

비둘기들은 기차에 실려 시카고로 가서 각자의 기량과 조건
에 따라 일정한 간격을 두고 출발할 예정이었다. 마지막으로
출발한 비둘기는 아녹스였다. 비둘기들은 잠시도 지체하지
않고 눈에 보이지 않는 똑같은 하늘 길을 따라 날았다. 시카고
변두리에 이르자, 기량이 뛰어난 몇몇 비둘기들은 먼저 출발
한 비둘기들을 따라잡았다.

호머는 방향 감각에만 의지해서 나는 동안은 직선으로 움직
이지만, 익숙한 곳에서는 미리 기억해 둔 땅 위의 표지물을 따
라 움직인다. 대부분의 새는 콜럼버스와 버펄로를 지나 뉴욕
으로 돌아가는 훈련을 받았다. 아녹스는 콜럼버스를 거쳐서
가는 길도 알았지만 디트로이트를 지나는 길도 알고 있었기
때문에, 미시간 호반의 시카고를 출발해서 바로 디트로이트
를 지나는 직선 항로를 택했다. 그렇게 하면 늦은 출발을 만회
하고 상당한 거리를 단축할 수 있었다.

눈에 익은 고층 건물과 굴뚝이 늘어선 디트로이트, 버펄로,
로체스터가 차례로 멀어지면서 시러큐스가 눈앞에 다가왔다.
늦은 오후였다. 12시간 동안 무려 950킬로미터를 난 것이다.

아녹스는 이제 선두에 서 있었다.

그런데 하늘을 오래 날 때마다 찾아오는 갈증이 몰려왔다. 도시의 지붕을 스치듯이 날던 아녹스의 눈에 비둘기장이 들어왔다. 아녹스는 두어 번 커다란 원을 그리며 밑으로 내려가서 다른 비둘기들을 따라 비둘기장으로 들어갔다. 그러고는 종종 하던 대로 물통으로 가서 꿀꺽꿀꺽 물을 들이켰다. 비둘기 애호가라면 누구나 기쁜 마음으로 호머들이 목을 축일 수 있도록 편의를 제공했기 때문이다.

비둘기장 주인은 낯선 비둘기 한 마리가 들어오는 것을 보았다. 주인은 그 비둘기를 자세히 살펴보려고 조용히 다가갔다. 비둘기장 주인이 기르는 비둘기 한 마리가 순간적으로 낯선 비둘기에게 덤벼들었다. 아녹스도 비둘기의 방식대로 날개를 펼치고 비켜서서 맞서 싸웠다. 그러자 아녹스 날개에 줄줄이 찍힌 숱한 기록이 드러났다. 비둘기장 주인은 비둘기의 품종 개량에 관심이 많은 사육사였다. 호기심이 치솟은 그는 줄을 당겨 비둘기장의 문을 닫았다. 아녹스는 비둘기장에 꼼짝없이 갇히는 신세가 되었다.

비둘기를 약탈한 사육사는 수많은 기록이 찍혀 있는 아녹스의 날개를 펼치고 기록을 하나하나 읽어 나가기 시작했다. 그때 발목의 은고리가 눈에 들어왔다. 거기에는 황금 고리도 아깝지 않은 이름이 새겨져 있었다. 아녹스였다. 순간, 비둘기장 주인은 탄성을 질렀다.

"아녹스! 정말 아녹스야! 그래, 네 이야기를 들은 적이 있어. 귀여운 것, 널 이렇게 만나다니 정말 반갑구나!"

주인은 아녹스의 꽁지깃에 달린 편지를 떼어 내고 돌돌 말린 종이를 펴서 읽어 보았다.

'아녹스, 범 전서구 대회 당일 새벽 4시, 시카고에서 뉴욕을 향해 출발함'

"12시간에 950킬로미터를 날아오다니! 정말 신기록 제조기로구나."

비둘기 도둑은 공손하다고 할 만큼 부드러운 손길로 날개를 퍼덕거리는 아녹스를 붙잡아서 푹신하게 안을 댄 새장에 집어넣었다.

"너를 잡아 두려고 해 봐야 아무 소용도 없다는 건 알아. 하지만 네 혈통을 잇는 훌륭한 비둘기는 얻을 수 있을 거야."

그렇게 해서 아녹스는 널찍하고 편안한 새장에 갇히고 말았다. 비록 도둑질을 하긴 했지만, 비둘기장 주인은 호머를 사랑하는 사람이었다. 주인은 자신의 포로에게 안전하고 편안한 환경을 제공하기 위해서라면 무슨 일이든 마다하지 않았다. 주인은 석 달 동안 아녹스를 새장에 가두어 두었다.

처음에 아녹스는 하루 종일 도망칠 궁리를 하면서 철망을 오르락내리락하기만 했다. 하지만 넉 달째로 접어들면서 이제는 도망치기를 포기한 것 같았다. 포로를 주의 깊게 지켜보던 교도관은 두 번째 계획을 실행에 옮겼다. 아녹스에게 수줍음 많은 어린 암비둘기를 데려다준 것이다.

하지만 기대했던 반응은 나타나지 않았다. 아녹스는 암컷에게 작은 호의조차 내비치지 않았다. 얼마 뒤 교도관은 암컷을 내보냈고, 아녹스는 한 달 동안 독방에서 지냈다. 그 뒤 다른 암컷을 들여보냈지만 결과는 똑같았다. 이런 식으로 일 년 동안 어여쁜 암컷들을 만나게 해 주었지만, 아녹스는 암컷들을 거칠게 공격하거나 깔보고 무시했다. 그러다가 가끔씩 도망치고 싶은 간절한 바람이 솟구쳐 오르는지 쏜살같이 철망을 오르내렸다. 때로는 철망에 있는 힘껏 달려들기도 했다.

수많은 기록을 담고 있는 아녹스의 칼깃은 올해도 어김없이 털갈이를 시작했다. 교도관은 떨어진 깃털을 소중히 모아 두었다. 그리고 새 깃털이 나오자 아녹스의 명예로운 기록들을 하나하나 다시 새겨 놓았나.

두 해가 느릿느릿 흘러갔다. 교도관은 아녹스를 새 새장에 집어넣고 다른 비둘기 아가씨를 들여보냈다. 우연하게도 이번 암비둘기는 아녹스의 부정한 아내와 아주 많이 닮아 있었다. 아녹스는 새로 들어온 암컷이 정말 마음에 들었다. 주인이 느끼기에도 그 유명한 아녹스가 새 암컷에게는 관심을 보이는 것 같았다. 정말이었다. 암컷은 분명히 알을 낳을 둥지를 마련하고 있었다. 두 비둘기가 가까운 사이로 발전했다고 생각한 교도관은 처음으로 출구를 열었다. 아녹스에게 자유를 돌려준 것이다.

아녹스는 어떤 행동을 했을까? 의심스럽다는 듯이 이리저리 서성이거나 머뭇거렸을까? 아니, 아녹스는 단 한순간도 망설이지 않았다. 출입문 덮개가 열리자마자 쏜살같이 그곳을 빠져나와 날개를 활짝 펼쳤다. 수많은 기록이 새겨진 놀라운 날개를. 아녹스는 잠깐이나마 마음을 빼앗겼던 키르케^{그리스 신} 화에 나오는 마녀. 약물과 주문을 써서 사람을 짐승으로 만들었다고 한다 — 옮긴이를 향해 눈길 한 번 주지 않은 채, 그 지긋지긋한 비둘기장 감옥을 뒤로하고 날아올랐다. 멀리, 더 멀리.

5

우리가 비둘기의 마음을 들여다볼 수는 없다. 비둘기의 마음이 깊은 사랑과 집을 향한 그리움으로 가득 차 있다는 생각은 어쩌면 우리의 착각인지도 모른다. 그러나 한 가지만은 분명히 말할 수 있다. 신이 씨 뿌리고 인간이 길러낸 귀소 본능, 집을 향한 신비로운 그리움, 이 고귀한 새의 가슴속에서 그치지 않고 활활 타오르는 사랑은 아무리 화려한 빛깔로 칠하고 아무리 높이 찬미해도 부족하다는 것이다.

그것에 어떤 이름을 붙여도 좋다. 인간이 이기적인 목적으로 꾸며서 만들어 낸 단순한 본능에 지나지 않는다고 해도 상관없다. 그것을 어떻게 설명하고 어떻게 분석하고 그것에 어떤 이상한 이름을 갖다 붙인다 해도, 그것은 그대로 거기 있을 것이다. 비둘기들의 용감한 작은 심장이 뛰고 있는 한, 비둘기들의 날개가 퍼덕거리는 한, 거스를 수 없는 강력한 힘으로 영원히 남을 것이다.

집으로, 집으로, 그리운 집으로! 어느 누구도 아녹스만큼 간절히 집을 그리워하지는 않았을 것이다. 웨스트 19번가의 오래된 비둘기장에서 겪었던 모든 아픔과 슬픔은 다른 모든 것을 압도하는 본능 속에서 잊혔다.

창살 안에 갇혀 있던 세월도, 마지막에 찾아온 사랑도, 숙음의 공포도 그 힘을 꺾을 수 없었다. 발판을 박차고 날아올랐을 때, 할 수만 있다면 아녹스는 분명히 노래를 불렀을 것이다. 영웅이 환희에 차서 노래 부르듯이.

아녹스는 녀석의 영광스러운 날개가 경의를 표할 만한 단 하나의 열망에 이끌려 원을 그리며 하늘 높이 날았다. 자유롭게 위로, 위로, 푸른 하늘에 잿빛을 띤 푸른 원을 더 크게 더 높이 그리면서, 많은 기록이 새겨진 흰 날개를 반짝이며 날아올랐다. 그리고 그 모습은 한순간 반짝 빛나는 하얀 불꽃만큼 작아졌다. 아녹스는 하나뿐인 집과 하나뿐인 아내를 향한 그리움에 이끌려 점점 더 높이 날아올랐다.

그것은 말했다, 눈을 감으라고, 귀를 닫으라고. 또 그것은 말했다, 마음 쓰지 말라고, 지금 가까이 있는 것들에도, 지난 2년의 세월에도, 빼앗겨 버린 가장 빛나던 시절에도. 그리고 오직 푸른 하늘 높이 솟아올라 성자처럼 자신의 내면으로 들어가서 마음속 가장 깊은 곳에 있는 안내자에게 자신을 맡기라고 했다. 선장은 아녹스였으나, 키잡이도 항해용 지도도 나침반도 없었다. 모든 것을 뿌리 깊은 본능이 대신하고 있었다.

나무 위로 300미터쯤 날아올랐을 때 신비로운 속삭임이 들려왔다. 화살처럼 빠르게 날던 아녹스는 이제 남남동쪽으로 방향을 틀었다. 하얀 불꽃처럼 반짝이던 양쪽 날개는 가라앉은 하늘 속으로 사라졌다. 시러큐스의 도둑은 두 번 다시 아녹스의 모습을 볼 수 없었다.

급행열차가 빠른 속도로 계곡을 따라 내려가고 있었다. 처음에는 열차가 저만큼 앞서 있었지만, 마치 헤엄치는 사향쥐를 지나쳐 날아가는 들오리처럼 아녹스는 기차를 가볍게 따라잡아 앞질렀다. 아녹스는 계곡에서는 높이 날다가 서냉고 강가의 언덕 위에서는 낮게 날았다. 소나무들이 산들바람을 부드럽게 풀어 놓고 있었다.

그때 새매 한 마리가 떡갈나무 둥지에서 조용히 원을 그리며 미끄러지듯이 날아올랐다. 하늘을 나는 작은 새, 즉 먹잇감을 발견한 것이다. 아녹스는 왼쪽 오른쪽으로 방향을 틀지도, 더 높이 더 낮게 날지도 않았다. 날갯짓을 늦추지도 않았다. 새매는 아녹스가 날아가는 방향의 앞쪽 골짜기에서 기다리고 있었다. 하지만 아녹스는 마치 한창때의 수사슴이 오솔길에서 기다리는 곰을 지나치듯 새매를 그대로 지나쳐 계속 날아갔다. 집으로! 집으로! 아녹스의 생각을 지배하는 것은 맹목적인 열정뿐이었다.

파닥, 파닥, 파닥, 반짝이는 날개는 조금도 속도를 늦추지 않았다. 이윽고 눈앞에 낯익은 길이 나타났다. 한 시간 뒤에는 금방이라도 손에 잡힐 듯한 캐츠킬 산맥의 모습이 보였다. 두 시간 뒤, 아녹스는 그 산 위를 지나가고 있었다. 오랫동안 마음으로 그리던 곳들이 눈앞에 보이자 날개에서 더 큰 힘이 솟아올랐다. 집으로! 집으로! 아녹스의 심장은 소리 없이 그렇게 노래하고 있었다. 목마름으로 죽을 것 같은 여행자의 눈길이 저 멀리 보이는 야자수에 꽂혀 있듯이, 반짝반짝 빛나는 아녹스의 두 눈은 저 멀리 뉴욕 맨해튼에서 피어오르는 연기에 고정되어 있었다.

캐츠킬의 산등성이에서 송골매 한 마리가 날아올랐다. 약탈자 종족 가운데서도 가장 빠르고, 억센 힘과 날개를 큰 자랑거리로 여기는 송골매였다. 맛있는 먹잇감을 발견한 송골매는 기뻤다. 수많은 비둘기가 송골매의 둥지에서 최후를 맞았다. 송골매의 공격은 바람을 타고 날아가 급강하하면서 힘을 아껴 적당한 순간에 내리 덮치는 식으로 이루어졌다.

아, 송골매는 어쩌면 그렇게 그 순간을 정확하게 포착하는지! 아래로, 아래로, 그 순간 송골매는 날아가는 창과 같았다. 들오리도, 새매도, 송골매의 발톱을 피할 수 없었다. 그것은 바로 송골매였기 때문이다. 아아, 호머여! 지금 돌아가라. 그래야만 목숨을 구할 수 있으리니. 그 위험한 산등성이를 돌아서 가라.

그 호머가 돌아갔느냐고? 아니! 그 호머는 다름 아닌 아녹스였다. 집으로! 집으로! 집으로! 아녹스에게는 그 생각뿐이었다. 위험이 닥치면 속도를 높일 뿐이었다. 송골매가 기세 좋게 내리 덮쳤다. 무엇을 덮쳤느냐고? 하얗고 반짝이는 것이 휙 하고 지나가고, 송골매는 빈손으로 돌아서야 했다.

한편 아녹스는 새총으로 쏜 돌멩이처럼 산골짜기의 바람을 가르며 날아가 자취를 감추었다. 아녹스의 하얀 날개는 반짝이는 후광에 싸인 점이 되어 스르르 사라졌다. 아름다운 허드슨 강 유역으로 내려가자 눈에 익은 고속도로가 나타났다. 지난 2년 동안 보지 못한 그 길이!

이제 아녹스는 더욱 고도를 낮추었다. 북쪽에서 불어오는 한낮의 산들바람이 허드슨 강의 수면에 잔물결을 일으켰다. 집으로! 집으로! 집으로! 도시의 고층 건물들이 눈앞에 나타났다. 집으로! 집으로! 아녹스는 포킵시의 거대한 철제 다리를 스칠 듯 낮게 날면서 강둑을 지났다.

강둑에서 바람이 불기 시작했다. 아아! 그런데 아녹스는 너무 낮게 날고 있었다. 너무 낮았다! 대체 어떤 악마가 6월에 포수를 꾀어내어 강가에 숨어서 기다리라고 했을까? 대체 어떤 악마가 푸른 하늘에서 북쪽으로 날아가는 반짝이는 하얀 점에 포수의 시선이 머물게 한 것일까? 오! 아녹스, 미끄러지듯이 날아가는 아녹스여, 예전의 포수를 기억하라! 아녹스는 낮게, 너무 낮게 그 언덕을 지나치고 있었다. 너무 낮고, 또 너무 느렸다!

번쩍, 탕! 죽음의 총알이 아녹스를 때렸다. 아녹스는 상처를 입었지만 떨어지지는 않았다. 반짝이는 날개에서 기록을 아로새긴 깃털이 팔랑거리며 떨어졌다. 안개 낀 바다에서 세운 기록의 끝자리에서 '0'이 떨어져 나가, 340킬로미터가 아닌 34킬로미터가 되어 버렸다. 아, 이 얼마나 부끄러운 만행인가!

짙은 얼룩이 가슴에 나타났지만 아녹스는 계속 날았다. 집으로, 집으로, 날고 또 날았다. 위험은 한순간에 지나갔다. 아녹스는 집을 향해 곧바로 날아갔다. 하지만 아녹스만의 놀라운 속도는 줄어 있었다. 지금 아녹스는 1분에 1.5킬로미터도 날지 못했다. 갈가리 찢긴 칼깃으로 바람이 새면서 귀에 거슬리는 소리를 냈다. 가슴에 생긴 얼룩은 힘이 약해졌다는 것을 말해 주었다.

그러나 아녹스는 계속 똑바로 날아갔다. 집이다! 집이 보이기 시작했다. 그러자 가슴의 통증도 잊혔다. 저지시티의 높은 절벽을 스쳐 지나가는 동안, 멀리 볼 수 있는 아녹스의 두 눈에 뉴욕의 고층 건물들이 분명하게 들어왔다. 앞으로, 앞으로! 날개 끝은 처지고 눈은 비록 흐려졌지만, 집을 그리는 마음만은 점점 더 커져 갔다.

아녹스는 바람을 막아 주는 팰러세이드 절벽을 지나고, 햇빛 부서지는 강물 위를 지나고, 나무 위를 지나고, 송골매 둥지 밑을 지나갔다. 그 해적의 성에는 몸집이 커다란 무시무시한 송골매들이 자리 잡고 앉아 있었다. 검은 복면을 쓴 강도처럼 주위를 살피던 송골매들은 천천히 다가오는 비둘기를 지켜보았다. 송골매들의 성채 안에는 주인을 찾아가지 못한 수많은 편지가 나뒹굴고, 놀라운 기록이 적힌 수많은 깃털이 주인을 잃은 채 바람에 나부끼고 있었다.

아녹스는 예전에도 송골매들과 마주친 적이 있었다. 아녹스는 이번에도 그전처럼 멈추지 않고 날았다. 어서 빨리, 앞으로, 앞으로. 하지만 아녹스는 그때의 아녹스가 아니었다. 치명적인 총알에 힘과 속도를 빼앗긴 것이다. 앞으로, 앞으로! 아녹스는 계속 나아갔다. 적당한 때를 기다리던 송골매 두 마리가 시위를 떠난 화살처럼 날아왔다. 그러고는 약하고 지친 비둘기에게 번개처럼 잽싸게 달려들었다.

그 뒤에 무슨 일이 일어났는지 이야기한들 무엇 하랴! 그토록 그리던 집을 눈앞에 두고 날개가 꺾여 버린, 작지만 용감한 심장의 절망을 어떻게 그려야 할까? 1분 안에 모든 것이 끝나 버렸다. 송골매들은 승리감에 취해 날카로운 소리를 질러 댔다. 그러고는 끽끽대며 둥지로 날아갔다. 놈들의 갈고리발톱 사이로 축 늘어진 사냥감이 보였다. 불꽃같은 삶을 살던 아녹스의 마지막 모습이었다.

바위 위의 성채에서 놈들의 부리와 발톱은 영웅의 피로 붉게 물들었다. 비길 데 없이 고귀한 날개는 갈기갈기 찢기고 거기에 적힌 기록은 아무렇게나 사방으로 흩어졌다. 그 기록들은 약탈자들이 죽임을 당하고 그들의 요새에 사람의 손길이 닿을 때까지 햇볕과 폭풍 속에 그대로 놓여 있었다.

그리하여 영원히 묻힐 뻔했던 아녹스의 운명은 세상에 알려졌다. 비둘기들의 원수를 갚은 사람이 먼지와 쓰레기로 뒤덮

습어 있는 해적들

인 해적의 성채 깊숙한 곳에 널린 수많은 비둘기의 잔해 사이
에서 최고의 호머에게 주어지는 은고리를 발견한 것이다. 거
기에는 잊지 못할 이름과 숫자가 새겨져 있었다.

"아녹스, 2590 C."

'아녹스, 2590C.'

7

달빛 아래 춤추는 요정
캥거루쥐

1

나는 미국 뉴멕시코 주 북부의 커럼포에서 살고 있었다. 내가 머무른 곳은 진흙을 이겨 벽을 바르고 마른 진흙으로 지붕을 덮은 꾀죄죄하고 초라한 단층집이었다. 강에서 멀지 않은 그 집 주위에는 모래 섞인 진흙땅이 넓게 펼쳐져 있었다.

2킬로미터쯤 떨어진 곳에도 역시 진흙이 쌓여서 이루어진 산봉우리들이 있었는데, 비바람과 서리에 깎여서 마치 기기묘묘한 조각상처럼 보였다. 지칠 줄 모르는 대자연의 조각가들이 빚어 놓은 진흙 봉우리들은 곳곳에서 가장자리를 두르고 있는 용암 덕분에 무너지지 않고 그 모습을 간직하고 있었다.

나는 캐나다 매니토바 주의 기름진 초원에서 커럼포 지역으로 옮겨 온 참이었다. 이방인의 눈에 커럼포 지역은 전혀 매력적이지 않았다. 하지만 시간이 흐르면서 이 지역에 감추어져 있던 낙원의 모습이 하나둘 눈에 들어오기 시작했다. 드넓은 벌판을 굽이치며 흐르는 강줄기를 따라 늘어선 미루나무며 키 작은 가시투성이 떨기나무들, 잡초가 무성한 덤불에는 수

많은 생명체가 깃들여 있었다. 나는 매일 밤낮으로 새 친구를 사귀었고, 진흙땅의 주민들에 관해 새로운 사실을 알아냈다.

사람과 새들이 땅을 소유하는 때는 낮뿐이며, 밤은 바야흐로 네발짐승들의 시간이 된다. 나는 그 짐승들이 밤에 어떻게 움직이는지 알고 싶어서, 매일 밤 잠들기 전에 마당의 흙을 고르게 쓸어 놓았다. 또 샘물 쪽으로 나 있는 길과 지금도 '밭'이라고 부르는 예전의 옥수수밭을 지나 가축우리로 이어진 길을 덮은 흙도 매끈하게 쓸어 놓았다.

나는 아침마다 오늘은 또 어떤 흔적이 남아 있을지 잔뜩 기대하며 집을 나서곤 했다. 그때마다 크리스마스 선물 상자를 열어 보는 어린아이나 가장 큰 그물을 끌어 올리는 어부처럼 마음이 설렜다.

짐승들이 아무 소식도 전하지 않은 날은 단 하루도 없었다. 거의 매일 밤 스컹크 한두 마리가 찾아와 여기저기 들쑤시고 다니면서 음식물 쓰레기를 수집하곤 했다. 붉은스라소니가 찾아온 적도 있었다. 어느 날 아침에는 마당을 덮은 흙에 붉은스라소니와 스컹크가 맞붙은 상황에 관해서 상세한 기록을 남겨 두기까지 했다.

"미안. 네가 토끼인 줄 알았지 뭐니! 두 번 다시 이런 실수는 없을 거야.”

붉은스라소니가 재빨리
이렇게 사과했다는 증거도
남아 있었다. 물론 붉은스라소니의 언어로.

몇 번인가 ‘광견병에 걸린 고양이과 동물’이 남긴 불길한 발자국도 발견되었다. 그리고 한 번은 이 지역의 늑대왕이 길을 따라 현관문 바로 앞까지 행차했음을 말해 주는 커다란 발자국이 남아 있었다. 그 발자국 사이의 간격은 현관문에 가까워지면서 점점 좁아졌다. 늑대왕은 문 앞에서 걸음을 멈추고 정확하게 자기 발자국을 되밟고 물러나 다른 곳으로 가 버렸다. 멧토끼, 코요테, 솜꼬리토끼도 집 앞을 지나가면서 자기가 방문했음을 알리는 독창적인 편지를 몇 줄씩 남겼다. 아침마다 모든 것이 내게 고스란히 전달되었다.

그런데 모든 발자국들 사이에는 언제나 섬세한 레이스 작품에서 볼 수 있는 정교한 물방울무늬와 물결무늬가 남아 있었다. 레이스 무늬는 다른 발자국이 보이지 않는 날에도 하루도 빠짐없이 새로 찍혀 있었다. 그러나 무늬가 너무 복잡해서 어느 한 줄을 골라서 따라갈 수가 없었다.

처음에 나는 그것을 수많은 작은 두발동물이 한 줄로 늘어서서 함께 움직이면서 생긴 발자국이라고 생각했다. 하지만 두발동물이라면 사람과 새뿐인데, 새의 발자국은 분명 아니었다.

나는 좀 더 냉정한 판단을 내리기 위해서 마당을 덮은 흙이 알려 주는 모든 사실을 종합해 보았다. 먼저 수많은 작은 두발 동물이 털신을 신고 밤마다 달빛 아래 모여 춤을 추었다는 증거가 남아 있었다. 녀석들이 저마다 한쪽 발끝으로 서서 돌면서 춤을 추면, 훨씬 더 작은 같은 종류의 녀석들이 하나씩 나타나 마치 심부름하는 아이처럼 그 뒤를 졸졸 따라다녔다. 그리고 녀석들은 어디인지 모를 곳에서 홀연히 나타났다가 다시 그렇게 사라졌다. 녀석들은 마치 마음대로 자취를 감추는 능력을 지닌 것 같았다. 아니라면 어떻게 잠시도 쉬지 않고 감시의 눈을 번뜩이는 코요테를 피할 수 있단 말인가?

여기가 영국이나 아일랜드라면, 어떤 농부라도 바로 그 자리에서 그 현상을 설명할 수 있었을 것이다. 눈에 보이지 않는 작은 것들이 작은 털신을 신고 달빛 아래 짝을 지어 춤을 추었다면 그건 당연히 '요정'이라고. 천하에 없는 바보라도 그 정도는 알 거라고 말이다.

그렇지만 나는 여기 뉴멕시코 지방에서 요정 같은 게 있다는 말을 들어 본 적이 없었다. 내가 아는 한, 이 지역의 어떤 문학 작품에도 요정이 등장한 적은 없었다.

그게 요정이라면 얼마나 좋을까! 나는 기꺼이 그 이야기를 믿고 싶었다. 동화 작가 크리스티안 안데르센은 끝까지 요정

캥거루쥐들은 밤마다 달빛 아래서 춤을 추었다.

이 있다는 것을 믿었으며, 나중에는 다른 사람들도 그것을 믿게 만들었다. 아아, 하지만 나는 벌써 오래전에 요정이 있다는 것을 믿을 수 없게 되었다. 내 영혼이 일찍이 왼쪽에 '요정의 나라', 오른쪽에 '과학의 나라'라고 쓰인 이정표가 서 있는 갈림길에 들어섰을 때, 오른쪽의 돌밭 길을 선택했기 때문이다. 그때 나는 무엇인지도 모르는 것을 위해서 요정의 나라를 볼 수 있는 눈을 포기해야 했다.

그래서 레이스 무늬에 어리둥절해 하면서도, 어리둥절한 만큼 더 큰 호기심을 느꼈다. 나는 밤마다 나에게 편지를 쓰는 방문객들에게는 편지를 쓸 깨끗한 공간을 많이 제공해야 한다는 것을 경험을 통해 알고 있었다. 나는 특별히 신경 써서 흙을 쓸어 만든 깨끗한 편지지를 더 넓게 깔아 주었다. 그리고 산쑥 냄새를 실어 오는 저녁 바람이 그것을 더 매끄럽게 손질해 주었다. 그 덕분에 나는 이튿날 아침 촘촘히 뜨개질한 레이스 무늬의 선 하나를 따라갈 수 있었다.

그 선은 길에 잔물결을 일으키면서 오래전에 말라붙은 옥수숫대가 남아 있는 밭을 향해 가다가, 흙 편지지에서 벗어나 옆으로 방향을 틀었다. 그리고 그 선은 마침내 잡초로 덮인 흙무더기에서 끝이 나 있었다. 흙무더기 주변에는 작은 출입구가 여럿 있었는데, 그 구멍들은 수직이 아닌 수평 방향으로 뚫려 있었다.

그렇다. 또 하나의 신비가 거의 풀리려 하고 있었다. 과학의 나라로 가는 돌밭 길에 박힌 부싯돌들은 얼마나 삐죽삐죽 모가 나 있는지! 나는 흙무더기 옆에다 덫을 놓았고, 이튿날 아침에는 내 '요정'을 붙잡을 수 있었다.

그것은 내가 지금까지 만나 본 것 가운데 가장 사랑스럽고 우아한 털 달린 동물이었다. 털은 연한 황갈색이고, 밤색 눈망울은 새끼사슴처럼 크고 아름다웠다. 아니, 새끼사슴의 눈도 그렇게 놀라우리만큼 순수하고 촉촉하지는 않을 것이다. 아주 얇은 조개껍데기처럼 생긴 귀에서는 생명의 기운이 넘쳐흐르는 분홍색 실핏줄이 보였다. 뒷발은 크고 강했다.

하지만 손, 그러니까 앞발은 너무나 작아서 세상에 그보다 더 작은 발이 있을까 싶을 정도였다. 분홍빛이 감도는 흰 손은 동그랗게 말리고 주름져 있어서 마치 아기 손 같았지만, 아기의 새끼손가락 끝보다 더 작고 더 하얬다. 목의 앞부분과 가슴도 새하얬다. 그런 진흙땅에서 어떻게 몸을 그렇게 깨끗이 간직할 수 있는지 놀라울 뿐이었다.

갈색 벨벳으로 만든 듯한 녀석의 짧은 바지 아랫부분에는 기병의 반바지에서나 볼 수 있는 것 같은 은백색 줄무늬가 깜찍하게 나 있었다. 춤을 출 때 데리고 다니는 심부름꾼이라고 생각했던 것은 바로 꼬리였다. 아주 긴 꼬리에 하얀 줄무늬가 두 줄로 길게 나 있어서 반바지와 잘 어울렸다. 꼬리 끝에는 장식용 술 같은 털이 나 있었다. 꼬리는 정말 예뻤지만 너무 긴 게 아닌가 하는 생각이 들었다. 그 긴 꼬리가 얼마나 중요한 일을 하는지 알기 전까지는.

요정은 우아한 모습에 정말 잘 어울리는 움직임을 보여 주었다. 녀석은 발자국만으로도 내 마음을 흔들어 놓더니, 지금 첫 만남에서는 내 마음을 온통 사로잡고 말았다.

"정말 귀엽고 아름답구나! 하도 눈에 띄지 않고 신비스러워서 난 네가 요정이기를 바라기도 했지. 하지만 이제 네가 누군지 알겠구나. 예전에 네 이야기를 들어본 적이 있거든. 넌 페로디푸스 오르디Perodipus ordi, 그러니까 캥거루쥐캥거루쥐의 학명은 현재 디포도미스Dipodomys로 정리되었다. 이 글에 등장한 것은 캥거루쥐의 한 종인 디포도미스 오르디Dipodomys ordii이다 ─옮긴이야. 나를 위해 그렇게 아름다운 레이스 무늬를 그려 주고 예쁜 시를 써 주다니 정말 고맙구나. 네가 쓴 시를 읽을 수는 없었지만 말이야. 내게 그 시를 번역해서 들려주지 않으련? 나는 작고 아름다운 너의 발 앞에 앉아 배울 준비가 돼 있거든."

2

진흙에서 가장 우아한 꽃이 피어난다는 것은 널리 알려진 사실이다. 그래서 나는 캥거루쥐의 보금자리가 지하 동굴이라는 것을 알고도 놀라지 않았다. 녀석의 아름다운 눈과 긴 수염은 지하 동굴의 캄캄한 통로에서 틀림없이 큰 도움이 될 것 같았다.

무자비해 보이겠지만, 나는 녀석을 더 잘 알고 싶은 욕심에 한동안 녀석을 가두어 두기로 했다. 녀석을 내게 자연사를 가르쳐 주는 교수님으로 삼아, 밝은 낮에 녀석의 흙무더기 보금자리를 열어 보기로 했다.

나는 안에 주석을 댄 나무 상자에 푸슬푸슬한 흙을 반쯤 채우고 벨벳처럼 보드라운 털로 덮인 작은 생명체를 그 상자로 옮겼다. 그러고는 삽을 들고 길을 나섰다. 내 포로가 살던 요정 나라의 비밀을 조심스럽게 엿보려 한 것이다.

먼저 주변 지형을 축소해서 그림을 그렸다. 과학은 측정에서 시작되며, 과학의 길을 선택한 이래 나는 계속 정확한 지식을 추구해 왔기 때문이다. 그 뒤에는 나지막한 흙무더기 위에서 자라는 식물들을 그렸다. 커다란 가시투성이 엉겅퀴 세 포기와 무럭무럭 자라는 두꺼운잎유카 두 그루가 살고 있었다. 두 식물 모두 조심성 없는 침입자에게는 위험한 것들이었다.

다음으로, 나는 출입구가 모두 아홉 개라는 점에 주목했다. 아홉 개라, 왜 아홉일까? 시와 음악을 맡은 아홉 여신? 아홉 개의 목숨? 아니, 그런 의미는 아닐 것이다. 캥거루쥐는 천상의 동물이 아니니까. 내가 만난 캥거루쥐의 성채가 우연히 아홉 방향에서 접근할 수 있었을 뿐이다. 다른 캥거루쥐의 집은 집주인이나 집이 자리 잡은 곳의 특성에 따라 입구가 세 개일 수도 있고 스물세 개일 수도 있었다.

아홉 개의 구멍은 각각 억센 가시로 무장한 힘센 보초들, 그러니까 엉겅퀴와 두꺼운잎유카가 지키고 있었다. 이 보초들은 절대로 한눈팔지 않을 것 같았다. 평원의 작은 동물들에게 저승사자로 통하는 코요테가 나타난다 해도, 달빛 무용수 캥거루쥐들은 저마다 집으로 달려가서 가까운 문으로 쏙 들어가면 그만이었다. 그러면 무서운 무기를 든 보초들이 그 문을 지키고 서 있다가 코요테가 나타나면 이렇게 말할 것이다.

"정지! 물러서라. 계속 다가오면 찔러 버리겠다!"

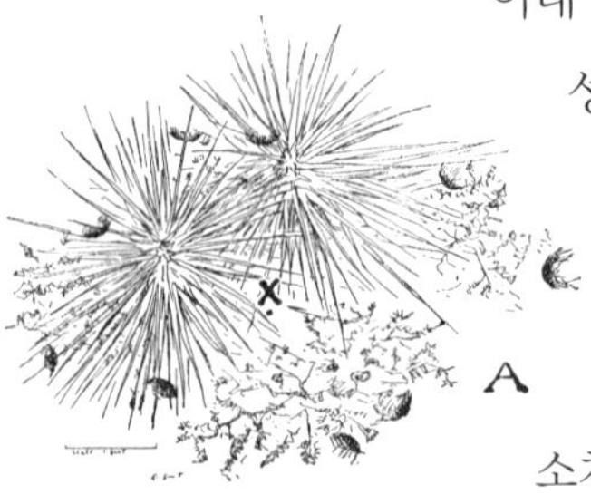

아래 그림의 A 방향에 우연히 캥거루쥐의 성채로 통하는 길이 새로 뚫린다면 그 현명한 작은 동물은 그쪽에도 자기만 사용할 수 있는 편리한 문을 새로 만들 것 같았다. 두꺼운잎유카는 소처럼 몸집이 큰 동물이 흙무더기를 짓

밟지 못하게 해 주었다. 한밤중에 캥거루쥐가 어느 발 빠른 적에게 쫓겨 도망칠 때도 두꺼운잎유카는 크고 시커먼 그림자를 드러내어 희미한 빛 속에서 친절한 길잡이가 되어 주었다.

문득 이런 생각이 떠오른다. 다른 식물들도 모두 잎이 무성해지는 여름철이 되면 두꺼운잎유카가 밤의 길잡이 구실을 제대로 해내지 못하진 않을까? 그러나 두꺼운잎유카는 아주 멋진 방법으로 이 문제를 해결했다. 칼 모양으로 빽빽하게 솟은 잎 한가운데에서 꽃대 하나가 쑥 올라와 보랏빛 밤하늘을 향해 신비한 촛대를 내미는 것이다. 그 끝에 매달린 새하얀 꽃들은 밤하늘에 새로 나타난 별자리처럼 어렴풋하게나마 멀리서도 볼 수 있었다. 캥거루쥐의 안전한 항구에는 그렇게 밤낮으로 등댓불이 밝혀져 있었다.

나는 내 달빛 무용수의 보금자리로 통하는 지하도를 조심스레 파헤치기 시작했다. 그런데 얼마 파 들어가지도 않아서 무언가와 마주치는 바람에 나는 소스라치게 놀랐다. 과학자들이 '암비스토마'라고 부르는, 흉악하게 생긴 두더지도롱뇽이었다. 멕시코 사람들은 미신 때문에 이 도롱뇽을 몹시 두려워했다. 녀석의 몸집은 작았지만, 꼬리를 흔들며 온몸에서 끈적끈적한 독액을 내놓는 것을 보자 나는 등골이 오싹했다. 나도 이런데, 작고 순한 캥거루쥐는 오죽할까 하는 생각이 들었다.

녀석은 캥거루쥐의 집을 공격하려는 것처럼 보였다. 이유는

흉악하게 생긴 두더지도롱뇽

모르겠지만 녀석은 자기가 들어온 지하도의 막다른 곳에서 단단한 모래벽에 코를 박고 한창 구멍을 파고 있었다. 그때 우리는 모두 '요정 이야기' 속에 들어가 있었으므로, 거인 역을 맡은 나는 조금도 망설이지 않고 그 용이 더 이상 요정을 괴롭히지 못하도록 멀리 던져 버렸다.

몇 시간을 끈기 있게 파고 재고 한 끝에 나는 캥거루쥐가 낮 동안 지내는 지하 세계의 지도를 완성할 수 있었다.

어느 입구로 들어가든 가운데 자리 잡은 방 가까이 갈 수 있었지만, 비밀을 모르는 자라면 그대로 지나쳐 다른 입구를 통해 다시 밖으로 나가게 되어 있었다. 몇 번을 드나든다 해도 그 집의 보물과 같은 잠자리를 발견할 수는 없었다. 주인이 집을 나설 때마다 가운데 방으로 통하는 길을 흙으로 막아 놓기 때문이었다.

나는 그제야 두더지도롱뇽이 왜 그런 행동을 했는지 이해할 수 있었다. 녀석은 자기가 비밀 통로를 찾아낼 수 있으리라고 생각한 것 같았다. 실제로는 비밀 통로 근처에도 가지 못했지만, 자기가 구멍을 뚫고 있는 흙벽 너머 어딘가에 비밀 통로가 있다고 생각한 것이 분명했다.

그 방의 공기가 완전히 차단된 것 같지는 않았다. 확실하지는 않지만, 288쪽 그림 가운데쯤에 아주 조그맣게 X 표시를 해 둔 작은 구멍이 환기구일 것이다. 하지만 지붕을 이미 허문 상태여

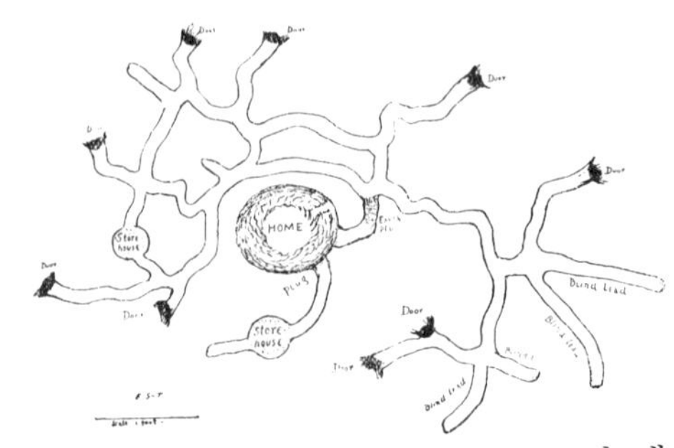

서 조사할 수가 없었다.

가운데 방은 아주 컸다. 길이 30센티미터에 너비 20센티미터 정도였는데, 바닥에서 12센티미터 이상 떨어진 곳에 둥근 천장이 있었다. 오랫동안 문 옆을 지켜 온 두꺼운잎유카의 뿌리가 갈빗대 모양으로 뻗어서 집을 지탱하고 있었다.

나는 방으로 통하는 통로를 발견하고는 그곳이 새끼를 기르는 보금자리라고 생각했지만, 아니었다. 거기에는 가시투성이 풀이 마구 얽혀 있어서, 두더지도롱뇽이 거기까지 들어갔다 해도 더 이상 앞으로 나아가지 못하고 발길을 돌렸을 것이다.

조금 더 파고 들어가자, 한쪽 구석에 교묘하게 숨겨진 진짜 입구가 나타났다. 그곳에는 단단히 다져진 가느다란 풀잎이 깔려 있었다. 그리고 안쪽 바닥에는 보드라운 깃털이 깔려 있었다. 초원에서 사는 모든 작은 새들이 자기가 지닌 가장 아름다운 깃털을 하나씩 선물한 것이 틀림없었다. 그곳은 보드랍고 예쁘고 따스해서, 새끼캥거루쥐들이 저 먼 별에서 땅속 궁전을 처음 찾아올 그날, 분홍빛 감도는 새하얀 진주알 같은 새끼들의 요람이 되기에 아무 부족함이 없었다.

거대한 방의 한구석에서 나는 또 다른 비밀 통로를 발견했다. 마치 중세의 성을 탐험하는 듯한 기분이었다. 꽤 안쪽으로 파고들어 가자, 통로가 비스듬히 기울어지더니 금세 커다란 창고가 나타났다. 창고 안에는 해바라기 씨가 한 바가지나 들어 있었다. 그 창고는 가장 깊숙하고 가장 그늘진 곳에 있었다. 날이 따뜻해져도 씨앗에서 싹이 틀 염려는 없어 보였다.

창고 건너편의 또 다른 통로는 막혀 있었다. 창고에 먹을 것을 채워 넣는 동안은 통로로 쓰다가 창고를 다 채운 뒤 안전을 위해 막아 둔 것 같았다. 여기저기 이렇게 막힌 통로가 많았다. 통로였던 곳을 막아 놓은 것도 있고, 비밀 열쇠가 없는 침입자를 다른 곳으로 유인하기 위해 일부러 만든 것도 있는 듯했다.

한참을 파다 보니 방이 하나 더 있었다. 두 번째 창고였다. 비상식량 창고인 듯, 상태가 좋은 해바라기씨 한 줌이 들어 있었다. 거기에는 상하거나 쭈글쭈글한 씨가 한 알도 없었다. 하지만 캥거루쥐 가족은 하나도 발견할 수 없었다. 녀석들은 내가 소란스럽게 다가오는 소리를 듣자마자, 내가 발견하지 못한 비밀 통로로 도망쳤을 것이다.

이곳이 밤마다 내 집을 찾아온 손님의 보금자리였다. 그 보금자리는 오늘 당장, 그리고 가까운 미래에 닥쳐올 수 있는 모든 곤경에 대비해서 지혜롭게 설계되어 있었다.

3

나는 더 큰 관심을 기울여 상자에 갇힌 보금자리의 주인을 지켜보았다. 캥거루쥐는 반투명한 코끝과 귀 끝부터 예민한 꼬리 끝에 이르기까지 생기가 넘쳐흐르고 활력이 샘솟았다. 캥거루쥐는 상자의 한쪽 끝에서 맞은편까지 한 번에 건너뛸 수 있었다. 나는 녀석의 움직임을 관찰하면서 커다란 꼬리가 어떻게 쓰이는지 알게 되었다. 멀리뛰기를 할 때, 꼬리 끝에 달린 장식용 술 같은 털이 마치 화살 깃처럼 공중에서 똑바로 나아가게 해 주었다. 뿐만 아니라 뛰어오른 상태에서 꼬리를 움직이면 나아가는 방향을 살짝 바꿀 수도 있었다.

꼬리에는 다른 쓰임새도 있다. 캥거루쥐의 줄무늬 바지에는 겨울용 식량을 집어넣어 집으로 옮길 주머니가 없다. 그 대신 양쪽 볼 안쪽에 커다란 주머니가 하나씩 달려 있다. 캥거루쥐는 두 볼이 불룩 튀어나올 때까지 볼주머니에 먹이를 채워 넣는다. 볼이 너무 불룩해져서 머리를 옆으로 돌려야만 굴 입구를 통과할 수 있을 정도이다.

볼주머니에 많은 양의 먹이를 집어넣으면, 맨 몸으로 뛸 때와는 무게 중심이 완전히 달라진다. 바로 이때 녀석들의 길고 큰 꼬리가 튼튼한 지렛대 구실을 한다. 얼마나 무거운 짐을 들고 있느냐에 따라 꼬리를 더 높이 또는 더 낮게 움직여서 균형을 맞추는 것이다. 큰 꼬리 덕분에 캥거루쥐는 볼주머니에 일주일 치 식량을 집어넣고도 완벽한 자세로 뛰어오를 수 있다.

캥거루쥐는 지칠 줄 모르는 작은 광부였다. 녀석은 연필심만 한 분홍빛 도는 하얀 앞발로 잠시도 쉬지 않고 땅을 파면서, 마치 증기 기관을 이용해서 땅을 파는 기계가 흙을 분출하듯이 뒷다리 사이로 흙을 퍼냈다. 캥거루쥐는 피곤한 줄도 모르는 것 같았다.

녀석이 가장 먼저 한 일은 상자 안에 수많은 굴을 뚫는 것이었다. 그러고는 이상적인 지하 주택을 몇 채나 짓고 부수고 다시 지었으며, 지하에서 빠르게 이동할 수 있도록 통행 문제를 해결했다. 다음에는 경치를 아름답게 꾸미기 시작했다. 마음 내키는 대로 언덕과 골짜기를 만들어서 하룻밤 사이에 지형을 완전히 바꿔 놓곤 했다.

캥거루쥐가 만들어 놓고 가장 좋아하는 풍경은 한쪽 끝에 샌프란시스코 봉이 솟아 있는 콜로라도 협곡, 즉 그랜드캐니언 같은 것이었다. 녀석은 한참 동안 그 봉우리 위에 흙에 섞여 들어온 커다란 돌멩이를 올려놓으려고 했지만, 그것을 옮길 만한 힘이 없었다. 그래서 내가 도와주려고 하면 고마워하기는커녕 골을 냈다.

얼마 동안 그 돌멩이는 캥거루쥐의 가장 큰 고민거리였다.

캥거루쥐는 그 돌을 쓰지도 못하고 내다 버리지도 못하다가, 돌멩이 밑의 흙을 파낼 수 있다는 사실을 알아내고는 계속 파 내려갔다. 돌멩이는 마침내 상자 밑바닥에 자리를 잡게 되었고, 더 이상 캥거루쥐를 귀찮게 하지 않았다.

캥거루쥐는 샌프란시스코 봉에서 그랜드캐니언을 가로질러 상자 반대편에 있는 유타 주까지 수백 킬로미터나 되는 거리를 한 번에 건너뛰었다가 다시 수천 킬로미터 높이의 산봉우리로 돌아가는 것이 낙이었다.

나는 캥거루쥐의 낯가림과 밤에만 활동하는 습관을 고려하면서, 되도록 자세히 녀석을 관찰하고 그림도 그리며 연구했다. 녀석에 관해 점점 더 많은 것을 알게 되자 녀석에게 감탄하는 마음도 점점 더 커졌다. 녀석은 매일 밤 놀랍도록 끈질기게 지질학 수업에 몰두했다. 새로운 산맥을 쌓아 올리는 능력은 특히 놀라웠다. 화산이라도 폭발한 것 같았다.

맨 처음 어렴풋이 녀석의 존재를 느꼈을 때, 나는 녀석을 요정이라고 부르고 싶었다. 그러다가 녀석을 직접 만난 뒤에는, "아니, 겨우 캥거루쥐였네." 하고 말했다.

하지만 2주 동안 우리에 갇힌 녀석을 지켜본 뒤에 깨달았

다. 그렇게 힘
이 넘치는 작은 동물 수
백만 마리가 수천 년 동안 직접 땅을 파거나 자신들이 판 굴에
서리와 빗물이 스며들게 해서 전체적인 지형을 바꾸어 놓았
다는 것을. 그러자 캥거루쥐가 쥐보다도 요정보다도 중요하
다는 것을 인정하지 않을 수 없었다. 캥거루쥐는 지질시대^{지구}
가 이루어진 이후부터 역사 시대 이전까지의 시대 —옮긴이에 버금가는 위대한 존
재였다.

4

나를 깜짝 놀라게 한 사실이 하나 더
있었다. 과학자들은 생쥐가 새소리 비슷한 울음소리를 낸다
는 것을 잘 알고 있다. 천부적인 재능을 타고난 생쥐들은 한밤
중에 벽장이나 지하실에서 카나리아 노래에 뒤지지 않을 만
큼 멋진 세레나데를 뽑아낸다. 동부의 삼림 지대에 서식하는
흰발생쥐도 뛰어난 재능을 타고난 가수로 알려져 있다.

　목동들은 고지대의 야영지에서 밤잠을 자다가 비몽사몽간
에 새가 지저귀는 것 같은 신비한 노랫소리를 들을 때가 종종
있다고 말한다. 떨리는 소리로 새보다 더 나직하게 부르는 고

운 노랫소리가 들린다는 것이다. 목동들은 작은 새가 꿈속에 찾아와 노래를 불렀다고 생각하거나, '초원나이팅게일' 의 노래라는 믿기 힘든 설명을 그대로 받아들인다. 그리고 그게 무슨 소리였는지 굳이 알아보려고 하지 않는다.

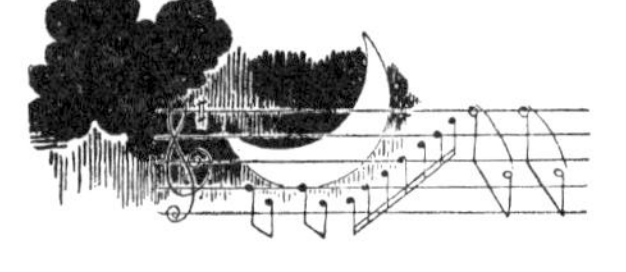

나도 종종 신비한 밤의 노래를 들었지만 그 노래를 부르는 가수의 보금자리를 추적할 수 없었으므로, 이름 모를 작은 새가 낮 동안 표현하지 못한 기쁨을 노래하는 모양이라고만 여겼다.

나는 몇 번인가 내 포로가 밤중에 길게 끄는 소리로 우는 것을 귓결에 듣고 흘려 버렸는데, 나중에야 그 소리가 달이 떠오를 때 들었던 노랫소리와 같다는 생각이 들었다. 하지만 유감스럽게도 나는 캥거루쥐의 노랫소리를 제대로 듣지는 못했다. 결정적인 증거를 잡을 수 없었던 것이다. 내 포로는 나를 기쁘게 해 주려 하지 않았다. 사실 녀석은 처음부터 끝까지 나를 경멸하는 듯한 태도를 보여 주었다.

그래서 나는 두 울음소리가 같은 것이라고 '생각한다' _{그리고 바란다}고 말할 수 있을 뿐이다. 나는 정확한 과학의 길을 따르기로 한 것이다. 아, 나는 왜 다른 길을 따르지 않은 걸까? 그랬다면 이쯤에서, 한밤중에 초원에서 고운 목소리로 노래하는 가수와 밤마다 내 집 앞에서 춤추던 보드라운 털옷 입은 요정이 '같은 동물' 이라고 발표할 수 있었을 텐데.

그런데 어느 날 밤, 상자 속 자연계에 다시금 대변동이 일어났다. '끊임없이 샘솟는 힘' 을 지닌 내 포로가 새로운 지각 변동 실험을 한 것이다. 캥커루쥐는 늘 하던 대로 자신의 왕국 한가운데가 아닌 상자의 남서쪽 구석에 산을 쌓기 시작했다. 거대한 산이 완성되자 이번에는 그랜드캐니언을 허물어서 벽을 쌓기 시작했다.

조그만 분홍색 앞발은 험한 산을 점점 더 높이 쌓아 올렸다. 전에 없이 낮게 가라앉은 평원 위로 아찔할 만큼 높은 산봉우리가 우뚝 솟아올랐다.

상자 한쪽 귀퉁이에 자리 잡은 산봉우리가 솟아오르는 속도는 점점 더 빨라졌다. 산봉우리가 빠른 속도로 상자 뚜껑, 즉 하늘에 가까워지면서, 무언가가 캥거루쥐의 마음에 불을 지폈다. 이제 캥거루쥐는 상자에 갇힌 뒤로 단 한 번도 닿지 못한 높이에 도달해 있었다. 주석을 대지 않은 나무 벽에 닿을 만큼 높은 곳이었다.

녀석은 새로운 재료에 이빨을 박아 넣었다. 아, 그리고 새로운 기쁨이 밀려왔다! 나무는 쉽게 잘려 나갔다. 캥거루쥐는 여느 때와 다름없이 기운차게 일해서 순식간에 두께 1센티미터의 송판에 구멍을 냈다. 그리고 녀석은 주석으로 치장한 왕국에서 탈출할 수 있었다. 왕국의 지질시대는 사라져 버렸다.

내 자연사 교수님은 사임하고야 말았다. 처음에 내가 밝혀 내고 싶었던 것은 믿기 힘든 신비로운 일이었지만, 정작 발견한 것은 경이로운 자연계의 유쾌한 이야기였다.

5

이제 그 캥거루쥐는 다시 즐거운 마음으로 고지대의 진흙과 모래밭을 달리고 있을 것이다. 그리고 드넓은 평원을 살아 있는 화살처럼 빠르게 가로지를 것이다. 경솔한 코요테를 꾀어서 무시무시한 선인장에 코를 처박게 하거나, 올빼미를 향해 자꾸 자기를 귀찮게 굴다가는 두꺼운잎유카의 매운맛을 보게 될 거라고 으름장을 놓고 있을지도 모른다. 그러다가 밤이 찾아오면 다시 밖으로 나와 매끄러운 바닥에 레이스 무늬를 그리거나, 아름다운 시를 쓰거나, 신이 난 친구들과 함께 달빛 아래 이리저리 뛰어다니며 노래를 부를 것이다.

적을 안전하게 피할 수 있는 지하 세계로 통하는 비밀 통로를 알고 있는, 그림자처럼 아련하고, 화살처럼 빠르고, 엉겅퀴 솜털처럼 우아하고, 초롱초롱한 눈이 아름다운 캥거루쥐. 내가 캥거루쥐에게서 받았던 이런 첫인상은 조금도 어긋나지

평원을 화살처럼 빠르게 가로지르다.

않았다. 나는 분명히 요정을 발견한 것이다. 어떤 동화책 속 요정보다 더 가까이 있고, 더 착하고, 더 인간적인 요정을.

내가 선택한 돌밭 길은 드디어 나를 더 높은 곳에 있는 요정의 나라로 이끌었다. 이제 요정 따위는 영국이나 아일랜드, 인도 같은 낭만적인 나라에서나 볼 수 있는 것이라고 말하는 소리가 들려올 때마다, 나는 마음속으로 이렇게 속삭인다.

"당신은 책을 읽으면서 너무 많은 시간을 허비했군요. 메사꼭대기가 평평하고 주위가 급경사를 이룬 탁자 모양의 지형. 메사는 에스파냐 어로 '탁자'라는 뜻이다 —옮긴이 위로 달이 둥실 떠올라 강굽이마다 빛을 던지고, 산자락을 초록색으로 물들이고, 그늘진 곳을 푸른 장막으로 덮을 때, 커럼포에 가 본 적이 있나요? 그 달빛 아래 들려오는 노랫소리를 들은 적 있나요? 달빛이 엉겅퀴 줄기 끝을, 칼처럼 날카로운 두꺼운잎유카 잎을 지나쳐 매끈하게 닦인 무도회장에 평화롭게 머무르는 것을 본 적 있나요? 그 무도회장에는 밤마다 작은 요정들이 어딘지도 모르는 곳에서 홀연히 나타났다가 발소리도 내지 않고 사라진답니다.

당신은 그 요정을 본 적이 없을 거예요. 비밀의 방으로 통하는 열쇠를 찾아내지 못했으니까요. 어쩌면 비밀 열쇠를 찾아낸 뒤에도 여전히 믿지 못할 거예요. 달빛 아래 무도회를 여는

경솔한 코요테를 꾀다.

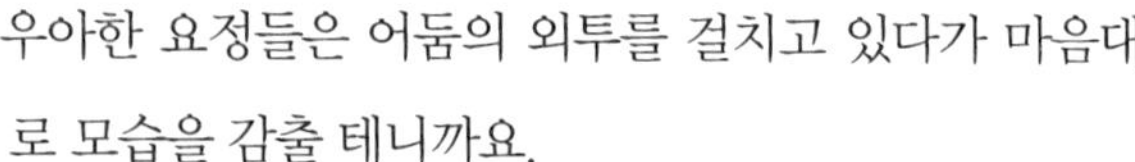

우아한 요정들은 어둠의 외투를 걸치고 있다가 마음대로 모습을 감출 테니까요.

당신은 모든 게 꿈이었다고 말할 거예요. 그렇지만 보드라운 흙 위에 찍힌 레이스 무늬는 어떻게 할까요? 이튿날 아침 태양이 떠오를 때면 그곳에 또렷이 남아 있는 그 무늬 말이에요."

회색곰 왑의 일생

1

왑은 20여 년 전, 거친 서부에서도 가장 거친 곳인 리틀파이니 강의 발원지에서 태어났다. 지금은 팰릿 목장이 들어서 있는 곳 위의 지역이다.

왑의 어미는 평범한 회색곰Ursus arctos horribilis : 북아메리카에 서식하는 큰곰Ursus arctos의 한 아종, 털 빛깔은 회색에서 옅은 갈색, 짙은 갈색까지 다양하다. 로키 산맥에 서식하는 회색곰은 털끝이 은색이나 밝은 회색을 띤 것이 많아 실버팁이라고도 한다—옮긴이으로, 자기 자신과 새끼들만 돌보면서 모든 곰의 소망인 조용한 삶을 살고 있었다. 그냥 내버려두는 것 말고는 아무것도 바라는 게 없었다.

7월에 들어선 뒤, 어미는 자랑스러운 새끼들을 데리고 리틀파이니 강을 따라 그레이불 강가로 내려갔다. 그러고는 산딸기가 무엇인지, 어디 가면 산딸기가 많은지 가르쳐 주었다.

어미의 믿음과 달리, 새끼들은 그렇게 몸집이 큰 편도, 영리한 편도 아니었다. 하지만 다른 어미 회색곰은 새끼를 둘 낳는 게 고작인데, 새끼를 넷이나 두었다는 것은 놀랄 만한

넓적한 돌 밑으로 몰려드는 새끼곰들.

일이었다.

털북숭이 어린것들은 즐거운 나날을 보내고 있었다. 아름다움을 뽐내는 여름 산에는 온갖 좋은 것들이 널려 있었다. 어미는 쓰러진 나무나 넓적한 돌이 눈에 띌 때마다 그것을 들어 올렸다. 그러면 새끼곰들은 새끼돼지처럼 바로 달려들어 거기 숨어 있던 개미, 땅벌레, 굼벵이 들을 핥았다.

바윗돌 밑으로 들어가 있는 동안 어미가 힘이 빠져 돌이 떨어져 내리면 어쩌나 하는 생각 같은 건 아예 없었다. 황갈색 털 밑에서 미끄러지듯이 움직이는 어미곰의 거대한 팔과 어깨를 보면 어느 누구도 그런 생각을 하지 않을 것이다. 그렇다, 어미의 팔은 약해질 수가 없었다. 어린것들이 옳았다. 녀석들은 통나무가 나타날 때마다 앞을 다투어 달려가다가 서로를 밀어젖히고 넘어뜨리면서 깩깩거리고 으르렁거리곤 했다. 마치 새끼돼지나 강아지, 새끼고양이들이 한 덩어리가 되어 뒹구는 것 같은 모습이었다.

새끼곰들은 고지대의 쓰러진 나무 밑에 사는 작은 갈색 개미들은 잘 알고 있었지만, 지금처럼 크고 통통하고 맛있는 개미들이 지은 개밋둑은 처음이었다. 녀석들은 다 같이 몰려가서 달려 나오는 개미들을 핥아 먹었다. 하지만 녀석들의 혀에는 개미보다 선인장 가시와 모래가 더 많이 달라붙었다. 그때 어미곰이 회색곰의 언어로 말했다.

“방법을 알려 줄게.”

어미는 개밋둑 꼭대기를 쳐서 무너뜨린 다음, 그 위에 거대한 앞발을 가만히 올려놓았다. 그러자 성난 개미들이 떼 지어 발을 타고 올라왔고, 어미는 한입에 그것들을 핥아 먹었다. 모래 한 알, 선인장 가시 하나 섞이지 않은 맛있는 개미들이 입안에 가득했다. 새끼곰들은 바로 배웠다. 그래서 저마다 작은 갈색 앞발을 들어 올려 개밋둑을 둥글게 에워쌌다. 그리고 손을 가지고 노는 아이들처럼 그 앞에 앉아 오른쪽 왼쪽을 번갈아 가며 앞발을 핥았다. 때로는 형제의 귀를 붙잡고 다른 녀석의 앞발을 핥기도 했다. 그렇게 개밋둑은 깨끗이 비워졌고 곰들은 떠날 채비를 했다.

시큼한 개미로 배를 채운 곰들은 목이 말랐다. 어미는 새끼들을 강가로 데려갔다. 실컷 물을 들이켜고 물장구를 치다가 강기슭을 따라 내려간 곰들은 웅덩이가 있는 곳에 다다랐다. 바닥에서 햇볕을 쬐고 있는 버펄로피시 여러 마리가 어미의 날카로운 눈에 걸려들었다. 깊은 웅덩이와 웅덩이 사이에는 아주 얕고 자갈이 많고 물살이 빠른 곳이 있었다. 어미가 새끼들에게 말했다.

“자, 이제 강둑에 앉아서 새로운 걸 배워 봐.”

어미는 웅덩이 아래쪽으로 가서 맑은 물을 휘저어 흙탕물을

새끼곰들이 앉아서 어린아이들처럼 '손'을 가지고 놀고 있다.

일으켜서, 바로 밑의 얕고 물살이 빠른 곳으로 커튼처럼 길게 띄워 보냈다. 그러고는 슬그머니 땅으로 올라와 웅덩이 위쪽으로 돌아가서 있는 힘껏 소리를 지르며 물속에 뛰어들었다. 그곳에 모여 있던 물고기들은 기습 공격에 놀라 허둥지둥하며 무턱대고 흙탕물 속으로 들어갔다. 물고기가 쉰 마리라면 그 가운데 어리석은 녀석도 몇 마리는 섞여 있는 법이다. 이런 물고기 대여섯 마리가 흙탕물을 헤치고 물살이 빠르고 얕은 쪽으로 가서는, 잠시 후 영문도 모른 채 자갈 위에서 파닥거리고 있었다. 어미는 그 물고기들을 강기슭으로 던졌고, 새끼들은 도망갈 줄도 모르는 우스꽝스러운 짧은 뱀 같은 것을 보고 소리를 지르며 달려들었다. 그리고 작은 배가 봉긋해질 때까지 게걸스럽게 먹어 댔다.

배는 볼록한 데다 뜨거운 햇볕이 내리쬐자, 졸음이 쏟아지기 시작했다. 어미곰은 조용히 쉴 수 있는 외딴 곳으로 새끼들을 데려갔다. 어미가 바닥에 드러눕자, 새끼들은 더위에 숨을 헐떡거리면서도 어미에게 달라붙어 잠들었다. 추운 날처럼, 갈색 앞발을 구부려 넣고 검은 코를 털로 감싼 채.

한두 시간쯤 지나자 새끼곰들은 하품을 하고 기지개를 켜기 시작했다. 막내딸 퍼즈만은 뾰족한 코를 잠깐 내밀었다가 다시 어미 품속으로 파고들었다. 귀염 받는 막내다운 짓이었다.

맏이인 왑은 벌렁 드러누워서 삐죽 튀어나온 나무뿌리를 물고 흔들기 시작했다. 질겅질겅 뿌리를 씹으며 혼자 웅얼거리다가 마음에 들지 않는다고 앞발로 툭툭 치기도 했다. 장난꾸러기 무니는 프리즐의 귀를 잡아당기다가 따귀를 얻어맞았다. 맞붙어 싸우던 둘은 한 덩어리가 되어 회색빛 도는 황갈색 공처럼 풀밭 위를 굴렀다. 그리고 저도 모르는 사이에 강 쪽으로 굴러 내려가 눈앞에서 사라졌다.

그다음 순간, 프리즐과 무니 쪽에서 살려 달라는 비명이 들려왔다. 그 소리에는 생생한 공포가 스며 있었다. 어떤 무시무시한 것이 위협을 하는 듯했다.

어미가 벌떡 일어났다. 상냥한 모습은 온데간데없이 사라지고 괴물처럼 변한 모습이었다. 강둑 너머로 방목장의 거대한 황소가 새끼곰을 누런 개로 착각하고 죽일 듯이 달려드는 것이 보였다. 강둑에서 발을 헛디딘 프리즐은 목숨이 경각에 달려 있었다. 그러나 어미곰은 육중한 발을 쿵쾅거리고 황소도 놀랄 만큼 큰 소리로 울부짖으며 황갈색 털로 덮인 거대한 공처럼 튀어 올라 황소에게 맞섰다. 상대는 황소였다! 소 떼의 제왕이자 초원의 지배자인 황소가 그 무엇인들 두려우랴. 황소는 굵

은 목청으로 울부짖다가 강둑의 어미곰을 향해 돌진했다. 그러나 놈이 반짝이는 뿔로 어미곰을 공격하려고 몸을 구부린 순간, 어미곰은 놈에게 무시무시한 일격을 가했다. 그리고 황소가 다시 자세를 잡기도 전에 놈의 어깨에 올라타고는 날카로운 발톱으로 몇 번이고 할퀴어 갈비뼈에서 살점을 뜯어냈다.

황소는 무섭게 으르렁거리면서 어미곰을 매단 채 몸을 앞뒤로 흔들어 댔다. 그 뒤, 황소가 육중한 몸으로 비탈을 따라 뛰어 내려가자 어미곰은 황소의 몸에서 떨어졌다. 황소는 그대로 강물 속으로 굴러떨어졌다.

황소에게는 다행스러운 일이었다. 어미곰도 그곳까지는 따라갈 마음이 없었기 때문이다. 황소는 건너편 강기슭으로 빠져나갔다. 그리고 분노와 고통으로 울부짖으며 자기 무리를 찾아 섞여 들었다.

2

소 떼의 주인 피켓 대령은 말을 타고 목장을 둘러보고 있었다. 간밤에 흰 눈 덮인 피켓 봉 위로 초승달이 넘어가는 것을 본 뒤였다.

"프랭크 봉으로 그믐달
이 넘어가는 것을 본 뒤로
는 한 달 동안 재수가 없
었어. 하지만 이번 달에는
운이 좋겠어."

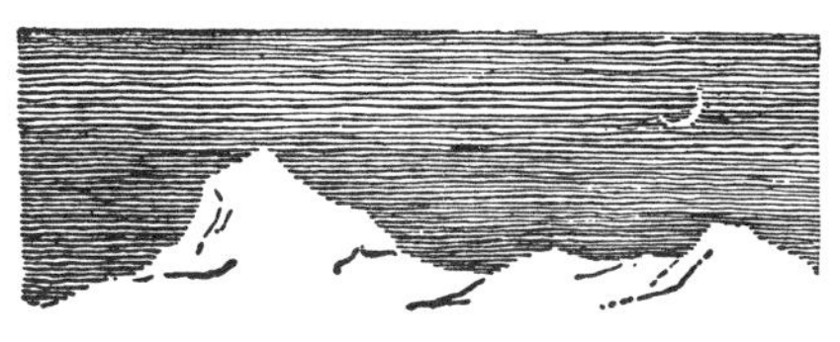

이튿날 아침 정말 좋은 일이 있었다. 그의 목장에 우체국을
세워 달라는 요청을 수락하는 편지가 워싱턴에서 도착한 것
이다. 편지에는 이런 정중한 질문도 포함되어 있었다.

"새 우체국에는 어떤 이름을 붙이기를 원하십니까?"

대령은 새로 산 45구경 90그레인 규격의 연발 라이플총을
꺼내 들며 혼잣말을 했다.

"그럴 줄 알았어. 이번 달은 내 거라니까."

그는 소 떼를 둘러보려고 그레이불 강을 따라 말을 달렸다.

림록 산 밑을 지날 때 멀리서 황소들이 싸우는 것 같은 소리
가 들렸지만, 대령은 무심코 넘겼다. 하지만 산모퉁이를 돌아
아래 들판에서 소 떼가 앞발로 땅을 긁어 대며 울부짖는 것을
보자 일이 벌어졌음을 깨달았다. 다른 소가 흘리는 피 냄새를
맡았을 때 하는 행동이었기 때문이다. 소 떼의 '대장' 격인 황
소가 피로 범벅이 되어 있는 모습이 바로 눈에 띄었다. 등과
옆구리는 퓨마에게 공격당한 듯 찢어져 있었고, 머리는 다른
황소에게 받힌 듯했다.

"회색곰 짓이야."

산을 잘 아는 대령이 내뱉었다. 그는 재빨리 황소 발자국이 어느 쪽에 남았는지를 살펴보고, 주위를 둘러볼 수 있는 높은 강둑을 향해 말을 달렸다. 그레이불 강의 자갈이 많은 여울 건너편, 파이니 강 어귀에서 가까운 곳이었다. 대령의 말은 철벅철벅 소리를 내며 차가운 물살을 뚫고 건너편 강기슭에 올라섰다.

대령은 강둑 위로 머리를 내밀자마자 라이플총을 그러쥐었다. 어미 한 마리에 네 마리 새끼곰까지, 다섯 마리 회색곰이 눈에 들어왔기 때문이다.

"숲으로 뛰어."

남자가 총을 들고 있는 것을 본 어미가 소리를 질렀다. 자기는 어떻게 되든 상관없었지만, 사랑스러운 새끼들에게 총구가 겨누어진다는 것은 생각만 해도 끔찍했다. 어미는 새끼들을 이끌고 파이니 강 하류의 울창한 숲을 향해 달렸다. 그러나 소름 끼치도록 잔인한 총격은 이미 시작되었다.

탕! 어미곰은 죽을 것 같은 고통을 느꼈다. 탕! 가엾은 막내 퍼즈가 비명을 지르며 고꾸라지더니 이내 잠잠해졌다.

증오와 분노에 사로잡힌 어미곰은 으르렁거리며

적을 향해 돌아섰다.

탕! 어미는 어깨에 총을 맞고 몸이 마비되면서
죽어 갔다. 세 마리 새끼곰은 어쩔 줄 모르고 몸을
돌려 어미에게 달려갔다.

탕! 탕! 무니와 프리즐은 어미 곁에서 모진 고통 속에 숨이
끊어졌다. 왑은 너무 놀라 얼이 빠진 채 그 주위를 맴돌았다.
그러다가 왜 그래야 하는지도 모르면서, 몸을 돌려 짙은
녹음 속으로 달아났다. 그리고 마지막 '탕' 소리가
남긴 찌르는 아픔과 부러진 뒷발을 끌고 자취를 감
췄다.

이런 연유로 새 우체국 이름은 네 마리 곰이라는
뜻의 '포베어스'로 정해졌다. 대령은 자기가 한 일에
기분이 좋은 듯했다. 실제로 그런 말을 하기도 했다.

하지만 그날 밤, 저 멀리 앤더슨 봉의 수풀 속에서는 다리
를 절며 이리저리 헤매 다니는 어린 회색곰을 볼 수 있었을 것
이다. 뒷발을 디딘 곳마다 핏자국을 남기며, 곰은 구
슬피 흐느꼈으리라.

"엄마, 엄마! 엄마, 어디 있어요?"

새끼곰은 춥고 배고프고 발이 아팠다. 하지만
엄마는 오지 않았고, 새끼곰은 어미가 있던 곳
으로 돌아갈 엄두가 나지 않았다. 그래서 나무

사이를 정처 없이 헤맬 뿐이었다.

그러고 다니는데 어디서 낯선 짐승 냄새가 나면서 묵직한 발소리가 들려왔다. 왑은 어찌해야 할 줄 몰라 나무 위로 올라갔다. 얼마 안 있어 커다란 몸집에 목이 길고 다리가 가늘고 어미곰보다 키 큰 동물들이 나무 밑으로 지나갔다. 전에도 그 동물을 본 적이 있었다. 그때는 어미와 함께 있었기에 두려울 게 없었다. 하지만 지금 왑은 나무 위에서 숨을 죽이고 있었다. 그 큰 짐승들은 왑 가까운 곳에서 풀 뜯기를 그치고 콧바람을 불더니 어디론가 달려가 버렸다.

왑은 동틀 무렵까지 나무에 매달려 있었는데, 추위에 몸이 뻣뻣해져서 나무를 타고 내려오는 것조차 힘이 들었다. 하지만 해가 떠올라 온기를 흩뿌리자, 왑은 산딸기와 개미를 찾아다니며 기운을 차릴 수 있었다. 그렇게 주린 배를 채운 왑은 파이니 강으로 돌아가 얼음장 같은 물에 다친 발을 담갔다.

왑은 다시 산으로 돌아가고 싶었지만, 어미곰과 형제들을 남겨 둔 곳으로 돌아가야 할 것 같은 생각이 들었다. 오후가 되고 날이 점점 따뜻해지자, 새끼곰은 다리를 절면서 수풀을 뚫고 물길을 따라 내려갔다. 그레이불 강변을 따라가다 보니 어제 물고기를 잡아먹은 곳이 나왔다. 왑은 거기 남아 있던 물고기 머리와 부스러기를 오도독오도독 씹어 먹었다.

왑은 동틀 무렵까지 나무에 매달려 있었다.

그런데 이상하고 아주 불쾌한 냄새가 바람결에 실려 왔다. 왑은 깜짝 놀랐다. 마지막으로 어미곰의 모습을 본 곳으로 내려가자 냄새가 점점 더 심해졌다. 왑은 조심스럽게 그곳을 엿보았다. 코요테 여러 마리가 무언가를 뜯어 먹고 있었다. 그게 무엇인지는 알 수 없었지만, 어미는 거기 없었다. 구역질 나는 지독한 냄새는 더욱 심해졌고, 왑은 조용히 파이니 강 하류의 울창한 숲으로 발길을 돌렸다. 그리고 두 번 다시 잃어버린 가족을 찾지 않았다. 어미를 그리는 마음은 변함없었지만, 무언가가 왑에게 말해 주었다. 다 부질없는 일이라고.

추운 밤이 오면 어미의 품이 더더욱 간절했다. 어미 잃은 가여운 새끼곰은 절뚝절뚝 헤매고 다니면서 구슬피 울었다. 집이 없으니 산에서 길을 잃을 리도 없건만, 너무도 아프고 외로웠다. 발에서도, 두 번 다시 먹을 수 없게 된 어미젖을 갈망하는 주린 배에서도 아픔이 전해졌다. 그날 밤, 왑은 속이 빈 통나무를 찾아 그 속으로 기어들어 갔다. 그리고 어미의 크고 푹신한 팔에 안긴 꿈을 꾸길 바라며 훌쩍거리면서 잠이 들었다.

3

왑은 전에도 명랑한 편은 아니었다. 그런데 성격이 형성되는 시기에 모진 일을 겪으면서 더욱더 음울하고 까다로운 성미를 갖게 되었다.

모든 동물이 해코지를 하려는 것 같았다. 왑은 파이니 강 상류의 수풀에 처박혀 살면서, 낮에는 먹을 것을 찾고 밤이면 구새통 속에서 잠이 들었다. 그러던 어느 날 저녁, 왑은 자기만 한 몸집에 선인장 가시 같은 것으로 덮인 고슴도치가 구새통을 차지한 것을 보았다. 왑은 어쩔 수 없이 그 구새통을 내어놓고 다른 잠자리를 찾았다.

하루는 어미곰이 가르쳐 준 맛있는 식물 뿌리를 캐러 그레이불 강가로 내려갔다. 하지만 시작도 하기 전에 회색빛을 띤 동물이 땅속 구멍에서 튀어나와 으르렁거리며 왑에게 달려들었다. 그 짐승이 오소리라는 것은 몰랐지만, 몸집이 자기만 하고 아주 사나운 동물이라는 것은 알 수 있었다. 몸도 아프고 다리까지 저는 왑은 절뚝거리며 달아나, 다음 협곡의 등마루에 올라선 뒤에야 걸음을 멈추었다. 이번에는 거기 있던 코요

테 한 마리가 왑을 보고 덤벼들었다. 코요테
는 친구들까지 불러들여 왑을 공격했다. 왑은
가까운 나무 위로 올라갔다. 코요테들은 나무 밑에
서 펄쩍펄쩍 뛰면서 짖어 대다가, 자기들이 쫓아온
녀석이 어린 회색곰이라는 것을 알아챘다. 나무 위
에 올라간 새끼곰 곁에는 늘 어미곰이 있다는 것
을 아는 코요테들은 왑을 남겨 두고 떠나갔다.

코요테들이 슬금슬금 달아난 뒤 왑은 나무에서 내려와 파이
니 강으로 돌아갔다. 먹을 것은 그레이불 강에 더 많았지만,
왑을 보살펴 주던 어미가 사라진 지금은 그곳에 사는 모든 동
물이 왑의 적이었다. 하지만 파이니 강가에서는 항상은 아니
지만 평화로운 시간을 보낼 수도 있었고, 적을 만났을 때 올라
갈 나무도 많았다.

다친 발은 오래도록 낫지 않았다. 사실, 깨끗하게 나을 수도
없었다. 상처는 아물고 쓰라림은 잦아들었지만, 뻣뻣하게 굳
은 발 때문에 자연스럽게 걸을 수가 없었다. 볼록 튀어나온 발
바닥 살들은 한데 달라붙어서 다른 쪽 발바닥과는 다른 모양
이 되었다. 적을 피해 나무를 타고 오르거나 빨리 달려야 할
때 특히 불편했다. 친구는 단 한 번도 만난 적이 없건만, 적은
끝도 없이 나타났다. 엄마를 잃었을 때 하나뿐인 친구도 잃은
것이다. 엄마의 가르침이 있었다면 왑은 그 많은 쓰라린 일을

겪지 않아도 되었을 것이다. 그리고 어린 시절에 앓아야 했던 많은 병에 걸리는 일도 없었을 것이다. 왑은 아주 자주 큰 병에 걸리곤 했다. 튼튼한 체질을 타고나지 않았다면, 결코 살아남지 못했을 것이다.

그해에는 피뇽나무 열매가 많이 열렸다. 바람이 불면 커다란 잣처럼 생긴 잘 익은 열매들이 후드득후드득 떨어져 내렸다. 왑의 생활에도 조금 여유가 생겼다. 점점 더 건강해지고 힘도 세지면서, 이제는 매일 마주치는 동물들은 왑을 건드리지 않았다. 하지만 어느 날 아침 왑이 한바탕 불어닥친 사나운 바람에 떨어진 피뇽으로 잔치를 벌이고 있을 때, 커다란 흑곰

여기에 등장하는 흑곰은 미국흑곰Ursus americanus 또는 아메리카흑곰이라고 하는 종으로, 북아메리카에 서식하는 곰 가운데 가장 몸집이 작고 흔하다. 털 빛깔은 보통 검은색이고 주둥이는 황갈색이다. 언뜻 보면 아시아흑곰Ursus thibetanus과 비슷하지만 머리가 더 길다. ─옮긴이

한 마리가 언덕을 따라 내려왔다. 왑은 '숲 속에는 친구가 없다'는 것을 이미 잘 알고 있었다. 왑은 가장 가까이 있는 나무에 매달렸다. 처음에는 흑곰도 회색곰 냄새에 겁을 집어먹었다. 하지만 상대가 어린 곰이라는 것을 알고는 용기를 내어 으르렁거리며 다가왔다. 어린 회색곰보다 나무를 잘 타는 흑곰은 왑이 높이 올라가자 그 뒤를 쫓았다. 왑이 나무 꼭대기로

달아나 가장 가느다란 나뭇가지에 몸을 의지하고 있을 때, 흑곰은 인정사정없이 그 몸을 흔들어 땅바닥에 떨어뜨렸다. 왑은 멍이 들고, 반쯤 얼이 빠져 벌벌 떨면서 절뚝절뚝 도망을 쳤다. 흑곰이 왑을 쫓아와 죽이지 않은 것은 가까운 곳에 어미 곰이 있을지 모른다는 두려움 때문이었다. 왑은 그렇게 피뇽나무가 울창한 파이니 강가에서 쫓겨나고 말았다.

이제는 그레이불 강가에도 먹이가 많지 않았다. 산딸기 철은 지났고, 잡아먹을 물고기도 개미도 없었다. 가련한 외톨이 왑은 아픈 몸을 이끌고 이리저리 헤매 다니다가, 미티츠 쪽으로 내려가게 되었다.

코요테 한 마리가 산쑥 덤불을 뚫고 나와 왑을 향해 짖어 댔다. 왑은 달아나려 했지만 부질없는 일이었다. 코요테는 금세 왑을 따라잡았다. 그러자 왑은 죽을 각오로 용기를 짜내어 몸을 돌리고 적에게 달려들었다. 깜짝 놀란 코요테는 겁에 질려 낑낑대면서 꼬리를 감추고 도망을 쳤다. 이로써 왑은 전쟁을 통해 평화를 얻을 수 있음을 배웠다.

그러나 여기는 먹을 것은 너무 적고, 소는 너무 많았다. 왑이 미티츠 협곡에 있는 피뇽나무 숲 쪽으로 가고 있을 때였다. 그날, 그 끔찍한 날에 보았던 것과 똑같은 사람이 눈앞에 나타났다. 그 순간 '탕' 하는 소리와 함께 산쑥 가지가 소리를 내면서 왑의 등 위로 떨어졌다. 왑은 그날의 무시무시한 냄새와 위

사나운 붉은스라소니가 웜에게 돌아가라고 경고하고 있다.

협을 기억해 내고, 지금까지는 상상도 할 수 없었던 속도로 달 아났다.

좁은 골짜기에 들어선 왑은 그대로 협곡 안으로 들어갔다. 절벽 사이가 벌어진 틈에 몸을 숨길 만한 곳이 있었다. 하지만 그리로 달려가자 목장의 암소가 왑을 죽일 듯이 머리를 흔들 고 콧김을 뿜으면서 다가오고 있었다.

왑은 강기슭으로 연결되는 기다란 통나무 위로 뛰어올랐다. 그런데 이번에는 맞은편에서 사나운 붉은스라소니 한 마리가 나타나더니 돌아가라고 경고를 했다. 싸우면서 시간을 지체 할 수도 없었다. 이 세상이 적으로 가득 차 있다는 느낌이 뼛 속 깊이 사무쳤다. 왑은 발길을 돌이켜 바위투성이 강기슭으 로 기어올라, 미티츠의 계단 모양 지형에 접해 있는 피뇽나무 숲으로 들어갔다.

왑의 출현에 화가 났는지 다람쥐들이 사나운 소리로 울어 댔다. 피뇽 열매가 걱정이 된 것이다. 다람쥐들은 이 곰이 자기들의 양식을 훔칠 거라는 것을 알고 있었다. 그래서 다람쥐들은 왑의 머리 위로 졸졸 쫓아다니며 욕을 해 댔다. 하도 시끄러워서 왑의 적이 그 소리를 듣고 따라올 것만 같았 다. 다람쥐들이 노리는 것도 바로 그 점이었다.

따라오는 적은 없었
지만 왑은 다람쥐 울
음소리가 거북하고 듣
기 싫었다. 그래서 더 이

상 나무가 자라지 않는 곳까지 계속 걸어갔다. 먹이도 드물고
적도 거의 없는 곳이었다. 왑은 여기 산양의 땅 언저리에 와서
야 지친 몸을 쉴 수 있었다.

4

왑은 막냇 동생처럼 상냥한 성격도 아닌 데다가, 해코지를 하
려 드는 수많은 적에 시달리면서 성질이 점점 더 거칠어졌다.
그들은 왜 그러잖아도 비참한 왑을 가만히 내버려 두지 못할
까? 왜 모두들 그렇게 왑을 적대시하는 것일까? 어미곰만 돌
아와 준다면! 왑의 숲을 차지한 흑곰을 죽일 수만 있다면! 왑
은 자기도 언젠가는 그렇게 크게 자라리라는 것을 알 수가 없
었다. 왑은 악의에 찬 붉은스라소니도, 자신을 죽이려던 사람
도 잊지 않았다. 그 모두가 미웠다.

왑은 이 새 구역이 꽤 괜찮다는 것을 알게 되었다. 그해에는
나무 열매가 많이 열렸기 때문이다. 왑은 다람쥐들이 두려워
하던 것을 깨쳤다. 코가 이끄는 대로 따라가면 다람쥐들이 겨

울 식량으로 많은 견과류를 모아 둔 곳간이 나왔기 때문이다. 그것은 다람쥐들에게는 커다란 재난, 왑에게는 대단한 행운이었다. 견과류는 맛있는 먹을거리였다. 낮은 점점 짧아지고 밤이면 서리가 내리기 시작했다. 왑은 보기 좋게 토실토실 살이 올랐다.

왑은 이제 협곡 구석구석까지 안 가 본 데가 없었다. 주로 높은 지대의 숲에서 시간을 보냈지만, 가끔씩은 멀리 강가로 내려가 먹이를 구하기도 했다. 어느 날 밤의 일이었다. 물이 깊은 곳 근처를 어슬렁거리는데 특이한 냄새가 코를 간질였다. 정말 기분 좋은 냄새였다. 왑은 그 냄새를 따라 물가로 갔다. 물에 잠긴 통나무에서 나는 냄새 같았다. 그리로 다가가서자, 갑자기 '철커덕' 하는 소리가 나면서 한쪽 앞발이 강철로 된 튼튼한 비버 덫에 걸려 버렸다.

왑이 비명을 지르며 있는 힘껏 몸을 뒤로 젖히자 덫을 지탱하던 말뚝이 부서졌다. 왑은 덫을 흔들어서 떼어 내려고 하다가, 결국은 그것을 질질 끌고 덤불 사이로 도망을 쳤다. 이빨로 덫을 떼어 내려고도 했지만, 그것은 냉정하고 굳건하게 그대로 매달려 있었다. 왑은 계속해서 이빨과 발톱으로 뜯어내거나 땅바닥에 쳐서 덫을 떼어 내고자 했다. 덫을 떼어 낼 수 있을지도 모른다는 희망을 품고 덫을 흙에 묻고 낮은 나무에 올라가기도 했지만, 그것은 그대로 남아 살점을 파고들었다.

왑은 비명을 지르며 뒤로 몸을 젖혔다.

숲으로 돌아온 왑은 가만히 앉아서 해결책을 찾았다. 그 물건이 무엇인지는 알 수 없었지만, 그 새로운 적의 정체를 파악하려고 애쓰는 동안 왑의 녹색을 띤 작은 갈색 눈에는 고통과 공포, 분노의 빛이 뒤엉킨 채 떠돌았다.

왑은 덤불 밑에 누웠다. 그리고 그 물건을 찬찬히 망가뜨리겠다는 생각으로, 한 발로 덫을 내리누르면서 반대쪽에 이빨을 꽉 죄어 걸고 앙버티면서 그것이 미끄러져 나가게 했다. 그러자 덫의 아가리가 벌어지고 발은 자유를 되찾았다. 왑이 동시에 양쪽 용수철을 누른 것은 물론 우연이었다. 어찌 된 영문인지는 알 수 없었지만, 왑은 그 일을 잊지 않았다. 그리고 분명치는 않지만 이런 교훈도 얻었다.

"물가에는 몸집이 작은 무시무시한 적이 숨어서 기다리고 있다. 놈에게서는 이상야릇한 냄새가 난다. 놈은 발을 물어 공격하는데, 너무 단단해서 이빨로 떼어 낼 수도 없다. 하지만 세게 찍어 누르면 떨어져 나간다."

어린 회색곰은 일주일이 넘도록 발이 아팠지만, 나무에 기어오를 때가 아니면 그렇게 고생스럽지는 않았다.

때는 말코손바닥사슴이 산에서 큰 소리로 울어 대는 계절이었다. 왑은 밤새도록 그 짐승들의 울음소리를 들었다. 그 커다란 뿔 달린 황소 같은 짐승을 피해 나무 위로 달아난 적도

있었다. 때는 덫 사냥꾼들이 산으로 찾아드는 계절이기
도 했다. 머리 위에서는 기러기들이 기럭
기럭 울음을 울었다. 숲에서는 처
음 맡아 보는 몇 가지 냄새도 풍
겨 왔다. 왑은 그중 한 냄새를 따

라갔다가 작은 통나무들이 쌓여 있는 것을 보았다. 그때 왑을
유인한 좋은 냄새에 기분 나쁜 냄새가 섞여 있었다. 어미를 잃
었을 때부터 기억하고 있던 냄새였다. 왑은 코를 킁킁거리며
신중하게 냄새를 맡았다. 그 냄새가 그리 강하지 않았기 때문
이다. 왑은 기분 나쁜 냄새는 앞쪽에 있는 커다란 통나무에
서, 군침을 돋우는 좋은 냄새는 뒤쪽의 덤불 밑에서 풍겨 온다
는 것을 알았다. 왑은 그쪽으로 빙 돌아가서 덤불을 헤치고 고
깃덩이를 움켜쥐었다. 그러자 앞쪽의 통나무가 묵직한 굄목
과 함께 내려앉았다.

왑은 펄쩍 뛰어올랐다. 하지만 손에는 고깃덩이를, 머리에
는 몇 가지 새로운 교훈을 챙길 수 있었다. 왑은 오래전부터
알고 있던 것을 다시 한 번 확인했다.

“그 기분 나쁜 냄새가 나는 곳에서는 항상 문제가 생긴다.”

날씨가 쌀쌀해지면서 시도 때도 없이 졸음이 쏟아지기 시작
했다. 서리가 내리면서부터는 하루 종일 잠을 잤다. 왑은 정
해진 잠자리가 없었다. 해가 비칠 때에는 바짝 마른 바위 시렁

을, 비바람이 치는 날에는 비가 들이치지 않는 은신처를 찾아
잠이 들었다. 나무뿌리 밑에 편안한 잠자리도 갖고 있었다.
눈보라가 치기 시작한 어느 날, 왑은 이 보금자리로 기어들어
가서 웅크린 채 잠이 들었다. 밖에서는 세찬 바람이 휘몰아쳤
다. 눈은 쌓이고 또 쌓였다. 눈의 무게를 이기지 못하고 축 늘
어진 나뭇가지에서 눈이 쏟아져 내렸다가 다시 쌓이기를 되
풀이했다. 산 위에서 바람에 흩날리던 눈송이가 깔때기 같은
골짜기로 휩쓸려 내려갔다. 산봉우리와 산등성이로 휘몰아친
눈발은 움푹 파인 곳들을 평평하게 메워 버렸다. 왑의 굴 위에
도 계속 눈이 내리쌓여 겨울 추위와 눈보라를 막아 주었다. 왑
은 자고 또 잤다.

5

왑은 겨우내 한 번도 깨지 않고 잠을 잤
다. 그게 곰이 겨울을 나는 법이었다.
봄이 오고 잠에서 깬 왑은 자기가 오랫

동안 잠들어 있었다는 것을 알았다. 키가 좀 더 크고 살이 조금 빠졌을 뿐, 크게 변한 데는 없었다. 왑은 무척 배가 고파서, 아직도 굴 위를 두툼하게 덮고 있는 눈을 헤치고 나와 먹이를 찾아 나섰다.

피뇽 열매도, 산딸기도, 개미도 없었다. 하지만 냄새를 맡고 협곡을 따라 올라가니 겨울을 나지 못하고 죽은 말코손바닥사슴이 보였다. 왑은 사슴고기로 실컷 배를 불린 다음, 남은 것을 땅에 묻어 나중에 먹을 수 있도록 했다.

사슴고기가 다 떨어질 때까지 왑은 날마다 그곳을 찾아갔다. 거의 두 달 동안은 먹을 것을 거의 찾을 수가 없었다. 말코손바닥사슴을 다 먹어 치운 뒤, 왑은 잠에서 깨어났을 때보다도 훨씬 더 살이 빠졌다.

어느 날 왑은 워하우스 계곡으로 접어드는 분수령을 넘어가고 있었다. 그곳은 따뜻하고 볕이 잘 들어 식물들이 잘 자라 있었다. 먹을 것도 많았다. 우거진 숲을 향해 어슬렁거리며 내려가는데 다른 회색곰 냄새가 풍겨 왔다. 점점 짙어지는 냄새를 따라가다 보니 한 그루 나무 옆에 곰이 지나간 자국이 남아 있었다. 왑은 뒷다리로 서서 나무에서 나는 냄새를 맡았다. 나무에는 곰 냄새가 짙게 배어 있었고, 왑의 키를 훌쩍 뛰어넘는 곳에 진흙과 회색곰의 털이 묻어 있었다. 그렇게 높은 곳에 몸을 문지를 수 있다니, 분명히 아주 큰 회색곰인 듯했다. 왑은 마음이 무거워졌다. 오래전부터 자기와 같은 회색곰을 만나고 싶었지만, 막상 그런 기회가 오자 두려운 마음뿐이었다.

의지가지없이 살아온 왑은 이제껏 미움밖에 받은 것이 없었다. 그래서 이 나이 많은 곰이 무슨 짓을 할지 알 수가 없었다. 찜찜한 기분으로 서 있자니, 나이 든 회색곰 한 마리가 허리를 구부정하게 꺾고 산허리를 따라 내려오는 게 보였다. 녀석은 이따금씩 걸음을 멈추고 카마시아 알뿌리와 야생 순무를 캐 먹었다.

괴물 같은 놈이었다. 왑은 본능적으로 놈을 믿을 수 없다는 것을 직감하고, 나무 사이로 몰래 달아나 상대를 지켜보기 쉬운 바위 절벽 위로 올라갔다.

잠시 후 왑의 발자국을 발견한 덩치 큰 곰은 성을 내며 나직하게 으르렁거렸다. 놈은 왑의 발자국을 쫓아 나무로 달려와서는, 뒷다리로 서서 왑의 키보다 훨씬 더 높은 곳의 나무껍질을 쥐어뜯기 시작했다. 그러고는 다시 왑이 남긴 발자국을 따라 내달렸다. 하지만 새끼곰은 이미 볼 것을 다 본 뒤였다. 왑은 다시 분수령을 지나 미티츠 협곡으로 내뺐다. 그리고 그곳에 곰 먹이가 적다는 것이 오히려 평온한 생활을 보장해 준다는 사실을 어렴풋이 깨달았다.

여름이 오자 왑은 털갈이를 시작했다. 피부가 간질간질해서 진흙탕에서 뒹굴다가 나무에 등을 문대는 것이 큰 낙이었다. 왑은 더 이상 나무에 오르지 않았다. 앞다리가 자라고 힘도 세졌지만, 발톱이 너무 길어지고 손목의 유연성이 떨어진 것이다. 흑곰과 어린 회색곰들이 나무를 잘 타는 것은 모두 손목이 유연하기 때문이었다. 왑은 몸을 문대기 좋은 나무가 옆에 있을 때마다 코가 얼마나 높은 곳까지 닿는지 알아보곤 했다. 자연스럽게 곰의 습성이 몸에 배기 시작한 것이다.

왑은 눈치채지 못했지만, 1, 2주 뒤 같은 나무를 찾을 때마다 왑의 코가 닿는 곳은 조금씩 더 높아졌다. 왑은 그렇게 빨리 자라고 힘도 세졌다.

왑은 자기 영역의 한쪽 끝에서 반대편 끝까지 오가면서, 틈틈이 나무에 몸을 문질렀다. 왑이 몸을 비벼서 흔적을 남긴 나무들은 왑의 영역을 나타내는 지도의 표지와 같았다.

어느 늦은 여름날, 왑은 자기 땅에서 털이 반질반질한 흑곰 한 마리를 보았다. 왑은 불같이 화가 났다. 흑곰은 점점 더 가까이 다가오고 있었다. 갈색을 띤 붉은 얼굴과 가슴의 하얀 점, 그리고 귀의 튀어나온 부분을 알아볼 수 있었다. 그리고 마지막으로 바람에 냄새가 실려 왔다. 분명히 그놈, 전에 파이니 강가에서 왑을 쫓아낸 바로 그 비열한 흑곰의 냄새였다. 그런데 어떻게 이렇게 줄어들었을까! 전에는 엄청난 거구였는데, 지금은 한주먹에 날려 버릴 수 있을 만큼 작았다. 복수는 기분 좋은 일이군, 정확하게 이런 말을 한 것은 아니지만, 비슷한 느낌이었다. 왑은 코가 빨간 그 흑곰에게 다가갔다. 흑곰은 다람쥐처럼 작은 나무 위로 올라갔다. 왑은 흑곰이 그랬듯이 쫓아 올라가려 했지만 어찌 된 영문인지 그럴 수가 없었다. 이제는 나무에 어떻게 매달려야 하는지 생각나지도 않았다. 왑은 흑곰이 비웃듯이 헛기침하는 소리에 몇 번이고 다시 돌아갔지만, 결국은 깨끗이 포기하고 발길을 돌렸다. 그날 느지막이 다시 그곳을 지날 때, 빨간 코는 이미 사라지고 없었다.

여름도 기울면서 높은 지대에서는 먹이가 떨어지기 시작했다. 왑은 하는 수 없이 미티츠 협곡 아래쪽으로 야간 탐험에 나섰다. 바람결에 좋은 냄새가 실려 와서 그쪽으로 가 보니, 수송아지 한 마리가 죽어 있었다. 사체에서 좀 떨어진 곳에 작은 코요테 몇 마리가 모여 있었는데, 왑이 기억하는 모습에 비하면 난쟁이 같았다. 사체 바로 옆에서는 달빛 아래 이상한 몸짓으로 이리저리 날뛰는 코요테 한 마리가 보였다. 무슨 까닭인지 그 코요테는 도망을 치지 못했다. 가슴속에서 묵은 원한이

솟구친 왑은 놈을 향해 달려들었다. 그
순간 코요테도 왑을 물었지만, 커다란
앞발에 한 대 얻어맞고는 넝마가 된 모피처럼
축 늘어져 버렸다. 왑은 억센 이빨을 몇 번 움직여 코
요테의 갈비뼈를 모조리 부러뜨렸다. 아, 이빨 사이로
스며 나오는 뜨거운 피의 느낌은 얼마나 기분 좋은지!

코요테는 덫에 걸려 있었다. 왑은 역겨운 쇠붙이 냄새를 피해
송아지 반대쪽으로 갔다. 그쪽에서는 그렇게 심한 냄새가 나지
않았다. 송아지 고기를 몇 번이나 씹었을까? 갑자기 '철컥' 소
리가 나더니, 숨어 있던 늑대 덫에 왑의 앞발이 걸려들었다.

하지만 전에 비버 덫에 걸렸을 때 덫을 짜부라뜨려서 빠져
나올 수 있었던 게 생각났다. 왑은 용수철 하나에 뒷발을 하나
씩 올려놓고 눌러서 덫을 벌린 다음 앞발을 빼냈다. 죽은 송아
지 주변에서는 역겨운 사람 냄새가 풍기고 있었다. 왑은 송아
지고기를 남겨두고 하류 쪽으로 내려가 보았다. 하지만 기분
나쁜 냄새가 더 자주 풍겨 오는 바람에, 조용한 피뇽나무 숲으
로 돌아올 수밖에 없었다.

6

세 번째 여름을 맞이했을 때, 왑은 아직 다 자란 것은

아니지만 꽤 큰 곰이 되어 있었다. 털 빛깔이 많이 밝아져, 녀석을 쫓아다니는 쇼쇼니 족 인디언 스파왓은 녀석을 '흰 곰', 즉 왑이라고 불렀다.

스파왓은 뛰어난 사냥꾼이었다. 그래서 미티츠 협곡 위쪽에서 곰이 몸을 문댄 나무를 발견하자마자 자기가 큰 회색곰의 영역에 들어왔다는 것을 알아챘다. 그는 온 골짜기를 이 잡듯이 뒤지며 며칠을 보내다가 드디어 총을 쏠 기회를 잡았다. 그리고 왑의 어깨에서는 살점이 떨어져 나갔다. 왑은 무섭게 으르렁거렸지만 상처가 너무 쑤셔서 당장은 싸움에 나설 수가 없었다. 녀석은 골짜기를 기어오르고 야트막한 산들을 넘어 조용한 굴에 몸을 뉘었다.

왑의 치료법은 온전히 본능에 따른 것이었다. 왑은 먼저 상처와 그 주변을 혀로 핥아서 깨끗이 하고, 마사지로 염증을 누그러뜨리고, 털을 붕대처럼 상처에 잘 붙여서 공기, 먼지, 병균이 닿지 않게 했다. 이보다 나은 치료법은 없을 것이다.

하지만 인디언은 계속 왑의 흔적을 쫓고 있었다. 잠시 후 적이 다가온다고 경고하는 냄새가 풍겨 왔다. 왑은 조용히 다른 피신처를 찾아 더 높은 산 위로 올라갔다. 그러나 인디언 냄새는 다시 풍겨 왔고 왑은 다시 도망을 쳤다. 이런 일이 몇 번 되풀이되다가, 왑은 결국 두 번째 총알에 다시 상처를 입고 말았다. 이제 왑의 분노는 하늘을 찌를 듯했다. 왑에게 사람, 쇠붙

고통으로 사나워진 곰이 기다리고 있었다.

이, 총 냄새만큼 두려운 것은 없었다. 어미를 여읜 날의 기억 때문이다. 하지만 이제는 그 모든 두려움이 사라졌다.

왑은 고통에 떨며 산을 올랐다. 2미터쯤 되는 바위 시렁이 눈앞에 나타났다. 왑은 바위 시렁 밑을 지나서 그 위로 올라간 다음, 다시 뒤로 돌아와서 납작 엎드렸다. 인디언이 총과 칼을 들고 다시 나타났다. 스파왓은 민첩하게 왑의 발자국을 쫓고 있었다. 쫓기는 왑에게는 엄청난 고통인 핏자국이 그에게는 기쁨이었다. 스파왓은 바위가 부서져 내린 비탈을 타고 똑바로 올라왔다. 그 위 바위 시렁에서는 고통으로 얼굴을 일그러뜨린 왑이 기다리고 있었다. 인디언은 계속 살금살금 걸어가면서 핏자국을 살피며 앞쪽의 숲을 둘러보았는데, 바위 시렁 위를 올려다볼 생각은 하지 못했다.

한편, 왑은 죽음의 신이 집요하게 뒤를 밟는 것을 보고 그 역겨운 냄새를 맡고 있었다. 그리고 어깨의 상처 때문에 떨리는 앞다리에 무게를 실어 거대한 몸을 지탱한 채 때를 기다렸다. 그러다가 기다리던 순간이 오자, 천하무적의 성한 앞발에 살기를 실어서 매서운 일격을 가했다. 인디언은 비명을 지를 겨를도 없이 밑으로 떨어져 왑의 눈앞에서 사라졌다. 몸을 일으킨 왑은 다시 상처를 치료할 조용한 은신처를 찾아 나섰다. 이로써 왑은 평화를 얻으려면 싸워야만 한다는 것을 배웠다. 인디언은 두 번 다시 눈앞에 나타나지 않았고, 왑은 쉬면서 회복할 시간을 벌었기 때문이다.

7

세월은 여느 때처럼 흘러갔다. 달라진 점이라면 겨울이 올 때마다 조금씩 깊이 잠들지 못하고, 봄이 올 때마다 조금씩 더 일찍 깨어나고 몸집은 점점 더 커져서, 왑에게 맞설 자가 점점 사라져 거의 없어졌다는 정도였다. 여섯 살 난 왑은 아주 크고 강하며, 늘 심통이 나 있는 회색곰이 되어 있었다. 파이니 강 하류에서 그 끔찍한 사건을 겪은 이래로 왑의 삶에는 우정도 사랑도 끼어들 자리가 없었다.

왑에게 짝이 있다는 이야기를 들어 본 이는 없었다. 녀석에게 짝이 있을 거라고 생각하는 사람도 없었다. 곰의 짝짓기 철은 한 해도 거르지 않고 오고 갔지만, 왑은 한창때에도 어린 시절과 마찬가지로 늘 혼자였다. 곰이 혼자라는 것은 좋은 일이 아니다. 왑에게 그것은 여러모로 나쁜 일이었다. 힘이 세어지면서 까다롭고 침울한 성격은 점점 더해졌고, 이제 왑과 마주친 사람은 누구든 녀석이 위험한 회색곰이라

고 했다.

왑은 처음 미티츠 협곡에 들어온 뒤 계속 거기 눌러살고 있었는데, 몇 번이나 덫과 경쟁자들에게 시달리면서 무뚝뚝한 성격이 굳어졌다. 하지만 이제 야생에서는 더 이상 두려운 상대가 없었다. 그리고 덫을 피하는 법도 잘 알고 있었다. 사람이나 쇠붙이에서 나는 날카로운 냄새가 끊임없이 경고를 해 주었기 때문이다. 여섯 살 나던 해에 무시무시한 일을 겪은 뒤로는 특히 더 그랬다.

하루는 왑의 믿음직한 코가 저 아래 수풀에 사슴이 죽어 있다고 알려 주었다.

바람 불어오는 쪽으로 나아가자, 정말로 먹음직스러워 보이는 커다란 사체가 놓여 있었다. 게다가 가장 맛있는 부위의 살이 이미 갈라져 있었다. 무시무시한 사람 냄새와 쇳내가 살짝 풍겨나기는 했지만, 그 기미는 너무 약하고 고기 냄새의 유혹은 너무 강렬했다. 키가 여덟 자나 되는 왑은 몸을 곧게 세운 채 그 주위를 빙 돌아서 조사를 하고 조심스레 앞으로 나아갔다. 그 순간 왑의 왼쪽 앞발이 엄청나게 큰 곰덫에 걸려 버렸다. 왑은 고통으로 울부짖으며 몹시 화가 나서 몸부림을 쳤다. 하지만 이번 것은 비버 덫이 아니었다. 무게 20킬로그램이 넘는 대형 곰덫이었던 것이다. 왑은 꼼짝없이 붙잡히고 말았다.

왑은 격노하여 미친 듯이 이빨로 덫을 물어뜯었다. 그러다가 예전의 경험이 떠올랐다. 왑은 두 다리 사이에 덫을 놓고 양쪽 용수철에 뒷발을 하나씩 갖다 댄 다음 체중을 실어서 그것을 내리눌렀다. 하지만 그 정도로는 충분치가 않았다. 왑은 덫과 덫에 연결된 통나무를 끌고 절거덕거리며 산으로 올라갔다. 왑은 몇 번이나 발을 빼내려고 했지만 아무 소용도 없었다. 그러다가 왑은 굵은 나무줄기가 1미터쯤 되는 높이에서 산길에 걸쳐져 있는 곳에 다다랐다. 우연이었는지 아니면 묘안이 떠오른 것인지, 왑은 그 나무줄기 밑에서 새로운 시도를 해 보았다. 두 용수철에 뒷발을 하나씩 올려놓고 튼튼한 어깨를 나무 밑에 집어넣은 다음 엄청난 힘으로 내리누른 것이다. 그러자 커다란 강철 용수철이 망가지면서 덫의 아가리가 헐거워졌다. 그 사이로 발을 빼내는 동안 살점이 찢겨 나갔다. 덫에 물릴 때 거의 잘려 나가 커다란 발가락 하나는 영영 잃어버렸다. 하지만 왑은 다시 자유의 몸이 되었다.

이번에도 왑은 아픈 상처를 얻었다. 왼발잡이인 왑은 오른쪽 앞발로 지탱하고 왼쪽 앞발로 바위를 들추어 먹이를 찾곤 했다. 그래서 이번 일로 한동안은 바위나 통나무 밑에 많은 맛있는 먹이를 찾아 먹을 수가 없었다. 끝내 상처는 아물었지만, 왑은 그 경험을 결코 잊지 않았다. 그 일 이후로 왑은 총 냄새가 아니어도 사람이나 쇠붙이 냄새만 나면 크게 화를 내곤 했다.

많은 경험을 통해 왑은 멀리서 사냥꾼 냄새가 나거나 소리가 들려오면 도망을 쳐야 하지만, 사냥꾼과 맞닥뜨렸을 때는 필사적으로 싸워야 한다는 것을 깨달았다. 그리고 오래지 않아 목동들도 미티츠 협곡 위쪽은 회색곰의 영토이니 건드리지 않는 게 좋다는 것을 알게 되었다.

8

어느 날 왑은 한동안 찾지 않던 영토 아래쪽에 들렀다가 사람들이 통나무로 지어 놓은 집을 보고 깜짝 놀랐다. 그리고 이리저리 돌아다니며 살피다가, 어김없이 화나게 만드는 냄새를 맡았다. 바로 그다음 순간 커다란 '탕' 소리가 들려오더니 왼쪽 뒷다리로 찌르는 듯한 충격이 전해졌다. 오래전에 뻣뻣해진 그 다리였다. 몸을 돌린 왑의 눈에 한 남자가 새로 지은 오두막 쪽으로 달려가는 모습이 보였다. 어깨에 총을 맞았다면 어쩔 수 없었겠지만, 이번에는 어깨가 아니었다.

통나무를 빗자루처럼 가볍게 내던질 수 있는 힘센 앞다리, 가볍게 때리기만 해도 큰 황소를 쓰러뜨릴 수 있는 억센 앞발, 산기슭에서 넓적한 바위를 들어 올릴 수 있는 강한 발톱! 이런 것들 앞에서는 무시무시한 총도 아무 소용 없었다.

사내와 같이 지내던 친구는 밤이 이슥해서야 집에 돌아왔다가, 붉게 물든 오두막 바닥에서 그를 발견했다. 밖에서 안으로 나 있는 피 묻은 발자국, 소설책 뒤표지에 떨리는 손길로 갈겨쓴 편지가 모든 것을 말해 주고 있었다.

왑의 짓이야. 우물가에서 놈을 발견하고 총을 쏴서 상처를 입히고, 집 안으로 들어오려다가 놈에게 붙잡혔어. 아, 아파 죽겠어!

왑의 짓이야. 우물가에서 놈을 발견하고 총을 쏴서 상처를 입히고, 집 안으로 들어오려다가 놈에게 붙잡혔어. 아, 아파 죽겠어!

잭

사내가 곰의 영토에 침입해서 곰의 목숨을 노리다가 제 목숨을 잃은 것이니, 자업자득이라고도 할 수 있었다. 하지만 잭의 친구 밀러는 반드시 곰을 죽여 원수를 갚겠노라고 맹세했다.

밀러는 왑의 흔적을 쫓아 협곡을 거슬러 올라갔다. 그리고 날이면 날마다 덤불을 헤치며 왑을 추적했다. 그는 미끼와 함께 덫을 놓기도 했다. 그러던 어느 날, 와르르 쿵쾅 소리가 들리더니 커다란 바위가 산비탈에서 숲으로 굴러떨어졌다. 놀란 사슴 한 쌍이 엉겅퀴 솜털처럼 가뿐하게 뛰어올라 달아났다. 처음에는 산사태가 난 줄 알았지만, 곧 사실을 알게 되었다. 왑이 고작 개미 몇 마리 때문에 돌덩이를 굴려서 이런 일이 벌어진 것이다.

밀러는 바람을 안고 있었으므로, 그 큰 곰이 먹이를 찾는 동안 들키지 않고 덤불 사이로 녀석을 지켜볼 수 있었다. 왑은 상처 입은 왼쪽 다리를 돌보면서, 쑤시는 아픔이 밀려올 때마다 음울한 소리로 으르렁거렸다. 밀러는 마음을 가다듬고 생각했다.

'한 번에 끝장내지 않으면, 내가 끝장나는 거야.'

밀러는 날카롭게 휘파람을 불었다. 왑은 모든 동작을 멈췄다. 그리고 왑이 귀를 세우고 일어서자 밀러는 곰의 머리를 향해 총을 쏘았다.

하지만 바로 그 순간 털이 더부룩한 커다란 머리통이 움직이는 바람에, 총알은 스친 상처만 남기고 말았다. 화약 연기는 밀러가 있는 위치를 드러냈고, 격노한 회색곰은 세 개의 다리로 적을 향해 내달렸다.

밀러는 총을 내던지고 재빨리 나무를 탔

다. 근처에 큰 나무라고는 그것뿐이었다. 왑은 나무줄기를 향
해 으르렁거렸지만 아무 소용 없었다. 이빨과 발톱으로 나무
껍질을 벗겨 내며 위협했지만 밀러는 왑의 앞발이 닿지 않는
안전한 곳에 있었다. 회색곰은 꼬박 네 시간 동안 나무 옆을
지키다가, 단념을 했는지 천천히 수풀 속으로 사라졌다. 밀러
는 나무 위에서 그 모습을 지켜보았다. 그러고도 한 시간을 기
다려 곰이 가 버렸다는 확신이 들자 땅으로 내려와 총을 들고
숙소로 떠났다.

하지만 왑은 잔꾀를 부렸다. 가 버린 것 같았지만,
실은 다시 몰래 돌아와서 밀러를 조용히 지켜보
고 있었던 것이다. 다시 돌아갈 수 없을 만큼 사
내가 나무에서 멀어진 것을 확인한 왑은 그 뒤를
쫓기 시작했다. 다치기는 했지만 곰은 여전히 빨랐
다. 50미터도 못 가서, 왑은 밀러의 맹세를 그대로 되돌려 주
었다.

한참 시간이 흐른 뒤, 밀러의 친구들은 그의 총과 거기서 일
어난 일들을 말해 주는 모든 것을 찾아냈다.

미티츠 협곡에 들어선 오두막은 허물어져 갔다. 아무도 거
기 들어가 살려고 하지 않았다. 저주 서린 흉가에 들어가 살
만큼 탐나는 집도 아닌 데다, 무시무시한 회색곰이 언제 나타
날지 몰랐기 때문이다.

9

그 뒤 미티츠 협곡 상류에서 좋은 금광이 발견되었다. 그러자 광부들이 두 사람씩 짝을 지어 찾아와 봉우리 사이로 다니면 서 땅을 파고, 개울물을 더럽히기 시작했다. 그들은 대부분 산에서 잔뼈가 굵어 온 반백의 노인들로, 서서히 회색곰처럼 변해 가는 중이었다. 물론, 그들이 온 땅을 파헤쳐 캐내려는 것은 맛 좋은 나무뿌리가 아니라, 먹을 수도 없는 반짝이는 노란 모래였다. 회색곰과 마찬가지로, 그들이 바라는 것이라고는 방해받지 않고 땅을 파는 것뿐이었다.

광부들은 회색곰 왑을 이해하는 눈치였다. 맨 처음 그들이 서로 마주쳤을 때, 뒷다리로 버티고 선 왑의 작은 눈에서는 악의에 찬 초록 불빛이 번득이기 시작했다. 그때 한 노인이 동료에게 말했다.

"건드리지만 않으면 해치지 않을 게야."

"그래. 그런데 정말 무지막지하게 크군."

왑은 공격을 하려고 했지만, 왠지 망설여졌다. 감각과는 아무 상관없는, 감각이 고요할 때에만 느껴지는 그 무엇이, 곰과 인간의 지혜보다 더 지혜로운, 구불구불 어두운 길을 걷다가 이정표 없는 갈림길을 만날 때마다 길을 일러 주는 그 무엇

"정말 놀랍게 크군. 그렇지?"

이 공격을 막았다.

왑은 물론 광부들의 말을 알아듣지 못했지만, 이번에는 무언가 다르다고 느꼈다. 사람과 쇠붙이 냄새를 맡았는데도 미칠 듯이 화가 나지 않고, 불우한 어린 시절을 되새기게 하는 코를 찌르는 냄새가 나지도 않았다.

광부들이 미동도 하지 않자, 왑은 지축이 울리도록 크게 한 번 울부짖고는, 네발을 쿵쿵거리며 가던 길을 재촉했다.

그해가 저물 무렵, 왑은 빨간 코 흑곰과 다시 마주쳤다. 저 녀석은 어째서 자꾸만 몸집이 줄어드는 걸까! 슬쩍 건드리기만 해도 그레이불 강 건너편으로 나가떨어질 것 같았다.

하지만 흑곰은 왑에게 기회를 주지 않았다. 놈은 땅딸막한 몸을 숨이 가쁠 만큼 빨리 움직여서 나무 위로 올라갔다. 왑은 땅에서 아홉 자 높이까지 앞발을 치켜들고, 그곳부터 거의 땅에 닿는 곳까지, 갈퀴 같은 발톱으로 나무의 하얀 속살이 드러나도록 나무껍질을 할퀴어 댔다. 무시무시한 갈퀴질이 나무 줄기와 자신의 등줄기를 타고 올라오는 것 같은 오싹한 느낌에, 흑곰은 바들바들 떨며 겁에 질린 소리로 흐느껴 울었다.

그 장면이 왑의 마음을 휘저어 불러일으킨 것은 무엇일까? 그것은 어쩌면 오랫동안 잊고 지내던 파이니 강 상류의 기억이나, 먹을 것이 차고 넘치던 풍요로운 숲 속 생활의 기억이 아니었을까?

왑은 최대한 높이 올라가 벌벌 떨고 있는 흑곰
을 그대로 남겨 둔 채 발길을 돌렸다. 그러고는 뚜
렷한 목적도 없이 미티츠 협곡 위쪽의 계단 모양 지형
을 지나 림록 산을 끼고 도는 그레이불 강가로 내려
왔다. 그리고 몇 시간 뒤에는 파이니 강 하류의 울
창한 수풀, 추억 속의 산딸기와 개미들 사이에 서
있는 자신을 발견했다.

왑은 파이니 강가가 얼마나 멋진 곳인지를 까
맣게 잊고 있었다. 그곳엔 먹을 것은 많지만, 개울
물을 더럽히는 광부도, 눈을 떼지 못하게 하는
사냥꾼도, 모기나 파리도 없었다. 볕이 잘 드는 툭
트인 빈터와 몸을 숨길 숲도 많았다. 뒤쪽에서는 깎아지른 높
은 절벽이 찬 바람을 막아 주었다.

게다가 그곳에는 회색곰도 없고, 여행자들이 지나다니는 흔
적도 없었다. 그곳에 자리 잡고 사는 흑곰 몇 마리는 있었지
만, 그건 문제도 아니었다.

왑은 그곳이 여간 마음에 드는 것이 아니었다. 왑은 오래전
들소들이 뒹굴던 진흙탕에서 그 큰 몸을 굴리다가, 파이니 협
곡과 그레이불 협곡의 경계에 있는 나무를 붙잡고 뒷다리로
서서는 여덟 자, 그러니까 2미터 반이나 되는 높이에 표시를
했다.

그날부터 왑은 쇼쇼니 지맥의 울퉁불퉁한 바위 사이를 점점 더 멀리 돌아다니면서 조금씩 영토를 넓혀 나갔다. 이따금씩 몇몇 흑곰이 남긴 표시가 눈에 띄었다. 표지판이 말라붙은 작은 나무라면, 앞발로 밀어서 쓰러뜨렸다. 살아 있는 나무가 표지판이면, 그보다 높은 곳에 표시를 하고 커다란 곡괭이 같은 발톱으로 나무껍질을 난도질해서 눈에 띄는 흔적을 남겼다.

파이니 강 상류 지역은 오랫동안 흑곰의 영토가 되어 있었다. 그래서 다람쥐들은 모아들인 먹이를 나무 구멍 대신 흑곰들이 손댈 수 없는 넓적한 바위 밑 공간에 저장하고 있었다. 이 모든 것이 왑에게는 풍요를 의미했다. 숲 속 바위 다섯 개 가운데 네 개는 다람쥐나 줄무늬다람쥐의 곳간 지붕이었기 때문이다. 바위를 들어 올렸는데 그 안에 주인이 있으면, 아무 거리낌 없이 납작하게 때려눕힌 다음 음식 맛을 돋우는 전채 요리로 먹어 치웠다.

왑은 가는 곳마다 자기만의 표지판을 세웠다.

무단 침입 주의!

경고문은 왑의 발이 닿는 가장 높은 곳에 새겨졌으므로, 근처를 지나다니다 보면 거대한 회색곰 왑이 거기다 냄새와 털을 남겼다는 사실을 저절로 알게 되었다.

어미곰이 살아서 가르쳐 주었다면, 봄에 살기 좋은 곳이 여름이면 나쁜 곳이 될 수도 있음을 금세 알 수 있었을 것이다. 하지만 왑은 계절이 변하면 사는 곳도 달라져야 한다는 사실을 몇 년의 시행착오 끝에 겨우 터득했다. 이른 봄에는 소나말코손바닥사슴들이 많이 사는 곳에서 겨우내 얼어 죽은 것들을 실컷 먹을 수 있었다. 초여름에 먹이를 찾기 좋은 곳은 따뜻한 산허리였다. 카마시아와 인디언 순무가 많이 자라기 때문이다. 늦은 여름에는 강가에서 산딸기를 따 먹고, 가을이 오면 숲 속에서 나무 열매를 먹고 살을 찌워 겨울을 날 준비를 했다.

그러다 보니 왑의 영토는 점점 더 넓어졌다. 왑은 파이니 강 유역과 미티츠 협곡에 살던 흑곰들을 모두 쫓아냈다. 워하우스 계곡으로 접어드는 분수령을 넘어가서는, 전에 자신을 쫓아낸 늙은 회색곰을 죽였다. 왑은 한번 손에 넣은 영토는 절대 내놓으려 하지 않았다. 미티츠 협곡 중간쯤에서 방목지를 물색하던 풋내기 개척자들의 임시 숙소를 습격해서 말들을 도망가게 하고, 다시는 사용할 수 없도록 숙소를 산산이 부숴 버리기도 했다. 이로써 사람을 포함한 모든 동물이 프랭크 봉에서 쇼쇼니 지맥에 이르는 모든 곳이 그만한 힘을 갖춘 왕의 영토이며, 그 왕의 이름은 미티츠의 왑이라는 것을 알게 되었다.

제대로 맞붙는다면 충분히 공격을 막아 낼 힘이 있어도 교활한 꾀에는 당해 낼 수 없는 경우가 많다. 왑은 초년에 덫에 걸려 고생한 일을 절대로 잊지 않았다. 그래서 사람과 쇠붙이 냄새가 나면 절대 다가가지 않는다는 철칙을 세워 두었고, 그 덕에 다시는 덫에 걸리지 않았다.

왑은 그렇게 평생을 홀로 지내면서, 일용할 양식을 찾아 커다란 돌덩이를 조약돌처럼 던지거나 거대한 나무줄기를 잔가지처럼 굴리며 구부정한 몸으로 이 산 저 산을 어슬렁거렸다. 오래지 않아 온 산과 들판의 동물이 왑만 보면 두려움에 떨며 도망을 쳤다.

녀석은 이제 쫓기고 괴롭힘을 당하던 그 옛날의 새끼곰이 아니었다. 오래전에 왑을 괴롭힌 한 마리 흑곰 때문에 다른 흑곰들이 목숨을 빼앗기기도 했다. 심술궂은 붉은스라소니도 왑이 나타나면 무조건 나무 위로 도망을 쳤다. 그 나무가 죽었거나 말라붙은 것이면 왑은 가차 없이 넘어뜨려서 나무와 함께 붉은스라소니를 내동댕이쳤다. 심지어 자존심 강한 야생마 무리의 대장 말조차 왑에게만은 길을 내주는 게 좋다고 생

각할 정도였다. 커다란 늑대와 퓨마도 왑이 나
타나면 금방 잡은 사냥감을 내놓고 슬금슬금
도망쳤다. 산쑥으로 뒤덮인 강가의 땅에서 왑

이 그 큰 몸집을 드러내기라도 하면 깜짝 놀란 영양들이 새처
럼 튀어 올랐다. 한번은 너무 젊어서 세상 무서운 줄 모르는
건장한 수소와 마주친 왑이 그 거대한 앞발로 단번에 놈의 머
리뼈를 박살 내기도 했다. 그 옛날 목장의 암소에게 당한 수모
를 그대로 앙갚음한 것이다.

　만물의 어머니는 늘 두 개가 한 쌍을 이룬 잔을 마련해 둔
다. 그 한쪽에 쓸개즙이 담겼다면, 다른 한쪽에는 향유가 담
겨 있다. 많든 적든, 한쪽 잔에 든 것을 마시면 다른 쪽에 든
것도 똑같이 마셔야 한다. 쉽게 내려온 산은 곧 다시 올라야
하는 법이니. 어린 날에 겪은 모든 시련은 왑을 아주 굳센 곰
으로 길러 주었다. 회색곰으로 살면서 맛볼 수 있는 모든 즐거
움은 남의 이야기였지만, 그 대신 왑은 보통 회색곰의 두 배가
넘는 힘을 지닐 수 있었다.

　여러 해가 지나도록 왑은 짝이나 친구를 만나 성미를 누그
러뜨릴 기회를 얻지 못했다. 그래서 늘 침울했으며, 무서울
게 없었고, 언제나 싸울 준비가 되어 있었다. 바라는 게 있다
면 온전히 혼자 내버려 두는 것뿐이었다. 우울한 왑의 삶에도
한 가지 강렬한 기쁨은 있었으니, 그것은 무적의 힘으로 변함

곰은 수소의 머리뼈를 때려 부수었다.

없이 누릴 수 있는 영광이었다. 원수를 때려눕히
거나 으스러뜨리고, 자신의 놀라운 힘을 시험하
려고 바위를 쪼개거나 들어 올릴 때마다 느껴지
는 작지만 다함이 없는 전율이 바로 그것이었다.

10

모든 것은 자기만의 독특한 냄새를 갖고 있다.
왑은 평생토록 냄새를 맡고 익히면서 산에서 맡
을 수 있는 거의 모든 냄새의 의미를 알고 있었다. 그것은 마
치 모든 사물이 저마다 다른 목소리를 내고 있는 것 같았다.
훌륭한 코는 눈과 귀를 합친 것보다 낫다는 것을 누구나 알고
있듯이, 그것은 목소리보다도 훨씬 더 정확했다. 산에서는 수
없이 많은 목소리들이 저마다 쉬지 않고 외쳐 대고 있었다.

"나 여기 있어요."

노간주나무와 들장미 열매, 산딸기들은 저마다 부드럽고 달
콤한 목소리로 불러 댔다.

"우린 여기 있어요. 산딸기들 말이에요."

키가 큰 피뇽나무들은 멀리 퍼지는 목소리로 외쳤다.

"우리 피뇽나무들은 여기 있어요."

하지만 가까이 다가가면 또 다른 소리를 들을 수 있었다. 나무 열매의 그윽하고 감미로운 목소리였다.

"우린 여기 있어요. 피뇽 열매예요."

5월이 되면 카마시아의 합창이 바람결에 들려왔다.

"여긴 카마시아가 아주 많아요."

카마시아가 밭을 이룬 곳으로 가면 낱낱의 목소리를 들을 수 있었다. 카마시아 알뿌리들이 저마다 다른 소리로 왑의 코에 대고 속삭였기 때문이다.

"여기 큰 카마시아가 있어요. 맛있게 잘 익었지요."

조그맣고 날카로운 소리도 들려왔다.

"난 아무 쓸모 없는 작은 실뿌리예요."

가을이 되면, 윤기 흐르는 넓적한 무당버섯들이 큰 소리로 외쳤다.

"나는 통통하게 잘 자란 버섯이에요."

치명적인 광대버섯들도 소리 질렀다.

"난 광대버섯이야. 날 가만 놔두지 않으면 병이 들 거야."

계곡의 언덕배기에서 자라는 어여쁜 실잔대들

은 가느다란 줄기처럼 가녀리고, 우아한 푸른 꽃잎처럼 상냥한 목소리로 노래했다. 하지만 왑의 냄새 감지 장치는 실잔대 꽃에 대해서는 아무것도 보고하지 않도록 배웠다. 왑이 실잔대 냄새나 비슷한 다른 냄새들에는 아무런 흥미도 느끼지 못했기 때문이다.

움직이는 모든 생명체와 피어나는 꽃들, 그리고 땅 위의 바윗덩어리와 돌멩이 하나하나에 이르기까지, 모두가 왑의 코에 자기 이야기를 들려주고 작은 노래를 불러 주었다. 낮에도 밤에도, 안개 낀 날에도 화창한 날에도, 촉촉하게 젖어 있는 왑의 큰 코는 왑이 알아야 할 거의 모든 것과 무심코 지나치기 쉬운 것들에 대해 말해 주었다. 세월이 갈수록 왑은 점점 더 코에 의존하게 되었다. 눈과 귀가 이러저러하다고 보고할 때도, 코가 "그래요, 맞아요."라고 말해 주어야만 믿을 수 있었다.

사람은 이해할 수가 없을 것이다. 도시에서 사는 특권을 얻느라고 타고난 코의 능력을 내놓았기 때문이다.

왑이 좋아하는 냄새가 수백 가지라면, 아무 관심도 없는 냄새는 수천 가지였다. 싫은 냄새도 많았고, 벌컥벌컥 화가 나는 냄새도 있었다.

왑은 파이니 협곡 위쪽으로 올라가면 이따금씩 서풍을 타고 생소한 냄새가 풍겨 온다는 것을 알아챘다. 어떤 날은 아무렇지도 않은데, 어떤 날은 역겹다고 느껴지는 냄새였다. 그 냄새를 따라가고 싶은 생각은 없었다. 한번은 높은 분수령 쪽에서 불어온 북풍에 아주 지독한 냄새가 실려 온 적도 있었다. 생전 처음 맡아 보는 냄새였다. 그 냄새는 무조건 피하고만 싶었다.

왑도 이제는 한창때가 지나, 몇 번씩 다친 뒷다리가 욱신거리기 시작했다. 추운 밤이나 우중충한 날씨가 계속되면 다리를 쓰는 것조차 어려웠다. 그래서 절름절름 힘겹게 움직이던 어느 날, 계곡 아래로 부는 서풍이 다시 한 번 그 이상한 냄새 신호를 실어 왔다. 무슨 뜻인지 확실히 알 수는 없었지만, "어서 오세요." 하고 부르는 것만 같았다. 왑의 내면에 있는 무언가도 "가 보자." 하고 말했다.

먹을 것 냄새는 배고픈 동물은 끌어들이지만, 배를 가득 채운 동물에게는 역겨울 수도 있다. 왜 그런지는 모르지만, 몸에서 필요해야만 욕구가 샘솟는 것이다. 왑은 자신의 느낌이 시키는 대로 오랫동안 싫어한 그 냄새를 따라 어슬렁어슬렁 산길을 거슬러 오르기 시작했다. 혼잣소리로 으르렁거리기도 하고, 나뭇가지가 얼굴을 때리면 난폭하게 후려치기도 하면서.

야릇한 냄새는 점점 더 강해졌다. 냄새를 따라 처음 가 보는 곳에 이르자, 하얀 모래로 덮인 비탈과 계단 모양 지형이 나타났다. 그곳에서는 몸에 안 좋을 것 같은 물이 흘러내렸고, 물 웅덩이에서는 안개 같은 것이 피어오르고 있었다. 왑은 신중하게 코를 치켜들었다. 정말 기묘한 냄새였다! 왑은 계단 모양 지형에 올라섰다.

앞에서 뱀 한 마리가 꿈틀거리며 모래를 가로지르고 있었다. 왑이 엄청난 힘으로 뱀을 때려잡는 바람에, 가까이 있던 나무들이 흔들리고 돌무더기가 무너져 내렸다. 큰 소리로 울부짖자 천둥이 친 것처럼 계곡이 우르르 울렸다. 왑은 안개가 피어오르는 것 같은 웅덩이로 갔다. 그 안에 가득 고인 물이 부드럽게 움직이면서 김을 뿜어내고 있었다. 발을 집어넣어 보니 기분 좋게 따뜻한 물이었다. 왑은 양쪽 발을 다 담근 다음, 몸을 조금씩 더 집어넣어 물이 철철 넘칠 정도로 깊이 들어갔다. 그러고는 따끈한 유황 온천 안에서 몸을 길게 뻗고 누웠다. 머리 위로 피어오른 김이 바람 부는 대로 이리저리 떠도는 동안, 왑은 초록빛 도는 물속에서 땀을 흘렸다.

로키 산맥에는 이런 유황천이 많은데, 왑의 영토에는 이곳밖에 없었다. 왑은 한 시간 남짓 온천욕을 했다. 이만하면 충

분하다는 느낌이 들어서 육중한 몸을 일으켜 비탈 위로 나오
자, 놀랄 만큼 몸이 건강하고 유연해진 느낌이었다. 뻣뻣한
뒷다리도 한결 부드러워졌다.

왑은 몸을 흔들어 털가죽에서 물방울을 털어 냈다. 볕이 잘
드는 곳에 놓인 바위 시렁 하나가 어서 이리 와서 기지개를 켜
고 몸을 말리라고 손짓을 했다. 하지만 왑은 우선 가장 가까이
있는 나무를 잡고 서서 누구나 알 수 있는 표지를 남기기 시작
했다. 다른 동물들이 병을 고치려고 유황천을 이용한 흔적도
많이 남아 있었지만, 아무 상관 없었다. 그 뒤로 유황천의 나
무에는 진흙, 털, 그리고 냄새로 이런 글이 남겨졌는데, 산에
사는 동물이라면 누구나 그 뜻을 알 수 있었다.

왑의 목욕탕, 접근 금지!
주인백

왑은 바위 시렁에 엎드려서 등을 다 말린 다음, 넓은 등을
바닥에 대고 누워서 타는 듯이 뜨거운 햇볕이 구
석구석 몸을 말려 줄 때까지 뒹굴뒹굴했다. 이
제는 정말 몸이 좋아진 듯했다. 왑이 '류머
티즘이라는 몹쓸 병에 걸려 고생했는
데, 유황천에서 온천욕을 하니 다 나

왑은 한 시간 남짓 온천에 누워 있었다.

은 것 같아.' 라고 생각한 것은 아니었다. 하지만 '지독하게 쑤셔 대던 몸이 냄새나는 웅덩이에 들어간 뒤로 좋아졌다.'는 것은 알고 있었다. 그래서 그 뒤로 왑은 몸이 욱신거릴 때마다 온천을 찾았고, 그때마다 효과를 보았다.

11

몇 해가 흘렀다. 왑은 이제 더 이상 자라지 않았다. 사실 그럴 필요도 없었다. 하지만 털 빛깔은 점점 더 하얘졌으며, 성질은 더 까다로워지고 위험해졌다. 이제 왑은 정말 거대한 영토를 갖고 있었다. 봄이 오면 이리저리 돌아다니며 겨우내 눈보라에 휩쓸려 지워진 표지판을 다시 세우는 것이 연례행사가 되었다. 이는 자연스러운 일이었다. 무엇보다도 먹을 것이 부족해 온 영토를 구석구석 돌아다닐 수밖에 없었기 때문이다.

그 무렵에는 누워서 뒹굴 수 있는 진흙탕이 많았다. 겨울 털이 빠지기 시작하면 피부가 몹시 근질거리는데, 그럴 때 진흙탕에서 뒹굴

면서 차갑고 축축한 진흙을 바르면 아주 개운했다. 그런 다음 신 나게 몸을 긁어 댈 때 느껴지는 짜릿한 아픔은 왑이 아주 좋아하는 것 가운데 하나였다. 그러다 보니 동기야 어떻든 결과는 매한가지였다. 새봄이 올 때마다 표지판이 새로워지는 것이다.

마침내 파이니 강 하류에 팰릿 목장이 조성되었다. 목장 사람들은 그 '못생긴 늙은 녀석'을 잘 알게 되었다. 소 치는 사람들은 왑을 보고 이렇게 결정했다.

"우린 여태껏 곰은 죽인 적이 없으니, 녀석을 피해 다니는 게 낫겠어. 그러면 녀석도 우리한테 신경 쓰지 않을 거야."

왑의 발자국과 표시는 도처에 남아 있었지만, 녀석이 눈에 띄는 일은 드물었다. 타고난 사냥꾼인 목장 주인은 왑에게 관심이 아주 많았다. 피켓 대령에게서 그 늙은 곰의 내력을 듣기도 했지만, 대령이 알고 있는 것보다 더 많은 것을 스스로 알아냈다.

목장 주인은 왑의 영토가 남쪽으로는 위긴스 분기점 위쪽, 북쪽으로는 스팅킹워터까지 뻗어 있으며, 미티츠 협곡에서 쇼쇼니 지맥에 이르는 넓은 범위를 아우른다는 것을 알게 되었다.

그는 왑이 어지간한 덫 사냥꾼보다 곰덫에 대해 더 잘 알고 있다는 것도 알아냈다. 왑은 덫이 있으면 그냥 지나가거나,

덫 가까이는 가지 않고 반대쪽으로 돌아가 미끼를 놓아둔 우
리를 뜯어내고 미끼를 쏙 빼내 가곤 했다. 그리고 우연인지 일
부러 그러는지는 모르지만, 뜯어낸 통나무를 던져서
덫이 튀어 오르게 하기도 했다. 목장 주인은 해
마다 여름이 되면 왑이 마치 겨울잠을 잘 때처
럼 자신의 영토에서 홀연히 사라져 버
린다는 것도 알게 되었다.

12

오래전, 어떤 현명한 정부에서는 옐로
스톤 강 상류를 야생 동식물 보호 구역
으로 지정하고 영구 보존하기로 했다. 이
멋진 마법의 나라에서는 어느 누구도 위해를
가하거나 위협을 하지 않는다는 고귀한 이상이 실현되었다.
새나 짐승을 공격할 수도, 원시림에 도끼를 들고 들어
갈 수도 없었다. 방앗간이나 광산에 의해 오염되지
않은 맑은 시냇물이 끊임없이 흘러내렸다. 모든 것
이 백인이 들어오기 전 서부의 모습을 그대로 증언
하고 있었다.

야생 동물들은 이 모든 것을 금
세 알아차렸다. 이 울타리 없는 공원의 경
계선이 어디인지 알아내는 데에도 오랜 시간이 걸리지
않았다. 다들 알고 있듯이, 그 신성한 경계 안에서 야생
동물들은 다른 성질을 나타냈다. 그들은 더 이상 사람을
피하지 않았고, 무서워하거나 공격하지도 않았다. 피난처
안에서는 서로를 훨씬 더 너그럽게 대했다.

평화와 풍요는 지상의 최고선이다. 공원에서 그것을 발견한
야생 동물들이 주변 지역에서 몰려들기 시작했다. 다른 어느
곳에서도 볼 수 없는 일이었다.

곰은 파운틴 호텔 주변에 특히 많았다. 호텔에서 400미터쯤
떨어진 숲 속에는 호텔 급사장이 곰들을 위해 매일 음식 쓰레
기를 내다 버리는 공터가 있었다. 그 일을 맡은 사람은 곰의
연회를 주관하는 급사장인 셈이었다. 소문은 점점 더 널리 퍼
져서, 해마다 점점 더 많은 곰이 연회를 즐겼다. 이제는 동시
에 여남은 마리나 되는 곰이 잔치를 벌이는 것도 흔한 일이었
다. 곰은 매우 다양했다. 검은색, 회색, 갈색 곰들과 큰 곰과
작은 곰, 가족을 이룬 곰과 떠돌이 곰 등 온갖 곰들이 주변 지
역에서 찾아왔다. 공원에서 난폭한 행동을 하면 안 된다는 것
을 모두 잘 알고 있는 듯했다. 여기서는 가장 사나운 곰도 전

혀 다르게 행동했다. 수십 마리 곰이 이 고급 휴양지 주변을 돌아다니고 있었지만, 가끔 자기들끼리 싸우는 일은 있어도 사람을 공격하는 곰은 단 한 마리도 없었다.

곰들은 해마다 이곳에 들렀다. 여행객들은 그렇게 오가는 곰들을 보았다. 호텔 사람들은 많은 곰을 잘 알고 있었다. 매년 여름 호텔이 문을 여는 짧은 기간에만 곰들이 나타났다가 다시 사라진다는 것은 알았지만, 그들도 그 곰들이 어디에서 와서 어디로 가는지는 몰랐다.

하루는 팰릿 목장의 주인이 그 공원을 찾았다. 파운틴 호텔에서 며칠 묵는 동안, 그는 가장 붐비는 시간에 곰의 연회장을 찾아가 보았다. 흑곰 몇 마리가 잔치를 벌이다가, 해 질 무렵에 나타난 거대한 회색곰에게 자리를 비켜 주는 게 보였다.

안내를 맡은 사람이 말했다.

"저놈이 이 공원에서 가장 큰 회색곰입니다. 하지만 얌전한 편이에요. 그렇지 않다면 무슨 일이 벌어졌을지 모르죠."

"저놈은!"

목장 주인이 깜짝 놀라서 부르짖었다. 거대한 회색곰이 어슬렁거리며 다가와, 연회장의 생나무 기둥 사이로 건초 더미와 같은 모습을 드러낸 것이다.

"저놈이 바로 미티츠의 왑이에요. 맹세해도 좋아요! 이럴

수가! 빅혼 분지에서 통나무를 굴린 그 고
약한 회색곰이 바로 저놈이라고.”

안내자가 말했다.

“그럴 리가요. 저 회색곰은 매년 여름 7, 8월은 여기서 지내
는걸요. 그렇게 멀리에서 살지는 않을 거예요.”

목장 주인이 말했다.

“음, 이제 모든 걸 알겠어요. 7, 8월에는 거기서 녀석 코빼
기도 볼 수가 없어요. 뒷다리를 살짝 절고 왼쪽 앞발에는 발톱
하나가 없지요? 그러잖아도 놈이 어디서 여름을 나는지 궁금
했는데. 그건 그렇고, 저 못된 놈이 밖에서는 전혀 딴판으로
행동한다니 믿을 수가 없군요.”

그 뒤 파운틴 호텔에서는 커다란 회색곰
이 아주 유명해졌다. 사실 녀석이 못된 짓
을 한 것은 단 한 번뿐이었다. 처음 그곳
을 찾아온 해의 일로, 공원에서 어떻게
지내야 하는지를 몰랐기 때문이다.

그날 왑은 호텔 쪽으로 어슬렁거리다
가 앞문으로 들어서고 말았다. 여덟 자
나 되는 거구가 홀 안에 나타나자 손님
들은 혼비백산해서 달아났다. 왑은 사
무실로 들어갔다.

“좋아, 이 사무실이 정 그렇게 필요하다면 내주지.”

직원은 이렇게 말하면서 계산대를 뛰어넘었다. 그러고는 전
보실로 들어가서 문을 잠그고 공원 감독관에게 전보를 쳤다.

“늙은 회색곰이 지금 사무실에 있음. 호텔을 경영할 작정인
듯. 총을 쏘아도 되는지?”

답신이 왔다.

“공원 안에서는 총을 쏠 수 없음. 호스
를 이용할 것.”

사람들이 호스로 물을 뿌리자 왑도 깜짝
놀라 계산대를 뛰어넘은 다음, 쿵쿵쿵 육중한 발소리와
따닥따닥 발톱이 마루에 부딪치는 소리를 내면서 뒷문으
로 나갔다. 그리고 조리실을 통과하면서 10킬로그램이 넘
는 쇠고기를 챙겼다.

왑이 나쁜 짓을 한 것은 그때가 마지막이었다. 그 뒤로
한 번 말썽이 일어나기는 했지만 그것은 다른 곰 때문이
었다. 문제의 곰은 못된 짓을 하는 것으로 유명한 커다
란 흑곰 암컷이었다. 이 암컷에게는 새끼가 하나

있었는데, 볼품없고 몸도 약하지만 어미에게는 큰 자랑거리
였다. 어미곰은 새끼를 위한 일이라면 물불을 가리지 않다가
말썽을 일으키곤 했다. 그리고 응석받이로 자란 모든 아이들
처럼, 새끼곰도 미움 살 짓만 골라 가면서 했다.

어미곰은 몹시 크고 사나워서 다른 모든 흑곰들을 겁주
고 괴롭힐 수 있었다. 하지만 똑같이 늙은 곰 왑을 몰아
내려고 하다가 그만 커다란 앞발에 맞아 축구공처럼 데
굴데굴 구르는 신세가 되고 말았다. 왑은 어미곰을 쫓
아가서 죽일 수도 있었다. 어미곰이 공원의 평화
를 깨뜨렸기 때문이다. 하지만 어미곰은 나무
위로 도망을 쳤다. 그 나무 꼭대기에서는 불쌍
한 새끼곰이 새된 소리로 깩깩 비명을 질러 댔
다. 이로써 사건은 종결되었다. 그 뒤로 어미곰은
왑을 피해 다녔고, 왑은 온순하고 행동거지가 반듯한 곰
이라는 평판을 얻었다. 그래서 사람들은 대부분 왑이
총도 덫도 없는 외진 산골짜기에서 왔을 거라고 생
각했다. 그런 곳에서라면 성격이 비뚤어지거

나 앙심을 품을 일이 없을 테니까.

13

비터루트의 회색곰이 못된 녀석들
이라는 사실은 다들 알고 있을 것이
다. 비터루트 지역은 아주 험준한 산악 지대다. 어
디를 가든지 깊고 좁은 골짜기가 앞을 가로막고, 빽빽한 덤불
이 뒤엉켜서 땅을 덮고 있다.

말이 다닐 수도 없고, 총잡이들도 다니기 힘든 지역이지만,
곰이 먹고 살 것은 꽤 많은 편이다. 그래서 그곳에는 곰도 많
고 덫 사냥꾼도 많다.

굽은 등, 즉 '로치백'으로 불리는 비터루트의 회색곰들은
약삭빠르고 지독한 종족이다. 늙은 로치백은 덫에 관해 아는
것이 어지간한 덫 사냥꾼 여섯 명이 아는 것보다도 많으며, 식
물 뿌리에 관해서는 식물학 협회 사람들보다도 많이 알고 있
다. 언제 어디에 가면 어떤 종류의 땅벌레와 굼벵이를 찾을 수
있는지도 훤히 꿰고 있다. 한 가닥 바람에도 1킬로미터 밖에
서 쫓아오는 사냥꾼이 총을 갖고 있는지, 아니면 독이나 개,
덫을 사용하는지, 그것도 아니면 그 모두를 사용하는지 알 수

있다. 로치백 사이에는 사냥꾼을 끊임없이 시험에 빠뜨리는 한 가지 철칙이 있는데, '무엇이든 하기로 마음먹었으면, 신속하게 제대로 해내라.' 는 것이다. 그래서 덫 사냥꾼을 만난 로치백은 즉시 마음의 결정을 내리고 있는 힘을 다해서 도망을 치거나, 아니면 바로 상대에게 달려들어 끝까지 싸운다.

배들랜즈의 회색곰들은 그러지 않았다. 녀석들은 점잔을 빼면서 우레와 같은 소리를 질러, 사냥꾼들에게 무시무시한 번갯불을 사용할 기회를 허락하곤 했다. 번갯불은 언제나 천둥보다 나쁘다. 사람들은 땅을 뒤흔드는 소리로 으르렁대는 곰에 익숙해져서 용기를 주는 작은 집으로 발걸음을 옮길 수도 있다. 하지만 곰들은 45구경 덤덤탄에 익숙해질 수가 없는 것이다. 이깃이 배들랜즈의 회색곰들이 몰살당한 이유였다.

사냥꾼들은 로치백의 행동을 예측하기는 어렵지만, 놈들이 어떤 행동을 하든 재빨리 해낸다는 것은 알게 되었다.

비터루트의 회색곰들은 백인들의 공격에도 불구하고 생존 문제를 아주 잘 풀어냈다. 그래서 그 험준한 산악 지대에서 수가 불어나고 있었다.

물론 일정한 구역에서 살 수 있는 곰의 수는 제한되어 있으므로, 어느 정도 이상 늘어난 곰들은 밀려날 수밖에 없다. 이런 연유로, 몸은 여위고 얼굴에 흰 점이 있는 어느 젊은 로치백이 거기서는 원하는 영토를 차지할 수 없다는 것을 깨닫고, 성공의 길을 찾아 부득이 바깥세상으로 나서게 되었다.

그 로치백은 큰 곰이 아니었다. 몸집이 컸다면 밀려나지도 않았을 것이다. 하지만 녀석은 훌륭한 교육을 받은 덕택에, 어디서나 잘 지낼 수 있을 만큼 꾀가 많았다. 처음에 로치백은 어찌어찌 새먼 강 산맥으로 내려가게 되었는데, 영 마음에 들지가 않았다. 스네이크 평원의 가시철조망까지도 다녀 보았지만 역시 살 만한 곳이 아니라는 생각이 들었다. 동쪽으로 공원을 찾아갔다면 편히 지낼 수 있었을 테지만, 그런 우연은 일어나지 않았다. 스네이크 강 산맥으로 들어섰다가 산딸기보다 많은 사냥꾼을 보기도 했다. 티턴 산맥의 산들을 가로지르다가 사람들이 버글버글한 잭슨홀 골짜기를 내려다보고 진저리를 치기도 했다.

여기까지는 왑의 이야기와 아무 상관도 없다. 하지만 녀석은 그로번트 지역을 가로지르고 윈드리버 분수령을 넘어 그레이블 강 상류에 도착했고, 이때부터 왑의 이야기에 들어오게 된다. 로치백이 그곳에 와서 미티츠 회색곰의 삶에 끼어든 것이다.

잭슨홀을 떠난 뒤 로치백은 사람 그림자도 보지 못했다. 게다가 여기엔 먹잇감이 풍부했다. 녀석은 그 계절에 나는 온갖 진미를 실컷 즐기고, 덤불 없는 땅을 맘대로 돌아다니며 즐거운 시간을 보냈다. 그러다가 왑의 표지판을 보고 말았다.

'무단 침입 주의!'

거기에는 이런 문구가 분명하게 쓰여 있었다. 로치백은 표시가 된 나무를 잡고 뒷다리로 섰다.

"제기랄! 엄청 큰 놈이군."

상대의 코 높이는 로치백이 한껏 몸을 뻗어 닿을 수 있는 곳보다도 머리와 목 길이를 더한 것만큼 높았다. 다른 곰들이라면 이쯤에서 조용히 물러났을 것이다. 하지만 로치백은 그 산들이 자기 집처럼 느껴졌다. 그 큰 곰만 피해 다닐 수 있다면 이만큼 좋은 곳도 없을 것 같았다. 녀석은 이쪽저쪽으로 코를 쿵쿵거리면서 땅 주인을 향한 경계심을 늦추지 않았다. 그리고 맛있는 것이 나타날 때마다 배를 채웠다.

그 불길한 표지판 나무에서 한두 걸음 떨어진 곳에 오래 묵은 나무 그루터기가 하나 있었다. 비터루트에서는 이런 그루터기 밑에 종종 생쥐 집이 들어 있곤 했다. 로치백은 그것을 잡아당겨 보았다. 그 속엔 아무것도 없었다. 나무 그루터기는 표지판 쪽으로 데굴데굴 굴러갔다. 처음에는 아무 생각도 나지 않았지만, 잠시 후 녀석의 꾀 많은 머리에 좋은 생각이 떠

로치백은 의도적으로 그루터기 위로 올라서서 표시를 남겼다.

올랐다. 녀석은 머리를 갸웃거렸다. 돼지 눈 같은 작은 눈이 처음에는 나무 그루터기를, 그다음에는 표지판을 향했다. 그 뒤 녀석은 조심조심 나무에 등을 대고 그루터기 위에 올라섰다. 그러고는 왑의 표시보다 적어도 머리 하나만큼은 더 높은 곳에 표시를 했다.

로치백은 오랫동안 공들여서 등을 문질렀다. 그리고 진흙을 찾아서 머리와 어깨에 바른 다음, 아주 높은 곳에 크고 강렬한 흔적을 남겼다. 그리고 나무껍질을 발톱으로 깊이 베어서 눈에 잘 띄도록 했다. 여기에는 한 가지 해석만이 있을 수 있었다. 어떤 괴물과 같은 침입자가 현재의 주인에게, 이 탐나는 영토를 차지하기 위해서라면 끝까지 싸울 준비가 되어 있다는, 아니, 싸움을 간절히 바란다는 도전장을 내민 것이다.

우연인지 일부러 그랬는지 몰라도, 로치백이 뛰어내리자마자 나무 그루터기는 한쪽으로 굴러갔다. 녀석은 빈틈없이 적을 경계하며 협곡 아래쪽으로 내려갔다.

이윽고 왑이 무단 침입자의 발자국을 발견했다. 그러자 공원 밖에서의 흉포한 성질이 되살아났다.

그 곰의 발자국을 몇 킬로미터나 쫓아간 적도 있었다. 하지만 작은 곰은 머리 회전만큼 발걸음도 빨라서, 결코 모습을 드러내지 않았다. 하지만 왑의 표지판은 한 군데도 빼놓지 않고 들렀다. 그리고 속임수를 써서 더 높은 곳에 표시를 할 수만 있으면, 정력적으로 그 일에 매달려 더 높은 곳에다 더 크고 눈에 띄는 기록을 남겼다. 그렇지만 속임수를 쓸 수 없는 나무 에는 다가가지 않았고, 대신 근처에서 옆에 발을 디딜 통나무 나 바위가 있는 새 나무를 찾아냈다.

오래 지나지 않아 왑은 자기 것보다 훨씬 더 높은 곳에 생겨 난 표시들을 발견했다. 분명 괴물 같은 곰이었다. 싸워서 이 긴다는 보장이 없었다. 하지만 왑은 겁쟁이가 아니었다. 어떤 상대를 만나든 끝까지 싸울 준비가 되어 있었다. 왑은 침입자 를 잡으려고 영토를 샅샅이 뒤지고, 날마다 찾아다녔다. 자기 것보다 높은 곳에 기록된 표시가 점점 더 자주 발견되었다. 침 입자의 냄새가 바람에 실려 오는 경우는 종종 있었지만, 상대 가 눈에 띈 적은 없었다. 지난 몇 해 동안 눈이 침침해져서, 조 금 멀리 떨어져 있는 것도 흐릿해 보였기 때문이다.

잇따른 협박은 왑의 마음을 불안으로 가득 채웠다. 왑은 더 이상 젊지 않았고, 이빨과 발톱은 닳아서 무 뎌져 있었다. 오래전에 다친 곳에서 일어나는 통증은 점점 더 심해지기만 했다. 순간순간 어떤 덩치의 회 색곰이건, 상대가 몇이건 싸워 낼 거라고 다짐 하긴 했지만, 계속되는 걱정과 언제든 그 젊은

괴물과 싸울 준비를 하고 있어야 한다는 부담감
이 왑의 영혼을 짓눌렀다. 그것은 건강 상태에도
영향을 끼치기 시작했다.

14

　　로치백의 삶은 경계의 연속이었다. 왑과 마주
친다는 것은 곧 죽음을 뜻했으므로, 언제든지
적을 피해 달리고, 몸을 돌리고, 자리를 옮길 준비를 해야 했
다. 은신처에서 나와 거대한 회색곰을 지켜보다가, 바람이 배
신할까 봐 벌벌 떤 것이 벌써 몇 번인지 모른다. 뻔뻔함 덕에
목숨을 구한 것도 한두 번이 아니었고, 양쪽이 절벽인 깊은 협
곡에 갇힐 뻔하기도 했다. 한번은 절벽의 길게 갈라진 틈으로
기어 올라가서 겨우 피하기도 했다. 왑의 큰 덩치로는 들어올
수가 없었기 때문이다. 그래도 로치백은 놀라운 끈기를 발휘
해서 더 멀리 있는 나무에까지 표시를 했다.

　　로치백은 마침내 유황천 냄새를 맡고 따라가게 되었다. 거
기 있는 게 무엇인지는 알 수 없었다. 온천은 마음에 들지 않
았지만, 주변에 주인 발자국이 남아 있는 것이 눈에 띄었다.
장난기가 발동한 녀석은 흙을 긁어서 온천에 집어넣었다. 그

로치백은 숲 속으로 달아났다.

러다가 왑이 몸을 문댄 나무를 보고는, 그 옆의 바위 시렁에 올라서서 왑이 남긴 것보다 다섯 뼘은 더 높은 곳에 표시를 남겼다. 그러고는 신경이 예민해져서 바위에서 뛰어내려와, 계속 망을 보면서 이리저리 뛰어다니며 온천을 더럽혔다. 그때 아래쪽 숲에서 귀에 거슬리는 소리가 들렸다. 로치백은 즉시 빈틈없는 경계 태세를 갖추었다. 소리는 점점 더 가까워지고, 바람이 확실한 증거까지 실어 왔다. 로치백은 혼비백산해서 몸을 돌려 숲 속으로 달아났다.

왑이었다. 요즘 들어 왑은 건강이 나빠져 있었다. 해묵은 통증이 다시 찾아와, 뒷다리뿐만 아니라 두 개의 총알이 그대로 박혀 있는 오른쪽 어깨까지 욱신욱신 쑤셔 댔다. 너무 아파 제대로 걷기도 힘들고 움직임도 부자연스러웠다. 다리를 절며 눈에 익은 비탈 위로 올라간 왑은 그곳에서 적의 냄새를 맡았다. 진흙땅에 찍혀 있는 발자국이 보였다. 왑의 눈은 그것이 '작은' 곰의 발자국이라고 말해 주었지만 그의 눈은 침침해져 있었다. 그런데 왑의 코, 잘못된 판단을 내릴 줄 모르는 그 코가 이렇게 말하고 있었다.

"이것은 그 거대한 침입자의 발자국입니다."

그 뒤 왑은 자기가 표시해 둔 나무를 보고, 거기서 자기 것보다 훨씬 더 높은 곳에 생긴 침입자의 표시를 보았다. 눈과 코가 같은 이야기를 하고 있었다. 게다가 그 적은 바로 옆에 와 있었다. 지금 당장 나타날지도 모르는 일이었다.

왑은 몸이 아팠고 통증으로 쇠약해져 있었다. 죽을힘을 다해 싸우고 싶은 기분도 아니었다. 이런 상태로 강적에 맞서 싸운다는 것은 미친 짓이나 다름없었다. 결국 왑은 치료를 포기하고 몸을 돌려서 침입자와 반대 방향으로 발걸음을 옮겼다. 이렇게 싸움을 포기한 것은 새끼곰 시절 이후로 처음 있는 일이었다.

그 일은 회색곰 왑의 생애에서 중요한 전환점이 되었다. 그날 침입자를 쫓아갔다면, 왑은 50미터도 떨어지지 않은 곳의 통나무 뒤에서 몸을 움츠린 채 두려움에 떨고 있는 불쌍한 작은 곰을 찾아내 때려눕힐 수 있었을 것이다. 로치백이 도망친 방향에는 자연이 만들어 놓은 덫처럼 사방이 둘러막힌 빈터가 있었기 때문이다. 온천욕만 제대로 했어도, 기운을 얻고 용기를 되찾을 수 있었을 것이다. 아니, 그 뒤에라도 적을 제때 만나기만 했

다면 이후의 삶은 달라졌을 것이다. 하지만 왑은 발길을 돌리고 말았다. 이는 중요한 선택의 갈림길이었지만, 왑은 그것을 알 길이 없었다.

왑은 절뚝거리면서 쇼쇼니 지맥의 낮은 산언저리를 지나가다가 지독한 냄새를 맡았다. 오래전부터 알아 왔지만, 한 번도 따라가 보거나 확인하려 한 적이 없는 냄새였다. 냄새는 진행 방향의 오른쪽에서 풍겨 왔다. 왑은 그 냄새를 따라 메마른 작은 골짜기에 다다랐다.

거기엔 동물의 뼈대와 시커먼 것들이 흩어져 있었다. 그곳을 지나가면서 왑은 수많은 동물의 냄새를 맡았다. 그 냄새는 그들이 나무 한 그루 풀 한 포기 없는 이 골짜기 안에서 죽었음을 말해 주고 있었다. 위쪽 바위틈에서는 치명적인 가스가 뿜어져 나오고 있었다. 눈에 보이지 않는 그 짙은 가스는, 독이 가득 든 그릇처럼 그 작은 계곡을 채우고, 끊임없이 아래로 흘러내리고 있었다. 하지만 왑이 아는 것은 거기서 흘러나오는 공기 때문에 어질어질하고 졸리다는 것뿐이었다. 몹시 불쾌한 느낌에 왑은 재빨리 그곳을 빠져나왔다. 숲의 바람을 들이마시자 다시 기분이 좋아졌다.

한 번 후퇴를 결정하자, 다음번에는 그렇게 하기가 훨씬 더 쉬웠다. 그리고 그것은 훨씬 더 비참한 결과를 낳았다. 덩치 큰 침입자가 유황천을 차지한 뒤로 왑은 다시는 그곳에 가지 않는 게 좋겠다고 느꼈다. 이따금씩 적의 흔적이 눈에 띌 때면 지난날의 용기가 용솟음치기도 했다. 당장이라도 모든 것을 바로잡겠다는 생각에, 예전처럼 우레와 같은 소리를 질러 대며 아픔을 참고 쿵쿵거리며 흔적을 쫓기도 했다. 하지만 왑은 그 수수께끼의 거대한 곰을 결코 따라잡지 못했다. 게다가 류머티즘은 점점 더 심해져 치료할 수조차 없는 상태가 되었다. 달리는 것도 싸우는 것도 하루하루 조금씩 더 힘들어졌다.

때로는 싸우기 불리한 장소에 있을 때 적이 접근하는 느낌이 들었고, 그러면 실제로 도망을 치지는 않았지만, 유리한 기회를 잡을 수 있는 좀 더 좋은 위치로 가야겠다는 바람에 굴복하곤 했다. 이런 유리한 위치는 결코 적에게 가까워지는 쪽이 아니었다. 기다리는 편이 이익이라는 것을 잘 알고 있었기 때문이다.

어떤 날은 너무 아파서 싸움에 모든 것을 건다는 게 미친 짓으로 느껴졌다. 건강이 좋아지거나 조금이라도 상태가 나아지면 침입자는 멀찌감치 떨어져 있는 것 같았다.

이윽고 왑은 침입자가 워하우스 계곡과 파이니 강 서쪽 기슭에 가장 자주 출몰한다는 것을 알아차렸다. 가장 좋은 먹잇감이 많은 곳이었다. 싸우고 싶지 않을 때는 그곳을 피해 다니는 게 당연한 일이 되었다. 정도의 차이는 있지만 이제 왑은 항상 몸이 아팠으므로, 이런 행동은 자기 영토에서 가장 좋은 부분을 침입자에게 내준 것이나 다름없었다.

그렇게 몇 주가 지났다. 왑은 온천으로 돌아가고 싶었지만 단 한 번도 갈 수가 없었다. 통증은 점점 더 심해졌다. 이제 뒷다리는 물론 오른쪽 어깨까지 쓸 수가 없었다.

오랫동안 긴장 상태에서 싸움을 기다리면서 생긴 불안감은 염려증으로 자라났다. 그리고 그 염려증은 힘을 앗아 가고 용기마저 무너뜨렸다. 무릇 용기란 체력에 바탕을 둔 것이기 때문이다. 이제는 날마다 침입자를 만나 싸우는 게 아니라, 몸이 좋아질 때까지 피해 다니는 데에만 신경을 쓰게 되었다.

이리하여 처음의 그 작은 후퇴가 길고 긴 퇴각으로 이어졌다. 왑은 적과 마주치는 것을 피해서 파이니 강을 따라 점점 더 먼 곳까지 내려가야 했다. 시간이 흐르면서 먹을 것은 점점 줄어들었고, 적을 물리칠 힘도 줄어만 갔다.

마침내 왑은 파이니 강 하류에 숨어 살게 되었다. 그 옛날 어미곰이 왑의 형제들을 데려간 곳이었다. 이제 왑이 꾸려 나가는 삶은 그 참혹한 일이 일어난 날 직후와 비슷해졌다. 아마 같은 이유 때문이었을 것이다. 왑에게 가족이 있었다면 모든 게 달라졌을 테니까.

어느 날 아침 왑은 다리를 절면서, 잎을 떨어뜨린 사시나무 숲에서 식물 뿌리와 벌레 먹은 호자덩굴 열매 같은 먹이를 찾아다니고 있었다. 다람쥐나 들꿩도 외면할 만큼 초라한 먹잇감이었다. 그때 서쪽 비탈에서 숲 속으로 돌멩이 굴러떨어지는 소리가 들렸다. 잠시 후 바람을 타고 섬뜩한 기운이 전해졌다. 왑은 얼음처럼 차가운 파이니 강을 느릿느릿 건너기 시작했다. 한때는 한달음에 건너갔던 그 강을. 차가운 물이 털북숭이 다리를 통해 날카로운 통증을 불러일으켰다. 폐부를 찌르는 듯한 아픔이었다. 다시 한 번 후퇴한 것이다. 어디로 가야 하나? 이제 길은 하나밖에 없는 것 같았다. 목장 주인의 새집 쪽이었다.

하지만 눈에 띌 만큼 가까이 가지도 않았는데, 그 집 주위에서 소란스러운 기척이 느껴졌다. 가장 믿음직한 친구인 코가 말했다.

"돌아가요. 산으로 돌아가세요."

왑은 무시무시한 적을 만날지도 모르는 위험을 무릅쓰고 발길을 돌렸다. 파이니 강의 북쪽 기슭을 따라 구덩이와 나무 사이로 아픈 다리를 절며 걸었다. 예전에는 한달음에 뛰어오르던 벼랑을 기를 쓰고 기어올랐다. 그나마 중간에 발을 디딘 곳이 무너져서 밑으로 굴러떨어지고 말았다. 이제 먼 길로 돌아가는 수밖에 없었다. 계속 앞으로 나아가야만 했다. 하지만 어디로 간단 말인가? 그 무시무시한 침입자에게 영토를 다 내주는 것 말고는 선택의 여지가 없는 듯했다.

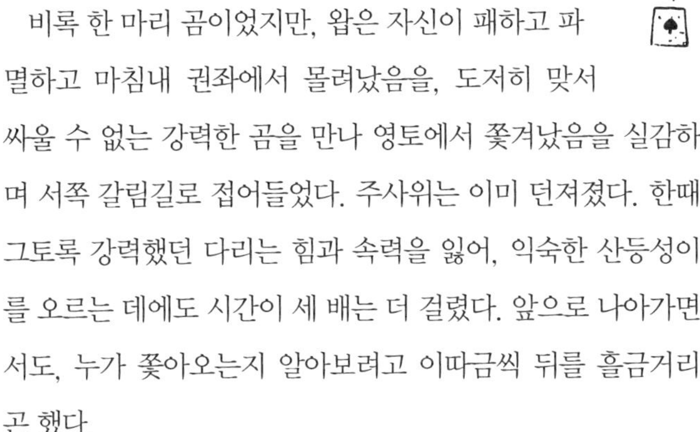

　비록 한 마리 곰이었지만, 왑은 자신이 패하고 파멸하고 마침내 권좌에서 몰려났음을, 도저히 맞서 싸울 수 없는 강력한 곰을 만나 영토에서 쫓겨났음을 실감하며 서쪽 갈림길로 접어들었다. 주사위는 이미 던져졌다. 한때 그토록 강력했던 다리는 힘과 속력을 잃어, 익숙한 산등성이를 오르는 데에도 시간이 세 배는 더 걸렸다. 앞으로 나아가면서도, 누가 쫓아오는지 알아보려고 이따금씩 뒤를 흘금거리곤 했다.

　작은 시냇물 위로 한참 올라가면 거칠고 험한 쇼쇼니 지맥이었다. 그곳에는 적이 없었다. 그리고 그 너머에는 공원이 있었다. 계속, 계속해서 나아가야 했다. 왑이 휘청거리는 다리와 일정치 않은 짧은 걸음걸음으로 비탈을 오르는 동안, 서풍이 죽음의 골짜기에서 냄새를 실어 왔다. 모든 것이 죽어 있는, 공기조차 치명적인 무시무시한 작은 골짜기의 냄새, 여겨워서 멀리 달아나던 그 냄새였다. 그러나 이제는 그것이 누가 보내 온 소식처럼 느껴졌다. 거기에는 왑의 마음을 잡아끄는 무언가가 있었다. 그것이 구원의 길을 보여 줄 것만 같았다.

　왑은 비틀거리며 느릿느릿 그곳을 향해 걸었다. 조금씩 다가가, 마침내 골짜기로 접어드는 바위 시렁 위에 올라섰다.

희생양을 찾아 내려앉은 콘도르 한 마리가, 입도 대지 못한 먹잇감의 사체 위에서 서서히 잠에 빠져들고 있었다. 왑은 바람 속에서 회색 털로 덮인 커다란 주둥이와 기다란 흰 수염을 흔들었다. 전에는 끔찍하게 싫었던 냄새가 이제는 마음을 잡아끌었다. 공기에서 이상하게 자극적인 것이 느껴졌다. 왑의 몸은 간절히 그것을 원하고 있었다. 처음 찾아온 그날처럼, 그것이 모든 아픔을 무디게 하고 달콤한 잠을 약속하는 것만 같았다.

저 아래, 오른쪽부터 왼쪽까지 눈길이 닿는 곳 어디에나 펼쳐진 모든 것이 일찍이 왑의 거대한 왕국을 이루고 있었다. 왑은 여러 해 동안 그곳에서 영광스러운 삶을 누렸다. 어느 누구도 감히 왑과 맞서려 하지 않았다. 이 세상 어디에도 이보다 더 아름다운 경치는 없으리라. 하지만 왑은 그 땅의 아름다움을 몰랐다. 왑이 아는 것은 오로지 그곳이 살기 좋은 땅이며, 전에는 자신의 영토였지만 이제는 힘이 다해 빼앗기고 말았다는 것, 그리고 편히 쉴 곳을 찾아 도망치고 있다는 것뿐이었다.

쇼쇼니 지맥 너머에는 공원으로 가는 길이 정말 있었다. 하지만 그곳은 까마득히 멀었고, 어찌 될 줄 모르는 기나긴 여정의 어떻게 끝날지 모르는 결말만이 기다리고 있었다. 그런데 왜 그렇게 먼 길을 떠나야 하는가? 여기 이 작은 골짜기에는 왑이 찾아 헤매던 모든 것이 있었다. 고통 없는 잠, 평화와 안식이 그것이었다. 왑은 그것을 알고 있었다. 왑의 코, 거짓을 말할 줄 모르는 그 코가 이렇게 말하고 있었다.

"여기! 지금 여기예요!"

왑은 골짜기 입구에서 잠시 숨을 돌렸다. 가만히 서 있자 바람에 실려 온 가스가 미묘한 작용을 일으켰다. 왑은 일생 동안 충직한 감시자 다섯을 두었는데, 그 가운데 가장 일을 잘하고 믿음직한 감시자가 왑이 오랫동안 닫아 두었던 문을 활짝 열어젖힌 것이다.

왑은 여전히 미심쩍어하며 잠시 가만히 서 있었다. 평생의 길잡이가 본분을 망각한 채 침묵을 지키고 있었다. 하지만 왑은 내면으로부터 또 다른 감각을 느꼈다. 야생 동물의 수호천사가 저 작은 골짜기에 서서 손짓하고 있었다. 왑은 이해할 수 없었다. 수호천사의 두 눈에 맺힌 눈물도, 그 입술에 또렷이 새겨진 연민의 미소도 볼 수 없었다. 수호천사의 모습조차 볼 수 없었는지 모른다. 하지만 누군가가 이리 오라, 이리 오라고 손짓하는 것은 분명히 느꼈다.

예전의 용기가 회색곰의 억센 가슴속에서 용솟음쳤다. 왑은

웜은 골짜기 입구에서 잠시 숨을 돌렸다.

몸을 틀어서 작은 골짜기로 들어섰다. 치명적인 가스가 몸속으로 들어와 넓은 가슴을 채우고, 거대한 네 다리를 저릿저릿하게 만들었다. 왑은 풀 한 포기 자라지 않는 바위 바닥에 고요히 누워, 고즈넉이 잠이 들었다. 먼 옛날, 그레이불 강가에서 어미 품에 안겨 잠들던 날처럼.

9
내가 사랑한개
빙고

빙고

프랭클린 아저씨의 개가 울짱을 넘었어요.

그 이름은 꼬마 빙고래요.

비 아이 엔 지 오

그 이름은 꼬마 빙고래요.

프랭클린 아줌마의 갈색 맥주가 익었어요.

그 이름은 맛 좋은 스팅고Stingo '독한 맥주' 라는 뜻래요.

에스 티 아이 엔 지 오

그 이름은 맛 좋은 스팅고래요.

이 노래 정말 예쁘지 않아요?

정말 예뻐서 징고Jingo 마술사가 무언가를 꺼내면서 "자." 또는 "얍!" 하고 내는 소리래요.

제이 아이 엔 지 오

정말 예뻐서 징고래요.

빙고

1

1882년 11월 초, 캐나다의 매니토바 주에 다시 겨울이 찾아들었다. 나는 아침을 먹은 뒤 의자에 기대앉아 한가한 시간을 보내고 있었다. 눈앞에 있는 우리 오두막집의 창문틀은 마치 액자처럼 창밖의 초원과 외양간 한 귀퉁이의 모습을 담고 있었다. 눈길을 돌리면 바로 옆 통나무에 핀으로 꽂아 놓은 오래된 동요 '빙고'의 노랫말이 보였다. 그 노랫말은 바깥 풍경과 어우러져 꿈결 같은 분위기를 자아냈다.

하지만 그 나른한 느낌은 초원을 가로질러 외양간으로 돌진하는 커다란 잿빛 동물과, 그 뒤를 맹렬하게 뒤쫓는 좀 더 작은 얼룩빼기 동물의 모습과 함께 사라졌다.

"늑대다!"

나는 이렇게 외치며 총을 들고 뛰어나가 개를 도우려 했다. 그러나 외양간으로 갔을 때 늑대와 개는 이미 그 자리에 없었다. 눈 쌓인 곳을 조금 더 달려가 보니 늑대는 다시 궁지에 몰렸고, 개는 달려들 기회를 엿보며 그 주위를 빙글빙글 돌고 있었다. 그 개는 이웃집 소몰이 개 프랭크였다.

나는 조금 떨어진 곳에서 총을 두 발 쏘았다. 하지만 그 소리는 늑대와 프랭크를 다시 초원으로 달음질치게 만들었을 뿐이었다. 용감무쌍한 개 프랭크는 다시 한 번 추격전을 벌인 끝에 늑대를 따라잡아 엉덩이를 물었다. 하지만 늑대가 사나운 기세로 물어뜯으려 하자 뒤로 물러났다. 그리고 다시 늑대를 궁지에 몰아넣는가 싶더니 눈 위에서 추격전이 계속되었다.

늑대는 어떻게든 동쪽의 어두운 숲 속으로 달아나려고 했지만, 개가 줄곧 마을 쪽으로 몰아붙이는 바람에 번번이 실패하고 말았다. 이런 추격전이 2킬로미터 가까이 계속된 뒤에야 나는 녀석들을 따라잡을 수 있었다. 든든한 후원자가 나타난 것을 본 개는 끝장을 내려는 기세로 늑대에게 덤벼들었다.

잠시 후 개와 뒤엉켜 싸우던 늑대가 뒤로 벌렁 자빠졌다. 프랭크는 피를 흘리면서도 늑대의 목을 물고 늘어졌다. 내가 한 일은 그쪽으로 다가가 늑대의 머리에 총을 쏘아 싸움을 끝낸 것뿐이었다.

적이 죽었다는 것을 확인한 프랭크는 숨이 차지도 않은지, 뒤도 한번 돌아보지 않고 주인이 기다리는 농장으로 경중경중 뛰어가기 시작했다. 녀석은 늑대를 뒤쫓아 6킬로미터나 되는 눈길을 달려온 것이다. 참으로 놀라운 개였다. 내가 나타

늑대가 방향을 돌리려고 할 때마다 프랭코는
늑대를 한쪽으로 몰아붙였다.

나지 않았더라도 녀석은 저 혼자 늑대를 죽였을 것이다. 나는 프랭크가 벌써 여러 차례 늑대를 물어 죽인 적이 있다는 것도 알고 있었다. 아무리 몸집이 작은 늑대나 코요테라도 녀석보다는 훨씬 더 컸을 텐데.

프랭크의 용맹스러움에 마음을 빼앗긴 나는 값은 얼마라도 좋으니 당장 녀석을 사겠다고 했다. 그러나 개 주인의 반응은 시큰둥했다.

"녀석의 새끼는 어때요?"

주인은 프랭크를 내놓을 생각이 전혀 없었기 때문에, 나는 녀석의 새끼라는 강아지를 사는 것으로 만족해야 했다. 그 강아지는 프랭크의 짝이 낳은 수놈이었다. 훌륭한 아비의 피를 물려받았다는 그 강아지는 온몸이 검은 털로 덮여 있고 포동포동해서 마치 긴 꼬리를 달고 있는 새끼곰 같았다. 하지만 녀석의 몸에도 프랭크의 털에 있는 황갈색 얼룩무늬가 있었다. 내 눈에는 그 무늬가 이 강아지도 언젠가는 프랭크만큼 훌륭한 개로 자랄 거라고 말해 주는 보증서로 보였다. 주둥이 언저리에 나 있는 하얀색 털도 그렇게 보였다.

강아지를 손에 넣었으니 이제 이름을 지어야 했다. 그러나 이름은 이미 정해진 거나 다름없었다. 동요 '빙고'의 노랫말이 내가 녀석을 처음 만날 때부터 내 마음을 떠나지 않았던 것이다. 녀석의 이름은 자연스럽게

‘빙고’가 되었다.

2

빙고는 그해 겨울을 우리 오두막집에서 지냈다. 녀석은 뚱뚱한 데다가 뚱하니 붙임성도 없고, 일부러 그러는 건 아니지만 늘 사고를 쳤으며, 먹을 것에 목숨을 거는 통에 하루가 다르게 쑥쑥 자라 점점 더 볼썽사나운 모습이 되어 갔다. 쥐덫에 걸려 혼이 난 뒤에도 정신을 못 차리고 계속 덫에 코를 들이대기도 했다. 제 딴에는 고양이와 잘 지내 보자고 한 게 오해를 사서 결국 만나기만 하면 서로 으르렁대는 앙숙이 되기도 했다. 둘 사이의 팽팽한 긴장 관계는 어릴 때부터 의사 표현이 분명했던 빙고가 헛간으로 잠자리를 옮기고 오두막에는 얼씬도 하지 않으면서 끝이 났다.

봄이 되면서 나는 빙고를 제대로 교육하기로 했다. 나와 빙고가 엄청나게 고생한 끝에, 빙고는 드디어 너른 초원을 마음대로 돌아다니며 풀을 뜯고 있는 우리 집 늙은 암소를 찾아오라는 명령을 알아듣게 되었다.

자기가 할 일이 있다는 것을 깨달은 빙고는 그 일을 아주 좋아하게 되었다. 녀석에게 그 누런 암소를 데려오라는 명령보다 더 기분 좋은 일은 없는 듯했다. 명령만 떨어지면 빙고는 신이 나서 컹컹거리며 쏜살같이 달려 나갔다. 그러면서 중간중간 암소가 어디 있는지 확인하려고 힘껏 공중으로 뛰어오르곤 했다. 그리고 잠시 후면 전속력으로 암소를 앞세워 돌아오는 녀석을 볼 수 있었다. 숨이 턱에 차서 헐떡거리는 암소를 외양간으로 안전하게 몰아넣을 때까지 녀석은 잠시도 틈을 주지 않았다.

빙고가 조금만 쉬엄쉬엄 일하면 더 만족스러웠을 테지만, 그때까지는 우리도 그냥 그런가 보다 하고 내버려 두었다. 그런데 녀석은 하루 두 번 있는 소몰이를 너무 좋아한 나머지, 우리가 시키지 않는데도 늙은 암소 '던'을 몰아오기 시작했다. 그러다가 이 열성적인 목동이 제 책임을 다하겠다고 하루에만 열 몇 번씩 암소를 외양간으로 몰아오는 사태가 벌어졌다.

상황은 점점 더 심각해졌다. 녀석은 이제 운동을 하고 싶거나, 잠깐 짬이 나거나, 심지어는 문득 생각이 나기만 해도, 달리기 경주를 하듯 초원으로 달려 나가서 몇 분 만에 잔뜩 심통이 난 암소를 전속력으로 몰아오곤 했다.

처음에는 이런 일이 그렇게까지 큰 문제로 보이지는 않았다. 빙고 덕분에 암소가 너무 먼 곳

까지 가 버리지 않았기 때문이다. 하지만 정도가 심해지자 암소는 제대로 풀을 뜯어 먹지도 못했고, 점점 살이 빠지고 젖도 덜 나왔다. 그 일이 암소의 마음을 짓누르는 것 같았다. 암소는 밉살맞은 그 개가 근처에 있지는 않은지 늘 초조한 눈길로 주위를 둘러보곤 했다. 아침이면 괜히 초원으로 풀을 뜯으러 갔다가 금세 쫓겨 돌아올 게 겁나는지 외양간 주변만 서성거렸다.

도가 지나쳤던 것이다. 빙고의 열정을 누그러뜨리기 위해 온갖 노력을 기울였지만 모두 실패로 돌아갔다. 결국 그 일을 완전히 그만두게 하는 수밖에 없었다. 그 뒤로도 녀석은 암소를 몰아오는 것은 감히 엄두도 내지 못했지만, 소젖을 짜는 동안 외양간 문 앞에 누워 있는 것으로 계속 관심을 보였다.

여름이 되자 모기가 극성을 부렸다. 젖을 짜는 동안 던은 모기를 쫓으려고 계속 꼬리를 휘둘러 댔다. 젖을 짜는 사람 입장에서는 모기에 물리는 것보다 더 짜증스러운 일이었다.

젖 짜는 일은 성격이 급하고 기발한 생각을 잘하는 프레드 형이 맡고 있었다. 형은 소가 꼬리를 휘두르지 못하게 할 간단한 방법을 생각해 냈다. 암소 꼬리에 벽돌을 매단 것이다. 그러고는 이제 편해졌다며 태평스레 젖을 짜기 시작했다. 우리는 그 모습을 미심쩍은 눈길로 지켜보았다.

갑자기 모기 떼 사이에서 퍽 하는 소리가 나더니 형의 욕설이 터져 나왔다. 정작 암소는 아무 일 없다는 듯 한가로이 풀을 되새김질하고 있는데, 프레드 형은 귀를 감싸 쥔 채 벌떡 일어나 의자로 암소를 내리쳤다. 미련한 늙은 암소가 휘두른 벽돌에 귀를 맞은 것만으로도 화가 날 일인데, 구경꾼들이 큰 소리로 웃으며 놀려 대자 머리끝까지 화가 난 것이다.

그 왁자지껄한 소리를 자기가 필요하다는 뜻으로 오해한 빙고는 쏜살같이 외양간 안으로 뛰어들어 던을 공격했다. 우유가 엎질러지고, 양동이와 의자가 찌그러지고, 암소와 개가 엄청

두들겨 맞은 뒤에야 소동이 가라앉았다.

가엾은 빙고는 그 상황을 도무지 이해할 수가 없었다. 녀석은 오래전부터 암소를 싫어했지만 이번 일로 완전히 정나미가 떨어져서 외양간 쪽은 쳐다보지도 않겠다고 결심했다. 그리고 그 뒤로는 말과 마구간에만 붙어살았다.

암소는 내 것이었고, 말들은 존 형의 것이었다. 빙고는 외양간에서 마구간으로 관심이 옮겨 가면서 나에 대한 충성심까지 거두어들인 것 같았다. 내게 장난을 치면서 놀자고 하는 일도 없어졌다. 그래도 급한 일이 생기면 빙고는 나를 찾았고 나도 녀석을 찾았다. 끈끈한 정으로 맺어진 우리 둘의 관계는 한평생을 갈 것 같았다.

빙고가 다시 소몰이 개가 될 기회를 얻은 것은 매년 가을 카베리 읍내에서 열리는 가축 품평회에서였다. 주최 측에서는 더 많은 가축을 참가시키기 위해 눈이 휘둥그레질 만한 경품들을 내걸었는데, 그중에는 '가장 잘 훈련받은 소몰이 개'라는 영예와 함께 주어질 '2달러'의 상금이 있었다.

나는 허풍선이 친구의 부추김을 받아 그 대회에 빙고를 참가시켰다. 심사가 있던 날 아침, 나는 암소를 마을 밖의 초원으로 몰고 갔다. 시간이 되자 나는 암소를 가리키며 빙고에게 소를 몰라고 명령을 내렸다. 물론 내가 있는 심판대 쪽으로 암소를 데려오라는 뜻이었다.

하지만 두 녀석은 그렇게 하지 않았다. 여름 내내 그 두 녀석이 연습한 것은 결코 헛되지 않았던 것이다. 빙고가 전속력으로 달려오는 모습을 본 던은 외양간으로 돌아가는 것만이 살길이라고 느꼈다. 빙고 역시 자기가 평생토록 할 일은 암소를 외양간으로 모는 것뿐이라고 확신했다. 그래서 두 녀석은 마치 한 마리 사슴과 그 뒤를 쫓는 늑대처럼 초원 위를 내달리기 시작했다. 그리고 3킬로미터쯤 떨어져 있는 집을 향해 곧장 뛰어가더니 이내 눈앞에서 사라져 버렸다.

심사 위원들에게는 다시없는 구경거리였을 것이다. 상은 하나뿐이었던 다른 참가 팀에게 돌아갔다.

3

빙고는 말들에게 더할 나위 없이 충실했다. 낮에는 말들과 함께 뛰어다녔고, 밤이 되면 마구간 문가에서 잠을 잤다. 말들이 가는 곳이면 어디든지 따라갔으며, 무슨 일이 있어도 말들 곁에서 떨어지려 하지 않았다. 빙고가 말들에게 보인 강렬한 애착을 생각할 때, 그 뒤에 벌어진 상황은 더더욱 이상한 일이라고 할 수 있다.

나는 미신을 믿지 않았고, 그때까지 불길한 징조 같은 것에 대해서는 관심도 없었다. 그러나 빙고가 주인공이 되어 벌인 이상한 사건은 내 마음을 뒤흔들어 놓았다.

그때 우리 드윈턴 농장에는 존 형과 나 둘만 살고 있었다. 어느 날 아침, 형은 건초를 한 짐 실어 오겠다며 보기크리크로 출발했다. 다녀오는 데에만 꼬박 하루가 걸리는 길이라 형은 아침 일찍 출발해야 했다. 그런데 이상한 일이 일어났다. 빙고가 처음으로 말들을 따라나서지 않은 것이다. 빙고는 형이 부르는데도 멀찌감치 떨어져서 말들을 곁눈질할 뿐 꼼짝도 하지 않았다. 그러더니 갑자기 주둥이를 높이 치켜들고 음울한 울음소리를 길게 뽑아냈다. 녀석은 멀어져 가는 마차를 지켜보더니, 100미터쯤 그 뒤를 따라가면서 몇 번이나 애처로운 소리로 울었다. 그리고 그날은 종일토록 헛간 주위를 어슬렁거렸다.

녀석이 스스로 말들에게서 떨어진 것은 그때가 처음이
자 마지막이었다. 이따금씩 녀석이 내는 울음소리는 마
치 장송곡 같았다. 내 곁에는 아무도 없었고, 녀석의
그런 행동에 나는 뭔가 무시무시한 일이 일어날 것만 같은 불
길한 예감에 사로잡혔다. 시간이 지날수록 내 마음은 점점 더
무거워졌다.

여섯 시쯤 되자, 나는 더 이상 빙고의 울음소리를 참을 수
없는 지경에 이르렀다. 별 뾰족한 수가 없었던 나는 빙고에게
물건을 집어 던지면서 어서 꺼지라고 소리 질렀다. 아, 바로
그 순간 나를 덮치던 등골이 서늘한 기분이란! 왜 형을 혼자
가게 내버려 두었을까? 형을 다시 볼 수 있을까? 빙고의 행동
에서 뭔가 무서운 일이 일어나리라는 것을 눈치챌 수도 있었
는데.

드디어 형이 돌아올 시간이 되었다. 존 형은 거기, 마차 가
득 실린 건초 위에 앉아 있었다. 나는 말고삐를 받아 들면서
안도의 숨을 내쉬었다. 그리고 아무렇지도 않은 척 물었다.

“괜찮았어?”

“응.”

형은 짧게 대답했다.

이제는 누구든 불길한 징조 따위는 믿을 게 못 된다고 말할

수 있지 않을까?

그 일이 있고 한참 시간이 흐른 뒤에, 나는 점을 잘 치는 사람에게 그 이야기를 들려주었다. 그 사람은 심각한 표정으로 내게 물었다.

"당신이 위험에 처할 때마다 빙고가 당신에게 달려왔나요?"

"네."

"그렇다면 웃어넘길 일이 아닙니다. 그날 위험에 처했던 사람은 바로 당신이었어요. 그 개는 당신 곁에 남아서 당신의 생명을 구한 겁니다. 그게 어떤 위험이었는지는 알 수 없지만."

4

이듬해 이른 봄부터 나는 빙고를 교육하기 시작했다. 얼마 안 있어 빙고도 나를 가르치기 시작했다.

우리 오두막집과 카베리 읍내 사이의 3킬로미터 구간에는 초원이 펼쳐져 있었다. 그리고 그 중간쯤에는 농장의 경계를 표시하는 말뚝이 세워져 있었다. 나지막한 흙 둔덕에 세워 둔 튼튼한 말뚝은 멀리서도 잘 보였다.

오래 지나지 않아 나는 빙고가 신비한 기운이 감도는 그 말뚝을 그대로 지나치는 법이 없다는 것을 알게 되었다. 녀석은 언제나 그 말뚝을 자세히 살피곤 했다. 그 뒤 나는 근처에 사는 개들은 물론 코요테까지 그 말뚝을 찾아온다는 사실을 알게 되었다. 망원경으로 한참을 살펴본 끝에, 나는 결국 상황을 이해하고 빙고의 사생활을 낱낱이 엿볼 수 있었다.

그 말뚝은 개의 무리에 속하는 동물들이 합의해서 정한 알림판과 같았다. 특히 후각이 날카로운 갯과 동물들은 냄새만 맡고도 최근 누가 그 말뚝에 다녀갔는지 알 수 있었다. 눈이 내리자 훨씬 더 많은 사실이 드러났다. 나는 그 말뚝이 그 지역에 퍼져 있는 여러 알림판 가운데 하나라는 사실을 알게 되었다. 그 지역 전체에 이런 알림판들이 적당한 간격을 두고 세워져 있었던 것이다. 알림판은 눈에 잘 띄는 말뚝, 바위, 들소의 해골, 또는 우연히 어떤 장소의 특징이 된 물체들이었다. 잘 살펴보니 그 조직망은 소식을 주고받기에 더할 나위 없이 좋았다.

개와 늑대들은 길을 가다가 가까운 곳에 이런 알림판이 있으면 반드시 들러서 누가 다녀갔는지 알아보았다. 사람들이 멀리 나갔다 돌아오는 길에 마을 회관에 들러서 다녀간 사람들 명단을 살펴보는 것처럼.

나는 빙고가 말뚝에 다가가 킁킁거리면서 냄새를 맡고 그 주변의 땅을 찬찬히 조사하다가 으르렁거리며 목털을 곤두세우고, 눈을 번뜩이며 경계하는 듯한 태도로 땅을 뒷발로 세게 긁고는, 그래도 분이 안 풀리는지 자꾸만 뒤를 돌아보며 길을 가는 모습을 본 적이 있다. 해석하자면 이런 뜻이었다.

"그르릉! 늑대야, 늑대! 더러운 들개 녀석이 찾아온 거야. 늑대라구! 오늘 밤엔 늑대를 조심해야겠어! 늑대야, 늑대!"

또 어떤 때는 늘 하는 사전 조사를 끝낸 뒤, 코요테 발자국에 특별히 관심을 보이면서 혼잣말을 중얼거리기도 했다. 나는 나중에 그게 이런 뜻이라는 것을 알았다.

"북쪽에서 온 코요테 발자국이야. 죽은 소 냄새가 나는걸. 이런! 폴워스 씨의 늙은 소 브린들이 결국 죽은 모양이야. 조사해 봐야겠어."

어떤 때는 꼬리를 흔들면서 주변을 빠른 걸음으로 걷다가, 자기가 다녀간다는 것을 확실히 알리려는 듯 계속 말뚝까지 왔다 갔다 하기도 했다. 최근 브랜던에 다녀온 제 형 빌에게 소식을 전하려는 것 같았다! 결국 어느 날 밤 빙고의 집에 빌이 나타난 것은 우연이 아니었다. 형제는 언덕으로 가서 죽은 말고기로 다시 만난 것을 축하하는 잔치를 열었다.

새 소식에 갑자기 자극을 받아서, 더 많은 소식을 알아내려고 냄새 자국을 따라 다음 알림판까지 달려가는 일도 있었다.

때로는 조사를 마치고 뭔가 골똘히 생각하는 표정을 짓기도 했다.

“어럽쇼, 대체 어떤 놈이지?”

“음, 작년 여름 포티지에서 한 번 만난 녀석 같
은데.”

마치 이렇게 중얼거리는 것 같았다.

어느 날 아침, 빙고는 말뚝에 다가서자마자 온몸의 털을 곤
두세우고 꼬리를 내린 채 벌벌 떨었다. 그러더니 갑자기 배가
아프다는 몸짓을 했다. 겁이 난 게 분명했다. 녀석은 냄새 자
국을 따라가지도, 사태를 더 파악하려고 하지도 않고 집으로
돌아왔다. 30분이 지난 뒤에도 녀석의 털은 여전히 곤두서 있
었다. 녀석이 누군가를 증오하거나 두려워한다는 표시였다.

나는 그 발자국을 조사해 보고, 빙고가 반쯤 겁에 질려 나지
막하게 목을 울리면서 “그르르 우프”라고 한 것이 ‘회색 늑대’
라는 뜻임을 알게 되었다.

빙고는 내게 이 모든 것을 가르쳐 주었다. 그 뒤로 나는 마
구간 문가의 서리 내린 잠자리에서 일어나 몸을 쭉 뻗은 다음,
덥수룩한 털에 쌓인 눈을 털어 내고 어둠 속으로 총총히 사라
지는 녀석의 뒷모습을 볼 때마다 이런 생각을 했다.

‘요 녀석! 난 네가 어디 가는지, 왜 집을 나가는지 다 안단다.
왜 이 시간만 되면 밤 나들이를 가는지, 또 원하는 것을 찾으려
면 언제 어디로 가야 하는지, 어떻게 알아내는지 알고 있단다.’

5

1884년 가을부터 우리는 드윈턴 농장의 오두막집을 사용하지 않았다. 그래서 빙고는 고든 라이트 영감네 외양간으로 잠자리를 옮겼다. 고든 영감은 우리와 가장 친하게 지내는 이웃이었다.

빙고는 어릴 때부터 천둥이 치면서 비가 쏟아질 때가 아니면 집 안으로 들어오려고 하지를 않았다. 녀석은 천둥소리와 총소리를 무척 두려워했다. 천둥에 대한 두려움은 필시 총에 대한 두려움에서 비롯되었을 것이다. 녀석이 사냥용 산탄총의 위력을 경험한 적이 있다는 뜻이다. 그 경험은 녀석의 밤 나들이와 관계가 있었다.

빙고의 잠자리는 외양간 밖에 있었고 몹시 추운 겨울날에도 그곳에서 잤다. 이런 상황에서 녀석은 밤의 자유를 정말 완벽하게 즐길 수 있었다. 빙고는 밤만 되면 초원을 몇 킬로미터나 돌아다녔다. 그 증거는 많았다. 아주 먼 곳에 사는 농부들이 고든 영감에게 개를 밤에 묶어 두지 않으면 총을 쏘겠다고 한 적도 있었다. 빙고가 총을 무서워하는 것을 보면 그 위협이 빈말은 아니었던 모양이다. 멀리 페트렐에 사는 사람이 어느 겨울밤 커다란 검은 늑대 한 마리가 눈 위에서 코요테를 죽이는 것을 보았다고 했다가, 나중에 "그건 분명 고든 영감네 개였어요.”라고 말을 바꾼 적도 있었다. 강추위에 얼어 죽은 소나 말의 사체를 들판에 내다 버리면, 빙고는 그때마다 밤을 틈타 그곳으로 가서 코요테들을 쫓아 버리고 실컷 만찬을 즐겼다.

때로는 이렇게 밤 나들이를 하다가 다른 집 개를 다치게 하기도 했다. 보복의 위협도 있었지만, 빙고는 대가 끊길 걱정은 하지 않아도 될 것 같았다. 어떤 사람이 새끼 세 마리를 거느린 어미 코요테를 보았는데, 그 새끼들은 덩치가 아주 크고 검으며 주둥이 둘레에 흰 털이 나 있는 것만 빼면 어미를 쏙 빼닮았다고 했기 때문이다.

그 이야기가 정말인지는 확실하지 않지만, 나도 비슷한 경험을 한 적이 있다. 3월 말, 우리는 썰매로 움직이고 빙고가 그 뒤를 종종거리며 쫓아올 때였다. 갑자기 코요테 한 마리가 굴에서 튀어나왔다. 코요테는 도망을 치고 빙고는 열심히 그 뒤를 쫓았다. 그런데 그 코요테는 있는 힘을 다해 도망치지 않았다. 또한 빙고는 금세 코요테를 따라잡았는데, 둘은 이상하게도 맞붙어 싸우지를 않았다. 빙고는 코요테 옆에 바짝 붙어 가면서 그 코를 핥아 주기까지 했다.

우리는 깜짝 놀라 빙고에게 소리를 쳤다. 우리가 몇 차례 더 소리를 지르며 다가가자 코요테는 서둘러 달아났다. 빙고는 다시 코요테를 뒤쫓아 따라잡았지만, 녀석이 코요테에게 다정하게 군다는 것은 한눈에 알아볼 수 있었다.

빙고와 암코요테◆

◆ 개와 코요테, 늑대는 보통 서로 다른 종으로 분류하지만, 개는 코요테나 늑대와 짝짓기를 하여 새끼를
낳을 수 있다. 개와 코요테 사이의 잡종을 코요도그라고도 한다.

돌아가는 사정을 파악
한 내가 소리쳤다.

"코요테 암컷이에요. 빙고는 저 암컷을 해칠 생각이 없나
봐요."

고든 영감이 중얼거렸다.

"맙소사, 어떻게 이런 일이!"

우리가 부르자 빙고는 마지못해 따라왔다. 우리는 계속 썰
매를 몰았다.

그 일이 있고 몇 주 동안 코요테가 닭을 죽이거나 돼지고기
를 훔쳐 가는 일이 자꾸 일어나서 우리의 부아를 돋우었다. 어
른들이 집을 비운 동안 코요테가 오두막의 창밖에서 얼쩡거
리는 바람에 아이들이 겁을 먹은 적도 여러 번 있었다.

이 코요테에 대해서만은 빙고도 전혀 손을 쓸 수 없는 듯했
다. 마침내 그 코요테 암컷이 죽임을 당했을 때, 빙고는 코요
테를 죽인 올리버 영감에게 오래도록 적의를 나타내면서 제
속내를 드러냈다.

6

사람과 개가 한결같이 서로에게 정성을 다한다는 것은 놀랍

고도 아름다운 일이다. 버틀러라는 사람이 북쪽 지역에 사는 어느 인디언 부족의 이야기를 들려준 적이 있다. 언젠가 한 부족민이 기르던 개를 이웃 사람이 죽이고, 그 일로 서로 죽고 죽이는 싸움이 일어나 부족이 거의 전멸하다시피 했다는 것이다. 소송이나 싸움, 뿌리 깊은 반목은 어디에서나 늘 있을 수밖에 없다. 이 모든 일은 오래된 교훈을 되새기게 한다.

"나를 사랑한다면, 내 개도 사랑하라."

우리 이웃 한 명은 정말 멋진 사냥개를 가지고 있었다. 그는 자신의 개가 이 세상에서 가장 훌륭하고 사랑스럽다고 생각했다. 나는 그를 정말 좋아했고, 따라서 그의 개도 정말 좋아했다. 그러던 중 그의 개 탠이 가엾게도 온몸에 상처를 입은 채 집까지 기어 와서 문 앞에서 숨을 거두는 일이 벌어졌다. 나는 개 주인과 함께 복수를 다짐했다. 우리는 현상금을 걸고 증거를 모으는 등 기회가 있을 때마다 범인을 추적했다. 드디어 남쪽으로 떠난 세 사람 가운데 한 명이 그 끔찍한 사건과 관련이 있다는 이야기가 나왔다. 수사는 활기를 띠었고, 이제 곧 가엾은 늙은 탠을 죽인 비열한 자에게 정의의 심판을 내릴 수 있을 것 같았다.

그런데 그때 내 마음을 돌려놓는 사건이 있었다. 그 일로 나는 늙은 사냥개를 죽인 것이 절대로 용서할 수 없는 죄가 아니라, 어찌 보면 잘한 일이라고까지 생각하게 되었다.

우리 집 남쪽에 있는 고든 영감의 농장을 찾았을 때였다. 내가 범인을 쫓고 있다는 것을 알게 된 고든 영감의 아들이 나를 옆으로 데려가더니 조심스럽게 주위를 살피고는 침통한 목소리로 말했다.

"빙고 짓이에요."

그것으로 끝이었다. 나는 즉시 사건에서 손을 뗐다. 아니, 사실대로 말하면 그때까지 그토록 열렬히 추구하던 정의를 그 순간부터는 어떻게든 덮으려 했다.

벌써 오래전에 다른 사람에게 빙고를 주었건만, 내가 주인이라는 느낌은 사라지지 않았던 것이다. 그리고 얼마 뒤 빙고는 개와 사람 사이의 연대감이 얼마나 끈끈한가를 보여 주는 또 다른 사건의 주인공이 되었다.

고든 영감과 올리버 영감은 가까운 이웃이자 친구였다. 둘은 함께 나무를 하기로 약속하고 겨우내 해가 저물도록 사이좋게 일을 했다. 그때 올리버 영감의 늙은 말이 죽었다. 죽은 말을 최대한 이용하기로 마음먹은 올리비 영감은 말의 사체를 초원에 끌어다 놓고는, 그 주위에 늑대를 잡을 독 미끼를 놓아두었다. 아, 가엾은 녀석! 빙고는 늑대처럼 살다가 몇 번이나 늑대들이 겪는 불운을 겪었으면서도 다시 그 생활로 빠져들곤 했다.

녀석은 야생의 삶을 누리는 친척들과 마찬가지로 죽은 말고기를 좋아했다. 그날 밤, 빙고는 고든 영감의 개 컬리를 데리고 말의 사체가 있는 곳으로 갔다. 빙고는 늑대들의 접근을 막느라 바빴던 모양이다. 하지만 컬리는 말고기를 실컷 먹었다. 눈 위에 찍힌 발자국들이 그날 밤 녀석들이 벌인 잔치를 생생히 기록하고 있었다. 컬리는 온몸에 독 기운이 퍼지자 먹기를 중단하고 끔찍한 고통에 겨워 비칠거리며 집으로 돌아왔다. 그러고는 고든 영감의 발밑에서 고통스러운 경련 속에 죽음을 맞았다.

"나를 사랑하다면, 내 개도 사랑하라."

고든 영감은 어떤 변명도 사과도 받아들이지 않았다. 단순한 사고였다고 설득해도 아무 소용이 없었다. 그러다가 빙고와 올리버 영감이 오래전부터 사이가 나빴다는 사실이 중요한 문제로 떠올랐다. 함께 나무를 베기로 한 계약도 깨지고, 오랜 우정도 깨어졌다. 컬리의 죽음으로 생긴 두 집안 사이의 반목은 지금까지도 계속되고 있다.

빙고가 독 기운에서 완전히 벗어나기까지는 여러 달이 걸렸다. 우리는 녀석이 다시는 예전의 강인한 모습으로 돌아가지 못할 거라고 생각했다. 하지만 이듬해 봄이 되자 녀석은 다시 기운을 차리기 시작했다. 초원의 풀이 자라는 동안 빙고의 몸은 점점 더 좋아졌고, 몇 주 더 지나자 녀석은 예전의 건강과 활력을 되찾았다. 그렇게 해서 녀석은 다시금 친구들의 자랑

길러기 말고기를 먹는 동안 빙고는 주변을 살폈다.

거리이자 이웃의 골칫거리가 되었다.

7

나는 이런저런 사정으로 매니토바를 떠나야 했다. 다른 곳에서 두 해를 보내고 1886년에 돌아와 보니 빙고는 여전히 고든 영감 집에 살고 있었다. 내가 없는 동안 녀석이 나를 완전히 잊었을 거라고 생각했는데, 그렇지가 않았다.

초겨울의 어느 날, 녀석은 이틀 동안 어디로 사라졌다가 한쪽 발이 늑대 덫에 걸린 채 고든 영감네 집까지 기어 왔다. 덫에는 묵직한 통나무가 매달려 있었고, 발은 돌덩이처럼 꽁꽁 얼어 있었다. 녀석이 어찌나 사납게 구는지 아무도 다가가 도와줄 수가 없었다. 녀석이 이제는 나를 낯설어할 거라고 생각하면서도 그대로 두고 볼 수가 없었다. 내가 몸을 굽혀 한 손으로는 덫을, 다른 한 손으로는 녀석의 다리를 붙잡은 순간, 녀석이 내 손목을 물었다.

나는 동요하지 않고 말했다.

"빙고, 나야. 모르겠어?"

빙고는 내가 다치지 않도록 바로 손목에서 입을 치웠다. 그리고 덫을 제거하는 동안 많이 낑낑거리기는 했지만 더 이상

저항하지 않았다. 집이 바뀌고 오랫동안 나를 보지 못했는데
도 녀석은 나를 여전히 주인으로 여기고 있었다. 빙고의 소유
권을 다른 사람에게 넘겨준 나 또한 빙고가 여전히 내 개라고
느꼈다.

우리는 빙고를 억지로 집 안에 들여서 꽁꽁 언 발을 녹여 주
었다. 그 뒤 겨울이 다 지나도록 녀석은 다리를 절었고, 결국
발가락 두 개를 잃고 말았다. 하지만 따뜻한 봄기운이 여물기
도 전에 녀석은 건강과 체력을 완전히 되찾았다. 녀석에게서
는 강철 덫에 걸린 무시무시한 일을 겪은
흔적을 쉽게 찾아볼 수 없었다.

8

그해 겨울 동안 나는 늑대와 여우를 많이 잡았다. 빙고만큼 운
이 좋지 않아 덫에서 빠져나오지 못한 놈들이 있다. 덫은 봄까
지 그대로 놓아두기로 했다. 봄이 되면 모피의 상태는 나빠지
지만, 두둑한 맹수 퇴치 보상금을 받을 수 있었기 때문이다.

케네디 평원은 예나 지금이나 덫을 놓기에 좋은 곳이었다.
인적이 드문 데다 울창한 숲과 마을 사이에 있었기 때문이다.
운이 좋았는지 나는 그곳에서 많은 모피를 얻을 수 있었다.

4월 말의 어느 날, 나는 말을 타고 늘 사냥하던 곳으로 갔다.

강철로 만든 늑대 덫에는 50킬로그램의 힘으로 죌 수 있는 용수철이 두 개씩 달려 있다. 나는 언제나 미끼를 땅에 묻은 다음 그 주위에 덫을 네 개씩 설치했다. 그리고 잘 숨겨 둔 통나무에 덫을 단단히 연결하고는, 눈에 띄지 않도록 그 위에 목화와 고운 모래를 잘 덮어서 일을 마무리했다.

코요테 한 마리가 한쪽 덫에 걸려 있었다. 나는 곤봉으로 코요테를 죽인 다음 옆으로 밀어 놓고, 익숙한 솜씨로 다시 덫을 놓기 시작했다. 모든 일이 빠르게 진행되었다. 나는 덫을 설치할 때 쓰는 스패너를 조랑말 쪽으로 던져 놓았다. 근처에 고운 모래가 눈에 띄었다. 나는 일을 마무리하기 위해 모래 한 줌을 잡으려고 손을 뻗었다.

아차, 이런 실수를 하다니! 덫을 놓는 데에 너무 익숙해지다 보니 순간 방심을 했다. 다른 늑대 덫을 덮고 있는 모래에 손을 댄 것이다. 나는 순식간에 덫에 걸리고 말았다. 덫에 날카로운 이가 없어서 다행히 손을 다치지 않았고 두꺼운 작업용 장갑 덕분에 그다지 큰 충격을 받지는 않았지만, 손가락과 손바닥 사이의 관절 위쪽이 덫에 단단히 걸렸다. 그리 크게 겁먹을 정도는 아니었다.

나는 내 손을 덫에서 빼내 줄 스패너 쪽으로 오른발을 뻗어 보았다. 바닥에 엎드린 채 덫에 물린 팔을 가능한 한 똑바로 길게 유지하면서 온몸을 스패너 쪽으로 뻗었다. 스패너의 위치를 눈으로 확인할 수는 없었지만, 길게 뻗으면 발끝이 스패너에 닿을 것만 같았다.

첫 번째 시도는 실패로 돌아갔다. 덫에 걸린 상태에서 아무리 애를 써도 발가락에 금속이 닿는 느낌이 없었다. 덫을 중심으로 이리저리 발을 휘둘렀지만 아무것에도 닿지 않았다. 힘겹게 고개를 돌려 살펴보니 내 몸이 너무 서쪽으로 치우쳐 있었다. 나는 몸을 다시 옆으로 움직이면서 스패너를 찾아 발가락으로 바닥을 더듬거렸다. 오른발로 무턱대고 스패너를 찾느라 왼발에는 신경을 쓸 겨를이 없었다. 갑자기 날카롭게 '철커덕' 하는 소리가 나더니, 세 번째 덫의 강철 턱이 내 왼발을 단단히 물었다.

처음에는 내가 얼마나 끔찍한 상황에 빠졌는지 실감이 나지 않았다. 하지만 아무리 발버둥쳐도 소용없다는 것을 곧 알게 되었다. 덫에서 빠져나갈 수도, 덫을 매달고 움직일 수도 없었다. 그냥 덫에 걸린 채 몸을 뻗고 있는 수밖에.

나는 이제 어떻게 되는 걸까? 날이 풀렸으니 얼어 죽을 염려는 없었지만, 케네디 평원은 겨울철에 오가는 나무꾼 말고는 인적을 찾기 힘든 곳이었다. 내가 여기 있다는 것을 아는 사람도 없었다. 스스로 덫에서 빠져나오지 못한다면, 늑대에게 잡아먹히거나 추위와 굶주림에 지쳐 죽어 갈 수밖에 없었다.

꼼짝없이 누워 있는 동안, 붉은 해가 평원 서쪽의 가문비나무 수풀 너머로 뉘엿뉘엿 기울었다. 몇 미터 떨어진 곳의 흙파는쥐가 만든 둔덕에서는 두뿔종다리 한 마리가 저녁 노래를 지저귀고 있었다. 바로 어젯밤 우리 오두막집 문가에서 들려오던 노랫소리였다. 팔을 타고 저릿저릿한 아픔이 밀려오고 싸늘한 냉기가 내 몸을 휩싸는 중에도, 나는 두뿔종다리 머리에 뿔처럼 난 깃털이 정말 길다는 것을 새삼 느꼈다.

그때 고든 영감네 오두막의 아늑한 저녁 식탁 풍경이 머리에 떠올랐다. 지금쯤 그 집 식구들은 저녁에 먹을 돼지고기를 튀기거나 식탁에 둘러앉아 있겠구나 하는 생각이 들었다.

조랑말은 굴레를 벗겨 바닥에 내려놓은 자리에 그대로 서서, 나를 태워 가려고 참을성 있게 기다리고 있었다. 조랑말은 일이 왜 이렇게 늦어지는지 알지 못했다. 내가 부르자, 녀석은 풀을 씹다 말고 무슨 일이냐는 듯 멀뚱멀뚱 바라보았다. 조랑말이 집으로 돌아만 간다면 빈 안장을 본 사람들이 위급한 상황을 눈치채고 도와주러 올 텐데. 녀석은 다른 것도 아닌 충성심 때문에 몇 시간 동안이나 가만히 기다리고 있었고, 나는 추위와 굶주림에 시달려야 했다.

그러다가 덫 사냥꾼 지루 영감이 실종되었다가 이듬해 봄이 되어서야 곰덫에 발이 걸린 채 해골로 발견된 일이 문득 떠올

랐다. 지금 몸에 걸친 것 중에서 내 신원을
알려 줄 수 있는 게 무엇일까 하는 생각
도 했다. 그 순간 새로운 생각이 머리에 스
쳤다. 늑대가 덫에 걸렸을 때 이런 기분이었겠구나. 아, 내가
지금까지 얼마나 끔찍한 일들을 저질렀단 말인가! 이제 그 대
가를 치르는구나.

　밤은 천천히 다가왔다. 조랑말은 길게 뽑아내는 코요테의
울음소리를 듣고 귀를 쫑긋하더니 내게로 다가와 머리를 수
그렸다. 그때 또 다른 코요테가 울고, 뒤를 이어 또 다른 코요
테가 울었다. 코요테들이 모여들고 있다는 것을 알 수 있었
다. 나는 꼼짝달싹 못하고 바닥에 엎드린 채, 당장이라도 코
요테들이 다가와서 내 몸을 갈기갈기 찢어 놓는 건 아닌가 하
고 두려움에 떨었다. 한동안 울음소리가 들려오더니, 희미한
그림자 같은 형체가 살금살금 다가오는 것이 느껴졌다. 나보
다 앞서 코요테를 발견한 말이 공포에 질려 콧소리를 내자, 코
요테들은 잠시 뒤로 물러났다. 하지만 다음번에는 더 가까이
다가와 빙 둘러앉았다.

　잠시 후 그중에 용감한 놈이 천천히 기어 와서는 내가 치워
놓은 코요테의 사체를 끌어당겼다. 소리를 지르자 녀석은 으
르렁거리며 뒤로 물러났다. 조랑말은 겁에 질려 멀리 달아났
다. 잠시 뒤 코요테는 다시 돌아왔다. 그 뒤로도 물러났다 돌

아오기를 두세 번 반복하던 녀석은 마침내 사체를 끌어갔고, 나머지 코요테들까지 달려들어 순식간에 먹어 치웠다.

식사를 끝낸 코요테들은 내 쪽으로 좀 더 가까이 몰려와 엉덩이를 깔고 앉아 나를 바라보았다. 가장 용감한 놈이 총에서 냄새를 맡고는 그 위에 흙을 끼얹었다. 내가 덫에 걸리지 않은 다리로 발길질을 하면서 소리치자 놈은 뒤로 물러났다. 그러나 내가 힘이 빠져 간다는 것을 눈치채고 그만큼 더 대담해진 놈은 이제 코앞까지 다가와 으르렁거렸다. 그 모습을 본 다른 코요테들도 으르렁거리며 다가왔다. 지금까지 가장 시시하다고 얕보던 놈들에게 잡아먹히는구나 하는 생각이 들었다.

바로 그 순간, 어둠 속에서 커다란 검은 늑대 한 마리가 으르렁거리며 뛰쳐나왔다. 코요테들은 사방으로 흩어졌다. 용감한 코요테 한 마리가 남았지만, 이내 검은 늑대에게 물려 바닥에 축 늘어지고 말았다. 오, 맙소사! 그 무시무시한 짐승이 이번에는 나를 향해 달려들었다. 그런데 다시 보니 그 무시무시한 검은 늑대는 빙고, 바로 빙고였다. 녀석은 숨이 턱에 닿아서는 털이 북슬북슬한 옆구리를 내 몸에 비벼 대며 차디찬 내 얼굴을 핥았다.

"빙고, 빙고, 착하지! 저기 스패너 좀 가져와!"

녀석은 내가 무언가 갖다달라고 한다는 것을 알고 총을 끌고 왔다.

"아니, 빙고. 스패너 말야!"

이번에 가져온 것은 어깨띠였다. 하지만 드디어는 스패너를 갖다주었고, 제대로 알아맞혔다는 것을 알고 기뻐서 꼬리를 흔들었다. 나는 덫에 걸리지 않은 손으로 고생 고생 끝에 암나사를 풀었다. 덫에서 풀려난 손은 자유를 되찾았고, 잠시 후 나는 완전한 자유의 몸이 되었다.

빙고는 조랑말을 데려왔다. 나는 몸에 피가 다시 잘 돌도록 잠시 천천히 걷다가 말에 올라탔다. 처음에는 천천히 말을 몰았지만 곧 속도를 내서 집으로 향했다. 빙고는 마치 왕의 사자처럼 앞장서서 달리며 큰 소리로 짖어 댔다.

집에 도착한 나는 그동안 무슨 일이 있었는지 알게 되었다. 빙고는 내가 덫을 놓는 곳에 데려간 적이 없는데도, 계속 낑낑거리며 나무꾼들이 다니는 길을 지켜보는 이상한 행동을 했다고 한다. 그러다가 밤이 되자 사람들이 말리는 것도 뿌리치고 어둠 속으로 뛰어나갔다. 그러고는 우리의 지각을 뛰어넘는 어떤 능력에 이끌려서, 문제의 장소에 때맞추어 나타나 나를 구하고 복수를 해 준 것이다.

충실한 늙은 개 빙고, 녀석은 묘한 구석이 있었다. 마음은 나와 함께 있었으나 이튿날 마주쳤을 때는 눈길 한 번 주지 않았다. 그러다가 고든 영감의 아들이 흙파는쥐를 잡으러 가자고 하자 선뜻 따라나섰다.

빙고는 끝까지 한결같았다. 녀석은 마지막까지 자신이 사랑하는, 늑대와 같은 야성의 삶을 살았다. 녀석은 얼어 죽은 말을 찾아내는 데 실패하는 법이 없었다. 그리고 찾아낸 말의 사체에 독이 들었다는 것도 모른 채, 다시금 마치 늑대처럼 허겁지겁 먹어 치웠다. 죽을 것 같은 고통 속에서 빙고가 찾아간 곳은 고든 영감의 집이 아니었다. 녀석은 내가 있을 거라 믿고 내 오두막집을 찾았다.

이튿날, 집에 돌아온 나는 현관 문턱에 머리를 대고 눈 속에서 차갑게 식어 버린 빙고를 발견했다. 녀석이 강아지일 때 자주 드나들던 그 문이었다. 빙고는 진정 마지막 순간까지 나의 개였다. 숨이 다하는 모진 고통의 순간에 빙고가 간절히 바란 것은 내 도움이었다. 하지만…… 나는 그것을 주지 못했다.

시턴의 삶

1860	8월 14일, 영국 더럼 주의 사우스실즈에서 태어났다.
1866	부모, 아홉 명의 형제들과 함께 캐나다 온타리오 주의 린지로 이주했다. 시턴은 86년의 생애 중 69년을 캐나다인으로 지냈다.
1870~1879	가족들이 캐나다 온타리오 주의 토론토로 이사했다. 후에 토론토의 계곡에서 겪은 젊은 시절의 모험담 『두 명의 어린 미개인』을 기록했다.
1876	16세 나이에 첫 번째 유화 「참매」를 그렸다. 시턴은 일생 동안 4천 점의 그림을 그렸다.
1879	토론토 예술 협회에서 주는 황금 메달을 받았다. 영국 런던에서 미술을 공부했다. 시턴의 작품을 심사한 영국 왕립 협회에서 2년 동안 장학금을 주었다. 시턴이 미성

년자(당시 겨우 19세였다)였기 때문에, 대영 박물관 규정에 따라 평생 동안 대영 박물관 도서 자료를 이용할 수 있도록 허락받았다.

두 살 때 부모와 함께

1882~1889	성장기의 대부분을 캐나다의 매니토바 주 카베리에서 동쪽으로 약 1킬로미터 떨어진 형제 아서의 농장에서 보냈다. 시턴은 이 시기를 『카베리의 모래 언덕과 가문비나무 숲』에 이어 『모래 언덕 사슴 추적기』라는 책에서 "황금 시기, 내 인생 최고의 날들"이라고 묘사했다. 북아메리카 원주민들과 처음으로 만났다.

14살 때의 모습

1883	미국 뉴욕의 미술 학도 연맹에서 공부했다.
1884	프랑스 파리에서 미술을 공부했다.
1885	『센추리 백과사전』에 1천 점의 동물 그림을 그렸으며, 오듀본의 책들에 견주어 손색이 없는 프랭크 챔프슨의 『조류 안내서』 삽화를 그렸다.
1886	『매니토바의 포유류 목록』을 출간했다.
1890~1891	프랑스 파리의 쥘리앵 아카데미에서 미술을 공부했다.

1889년 가족 사진
(뒷줄 가운데가 시턴).

1891	시턴의 작품 「잠자는 늑대」가 프랑스 파리 살롱의 특별관에 전시됐다.
1892	캐나다 매니토바 정부에서 시턴을 주(州) 정부의 동물학자로 임명했다. 시턴은 죽을 때까지 이 관직을 유지했다. 시턴의 『매니토바의 조류』와 『매니토바의 동물』은 오늘날까지도 존경받는 참고 문헌으로 남아 있다.
1893	미국 뉴멕시코 지역에서 '로보' 사냥을 벌였다. 로보는 약탈을 일삼는 영리한 늑대였는데, 뉴멕시코 지역에서는 무척 유명했던 덕분에 고유한 이름까지 얻게 되었다. 훗날 시턴은 늑대 발자국을 자신의 서명 일부로 사용했다. 캐나다 토박이 시인 존슨과 깊고 오랜 우정도 이때부터 시작되었다. 작품 「늑대들의 승리」가 시카고 세계 박람회에 전시됐다. 늑대의 눈으로 바라본 자연 세계의 실제 모습을 그려 낸 이 그림은 상당한 논쟁을 불러일으켰다.
1894	「늑대왕 로보」가 미국의 주요 잡지 『스크라이브너』에 실렸다.

| 1896 | 첫 번째 저서 『동물 해부에 관한 연구』를 출판했다. 시턴은 42권의 책뿐만 아니라 수천 편의 기사를 쓰기도 했다. 미국 뉴욕 출신의 그레이스 갤러틴과 결혼했다. 갤러틴은 여행·탐험 저술가이자 선구적인 여성 참정권론자였다. 예술과 문학 후원자로 활동하며 기금을 마련해 주기도 했다. |

| 1898 | 『아름답고 슬픈 야생 동물 이야기』가 출판되었다. 로보를 포함해 여러 동물의 이야기를 담은 이 책은 시턴이 가장 처음 선보인 책이며 가장 좋은 평가를 받은 책이기도 했다. 이 책은 한 번도 절판된 적이 없으며, 열두 나라 말로 번역되었다. 『정글 북』을 비롯한 많은 단편소설을 쓴 영국의 소설가 키플링은 시턴에게 보낸 편지에서, 『내가 아는 야생 동물』을 통해 『정글 북』을 구상하게 되었다고 말했다. 그 뒤를 이어 동물 이야기를 담은 『회색곰 왑의 삶』, 『쫓기는 동물들의 생애』, 『두 명의 어린 미개인』 등이 잇따라 나왔다. 동물학자이자 작가, 삽화가, 이야기꾼으로서 시턴의 명성은 전 세계로 빠르게 퍼져 나갔다. 그러나 저명한 동물학자 존 버로스는 또 다른 미국의 주요 잡지 『애틀랜틱』에서 시턴이 동물에게 자의식과 동기, 그리고 감정을 부여했다는 점을 공격했다. 나중에 그는 시턴의 빈틈없는 현상 관찰 증기를 인정하고 친구이자 동료가 되었다. 버로스는 "시턴은 모든 동물 이야기 작가들을 어둠 속으로 쉬 사라지게 만들었다."고 썼다. |

| 1900 | 미국 코네티컷 주 코스콥의 윈디골로 이사했다. 강연을 늘렸다. 생전에 북아메리카와 유럽에서 6천여 회의 강연을 했다. |

1902	우드크래프트(원래는 우드크래프트 인디언스)를 창설했다. 12명의 소년이 모인 이 '동아리' 는 시턴이 코스콥에서 지내는 동안 주말과 여름 캠프 때 만나면서 규모가 점점 커졌다. 우드크래프트는 보이스카우트 운동의 선두주자였으며, 걸가이드 · 컵스카우트 · 기독교청년회(YMCA)와 캐나다 · 미국의 캠핑 협회에 큰 영향을 끼쳤다. 우드크래프트를 위해 해마다 개정되는 지침서 『자작나무 껍질 두루마리』도 펴내기 시작하여 1930년까지 28가지 판본이 출판되었다.
1904	딸 앤 시턴이 태어났다. 앤은 무척 사랑받는 역사 소설을 썼고, 「도깨비불」 등의 작품은 영화로 만들어지기도 했다.
1906	보이스카우트 운동을 발전시키기 위해 영국에서 배든 포얼을 만나 함께 일했다.
1907	노스웨스트테리토리스의 텔론 강을 포함하는 허드슨스베이 사의 북극 경로를 이용해 일곱 달 동안 북부 캐나다를 탐험하는 3천 2백 킬로미터의 카누 여행을 하고, 『북극의

대초원』을 썼다.
페리 제독과 에드먼드 힐러리 경처럼 소수의 최고참 탐험가
들에게만 회원 자격을 주는 탐험가 모임의 회원이 되었다.

1908   미국 코네티컷 주의 그리니치로 이사했다. 이곳에서 우드
크래프트의 주요한 실험이 이루어지고 규모가 확장되었
다. 시턴은 그 후 우드크래프트 연맹이라 일컬었다.

1909   주요 작품인 『북부 동물들의 생애』를 두 판본으로 출판했
다. 프랭크 챔프슨은 "오듀본이 조류를 위해 한 일을 시턴
은 포유류를 위해 해 주었지만, 시턴이 더 나은 편이었다."
고 말했다.

1910   미국 보이스카우트 협회 창립 위원회 의장이 되었다.
첫 번째 보이스카우트 지침서를 썼다.

1910~1915   미국 보이스카우트 협회 회장이 되었다.

1912   체코슬로바키아 우드크래프트 연맹이 설립되었다. 『시턴

1911년, 시턴이 세계 최초의 보이스
카우트 건물에 초석을 놓고 있다.

의 숲』이 출판되었다.

1916   영국에 숲살이기사단이 창설되었다. 그 후 수년에 걸쳐 다
               른 연맹들이 벨기에 · 프랑스 · 캐나다 · 폴란드 · 독일 ·
               헝가리 · 소련 · 아일랜드 · 유고슬라비아에 설립되었다.

1917   미국 우드크래프트 연맹이 통합되고 우드크래프트 회장
               이 되었다. 원주민 인디언 수족(Sioux)에게서 '검은 늑대'
               라는 이름을 받았다. 시턴은 이 이름을 자신의 원래 이름
               보다 더 좋아했다.
               우드크래프트의 생각과 실천에 관한 부정기 소식지 『토템
               보드』를 처음으로 발간했다.

1918~1925   주요한 과학적 연구와 저술 작업인 『사냥감들의 삶』을 1
               천 5백 점의 삽화를 곁들여 네 권으로 출간했다.

1924   매니토바의 카베리를 마지막으로 방문했다.

1926   미국 보이스카우트 협회에서 그해에 처음으로 제정한 상

인 '은빛 물소 상' 을 받았다.

1927   수족 인디언, 푸에블로 인디언들과 함
        께 지내며 연구하기 위해 여행을 떠났
        다. 시턴의 일생에 걸쳐 아메리카 선주
        민족의 문화 · 전통에 대한 평가와 지원
        은 계속되었다. 『인디언 송가』를 썼다.

1923년, 시턴의 동상

1928   『사냥감들의 삶』의 중요성을 인정받아
        미국 국립 과학 연구소로부터 국제적
        으로 잘 알려진 '존 버로스 메달' 을 받
        았다. 또한 이 책은 동물학 분야에서 탁
        월한 저작임을 인정받아 미국 자연사 박물관에서 주는
        '대니얼 지로 엘리엇 메달' 을 받았다.
        우드크래프트 활동에서 큰 영향을 받은 미국 컵스카우트
        협회 창립에 핵심적인 역할을 했다.

1930   미국의 47번째 주인 뉴멕시코의 샌타페이로 이사했다. 시
        턴 성을 설계하고 건축했다. 레크리에이션 협회 지도자들
        을 위한 훈련 캠프로서 북아메리카 인디언의 전통 생활 방
        식에 기반을 둔 '시턴 인디언 연구소' 를 설립했다.
        70세의 나이로 미합중국 시민권을 얻었다. 여행, 연구 지
        도, 저술, 강연, 우드크래프트 장려 사업을 계속했다.

1935   그레이스 갤러틴과 이혼하고, 1월 22일 미국 텍사스 주의
        엘패소에서 줄리아 모스 버트리(줄리아 시턴)와 결혼했다.
        줄리아 시턴은 뉴욕 헌터 칼리지의 강사이자 원주민 예술,
        공예, 음악 등에 관해 글을 쓰는 작가였다. 줄리아 시턴이

쓴 책으로는 『아메리카 인디
언 예술』, 『삶의 방식』 들이
있다.

1936   영국과 독일 · 체코슬로바키
아를 포함한 유럽 대륙으로
긴 강연회를 떠났다(시턴은 이
곳에서 우드크래프트 연맹도 방
문했다). 이것은 해외로 떠난
여섯 차례의 강연회 가운데
하나였다.

어니스트 톰프슨 시턴과 아내 줄리
아 시턴

1939   『물소의 바람』을 출간했다. 세련되고 시적인 이 얇은 책
은, 인디언들의 삶을 알려야 한다는 시턴 자신의 마음의
소리를 뛰어난 상상력으로 묘사했다.

1940   자서전 『야생의 순례자 시턴』을 펴냈다.

1945   마지막 책 『산타나, 프랑스의 영웅견』을 펴냈다.
마지막 그림을 그렸다.

1946   생일인 8월 14일, 뉴멕시코 대학에서 마지막 강연을 했다.
10월 13일, 뉴멕시코 주 샌타페이의 시턴 성에서 86세의
나이로 숨을 거두었다.

나는 되도록이면 자주 산에 오르거나 개천을 따라 난 길을 걸으려고 합니다. 그렇게 자주 할 수 있는 일은 아니지만, 눈 덮인 들판에 나서거나 바닷가에 나가 온 몸과 마음으로 바람 맞기도 좋아합니다. 그럴 때마다 내 몸이 살아 있다는 것을 생생히 느끼기 때문이지요.

어떤 느낌이냐 하면, 냉장고 안에서 보름 동안 굴러다니면서 쭈글쭈글 주름이 잡힌 방울토마토 같던 내 눈알이 다시 탱글탱글해지는 것 같은 느낌입니다. 내 머리뼈 속 뇌 표면에 잡힌 주름 사이사이로 버스럭거리며 굴러다니던 모래알이 말끔히 사라지는 것 같은 느낌이기도 합니다. 사람의 몸과 마음은 따로 떨어진 게 아니어서인지, 그럴 때마다 마음도 생기를 되찾습니다.

어느 위대한 과학자는 인간에게는 생명 또는 자연에 이끌리는 본성이 있다고 했습니다. 살면서 정말 그렇다고 자꾸만 고개를 끄덕이게 됩니다. 우리가 생명, 자연에 끌리는 건 우리 몸이 계속 인공물에 둘러싸여서 살도록 만들어지지 않았기 때문일 것입니다.

우리는 엄마 배에서 나온 뒤 매일 숨 쉬고 먹고 마시고 배설하고 느끼고 움직이고 머리를 쓰고 아프기도 하고 낫기도 하면서 지금의 몸을 갖게 되었습니다. 그렇게 저마다 살아온 만큼의 역사를 품었지요. 우리 인간이라는 생물 종을 만들어 준 설계도는 역사가 더 깁니다. 거기에는 수십억 년 동안 지구 생물들이 살아온 내력이 담겨 있습니다. 사람만의 고유한 특징은 지난 수백만 년 동안 우리 조상들이 변해 가는 환경 속에서 살아남으려고 치열하게 싸우면서 하나하나 얻어 낸 것입니다. 우리 조상은 숲 속과 벌판을 헤매면서 사냥하고 채집하고 목숨을 노리는 적에 맞서 싸우면서 지금의 우리 몸을 만들었습니다.

요즘 어른 아이 할 것 없이 마음에 병이 든 사람이 많다는 이야기가 들립니다. 주위를 둘러보아도 몇십 년 전에 비해 밥 굶는 사람은 크게 줄었지만, 행복한 사람이 그만큼 늘어난 것 같지 않습니다. 교실에, 사무실에, 작업장에 묶여 있는 현대인의 생활이 우리의 몸, 마음과 어울리지 않아서 그런 것은 아닐까요?

우리 몸과 마음은 자연과 자꾸 접촉해야 튼튼해집니다. TV, 컴퓨터를 끄고, 책도 덮고 그냥 밖으로 좀 돌아다니자는 이야기입니다. 텃밭을 가꾸는 것도 좋을 것입니다. 우리는 주위의 모든 사람에게서 배우고, 책, TV, 인터넷에서도 배웁니다. 하지만 산과 강, 바다, 들판, 개천, 식물과 동물에게서, 그냥 자연 그 자체에서 배워야 할 것은 따로 있습니다.

시턴을 가르친 것은 그 자연이었습니다. 시턴은 예닐곱 살부터 숲 속의 집 한쪽 구석에 있는 커다란 작업실에서 일곱 형, 두 동생과 나무, 가죽, 유리, 금속 다루는 법을 배우며 일하고 놀았습니다. 가로톱과 세로톱, 송곳, 작은 손도끼, 나무 벨 때 쓰는 도끼와 장작 팰 때 쓰는 도끼, 대패와 막대패 사용법도 배웠습니다. 그들은 "4년 동안 우리 형제 가운데 한 명도 다치지 않은 날이 하루도 없었다."고 할 만큼 위험한 연장들로 여러 가지 물건을 만들었습니다. 젖소를 한 마리씩 맡아 기르면서 농장 일을 거들다가 사나운 염소에 쫓겨 목숨을 잃을 뻔한 적도 있습니다.

보이는 거라고는 울창한 숲뿐인 미개척 삼림지에서 강인하게 자라난 시턴은 호숫가의 대도시 토론토로 이사해서 십대를 보냈습니다. 그는 그곳에서도 틈만 나면 사람들의 발길이 닿지 않는 계곡을 찾았습니다. 혼자 힘으로 통나무집을 짓고 토요일마다 자연인의 삶을 즐기기도 했습니다. 하지만 부랑자들이 그 오두막을 빼앗자 시턴은 절망에 빠져 공부에만 매달렸습니다. 토요일 나들이도 그만두고 공부에만 몰두하다가 폐에 병이 들어 사경을 헤매다 겨우 살아나기도 했지요.

시턴은 도시에 살면서도 동물을 관찰하는 일을 멈추지 않았습니다. 새를 특히 좋아한 시턴은 새에 관해 더 많이 알고 싶다는 열망에 사로잡혀 새총으로 많은 새들을 잡았습니다. 그러던 어느 날 시턴은 기쁨에 겨운 소리로 지저귀며 즐겁게 날아다니는 물총새 한 마리를 잡았습니다. 그러고는 물총새를 해부해서 몸의 구조를 조사하다가 새의 간에서 살아 있는 벌레를 발견했습니다. 벌레는 새의 간을 꽤 많이 먹어 치운 상태였습니다. 시턴은 기쁨에 겨워 즐거이 봄노래를 부르는 것처럼 보이던 새가 실제로는 참을 수 없는 고통에 시달리고 있었다는 사실을 알게 되었습니다. 그때 시턴은 평생 잊지 못할 교훈을 얻었습니다. 야생의 생물도 슬픔과 고통을 느끼지만 사람들은 그걸 알지 못한다는 것을. 열여섯 어린 나이의 이런 깨달음이 시턴을 한평생 흔들리지 않는 자연인으로 살게 했을 것입니다.

시턴의 동물 이야기들은 참 재미있습니다. 하지만 이 책을 번역하면서 그 이야기들이 단순히 재미있는 이야기로만 다가오지 않았습니다. 그의 이야기들은 시턴의 삶 그 자체입니다.

사냥꾼이자 박물학자로, 화가이자 작가로, 인디언 문화 운동
가이자 어린이 자연 학습 지도자로 끊임없이 스스로를 새롭
게 하는 삶을 살면서 자연을 사랑하는 마음의 끈을 잠시도 놓
지 않았던 시턴. 오늘 이 땅에 사는 사람들도 이 책에서 시턴
의 삶을 만나기를 소망합니다.

2010년 겨울
윤소영

글쓴이 · 그린이 **어니스트 톰프슨 시턴**

1860년 영국 사우스실즈에서 태어나 어린 시절 캐나다로 이주했습니다. 야생에서 생활하며 경험한 다양한 체험을 바탕으로 60권이 넘는 야생 동물 이야기를 쓰고, 4천 점이 넘는 그림을 그렸습니다. 평생 자연과 동물을 사랑한 자연주의자로 살았던 시턴은 특히 인디언 문화에 많은 관심을 가지고, 인디언의 정치적 · 문화적 · 정신적 권리를 지지하는 인권 운동에 참여했습니다. 그 일환으로 수백만 청소년들에게 인디언 정신을 불어넣어 미국 보이스카우트 창립에 지대한 영향을 미치기도 했습니다. 시턴이 육십 평생 사람들에게 전하고자 했던 메시지는 한마디로 '자연은 정말 좋은 것(Nature is a very good thing)' 이었습니다.

옮긴이 **윤소영**

1961년 서울에서 태어나 서울대학교 사범대학 생물교육학과를 졸업하였습니다. 현재 진관중학교에서 학생들을 가르치고 있으며 과학책을 쓰고 옮기는 일에 힘을 쏟고 있습니다. 지은 책으로는 『생물에세이』, 『교실밖 생물여행』 들이, 옮긴 책으로는 『숲은 누가 만들었나』, 『곤충의 행성』, 『딱정벌레의 세계』 등 다수가 있습니다.

시턴 동물 이야기

2011년 1월 17일 1판 1쇄
2011년 6월 13일 1판 2쇄

글쓴이·그린이 어니스트 톰프슨 시턴
옮긴이 윤소영

편집 최일주, 이혜정, 김언수
교정 김미경
디자인 석운디자인
표지 그림 최용호
제작 박홍기
마케팅 이병규, 최영미, 양현범

출력 한국커뮤니케이션
인쇄 POD코리아
제책 신안제책사

펴낸이 강맑실
펴낸곳 (주)사계절출판사
등록 제 406-2003-034호
주소 (우)413-756 경기도 파주시 교하읍 문발리 파주출판도시 513-3
전화 031)955-8588, 8558
전송 마케팅부 031)955 8595 | 편집부 031)955-8596
홈페이지 www.sakyejul.co.kr | 전자우편 skj@sakyejul.co.kr
독자 카페 사계절 책 향기가 나는 집 http://cafe.naver.com/sakyejul
Twitter:@sakyejul | facebook:fb://sakyejul

값은 뒤표지에 적혀 있습니다.
잘못 만든 책은 구입하신 서점에서 바꾸어 드립니다.

사계절출판사는 성장의 의미를 생각합니다.
사계절출판사는 독자 여러분의 의견에 늘 귀기울이고 있습니다.

ISBN 978-89-5828-522-9 03490